高等院校"十二五"规划教材·土木建筑工程类

基础工程

主　编　　潘洪科
副主编　　胡江春　徐福卫
编　委　　扬子胜　殷晓三　夏晓敏

·广州·

版权所有　　翻印必究

图书在版编目（CIP）数据

基础工程 / 潘洪科主编 .— 广州：中山大学出版社，2015.8
ISBN 978-7-306-05381-7

Ⅰ. ①基… Ⅱ. ①潘… Ⅲ. ①基础（工程） Ⅳ.①TU47

中国版本图书馆 CIP 数据核字(2015)第 173599 号

出 版 人：	徐　劲
责任编辑：	刘　丽
封面设计：	李芳芳
责任校对：	蔡　丹
责任技编：	黄少伟
出版发行：	中山大学出版社
电　　话：	编辑部 020-84111996，84113349，84111997，84110779
	发行部 020-84111998，84111981，84111160
地　　址：	广州市新港西路 135 号
邮政编码：	510275　　　传　真：020-84036565
网　　址：	http://www.zsup.com.cn　　E-mail：zdcbs@mail.sysu.edu.cn
印 刷 者：	虎彩印艺股份有限公司
规　　格：	787mm×1092mm　1/16　15.5 印张　358 千字
版次印次：	2015 年 8 月第 1 版　2015 年 8 月第 1 次印刷
定　　价：	45.00 元

如发现本书因印装质量影响阅读，请与出版社发行部联系调换

前 言

《基础工程》为土木工程专业必修的基础课程，主要讲授常见的地基基础的设计理论和计算方法方面的内容。在以往的大学教材中，土力学与基础工程通常合成一门专业课进行讲授。根据2002年高等学校土木工程专业指导委员会编制的《高等学校土木工程专业本科教育培养目标和培养方案及课程教学大纲》的要求，土力学和基础工程设置为两门专业基础课程。自1992年起，我国在土木与建筑领域开始实施执业资格制度，对高校土木与建筑类专业的办学产生了很大的影响。2010年，教育部联合有关部门和行业协（学）会，共同实施"卓越工程师教育培养计划"。因而，将执业资格制度与卓越工程师计划结合起来，培养"双证通融的土木工程高级应用型人才"，必将成为今后土木工程专业学生的重要发展方向。基于此，我们编写了此书，并在书中各个章节中选择融入了历年国家注册土木（岩土）工程师考试的部分案例与真题，包括章节后面供读者自习的练习与思考题。

本书在编写过程中，既重视基础理论及知识的阐述，又注重引入本学科的新进展、新技术和新工艺，力求知识的系统性与技术的新成就相结合。另外，本书部分章节融入了编者的最新研究成果，相信该书的出版将在一定程度上推动我国基础工程理论与技术的发展，以及推进我国实行"双证通融"的卓越工程师培养计划的改革与发展。

本书由湖北文理学院潘洪科担任主编，中原工学院胡江春与湖北文理学院徐福卫担任副主编，全书由潘洪科统稿。各章编写分工为：第1章由徐福卫编写；第2章和第4章由胡江春编写；第3章由中原工学院杨子胜与夏晓敏共同编写（其中，3.1~3.3节由夏晓敏编写，3.4~3.12节由杨子胜编写）；第5章由潘洪科编写；第6章由潘洪科与胡江春共同编写；第7章由中原工学院殷晓三编写。本书在编写过程中参考了许多专家、学者在教学、科研、设计和施工中积累的资料，在此一并表示感谢。

由于编者水平所限，书中如有不足之处敬请使用本书的师生与读者批评指正，以便修订时改进。如读者在使用本书的过程中有其他意见或建议，恳请向编者（bjzhangxf@126.com）踊跃提出宝贵意见。

编 者

目 录

第1章 绪论 …………………………… 1
  1.1 地基与基础的概念 …………… 1
  1.2 基础工程设计等级及设计计算的
      原则 ………………………………… 1
    1.2.1 地基基础设计等级 ………… 1
    1.2.2 设计计算的基本原则 ……… 2
    1.2.3 设计所需的资料 …………… 3
  1.3 本学科发展概况 ……………… 4
  1.4 本课程的特点及学习要求 …… 5
    1.4.1 课程特点 …………………… 5
    1.4.2 学习要求 …………………… 5

第2章 岩土工程勘察 ………………… 7
  2.1 概述 …………………………… 7
  2.2 地基岩土的分类和鉴别 ……… 7
    2.2.1 岩石 ………………………… 8
    2.2.2 碎石土 ……………………… 12
    2.2.3 砂类土 ……………………… 13
    2.2.4 粉土 ………………………… 14
    2.2.5 黏性土 ……………………… 15
    2.2.6 人工填土 …………………… 16
  2.3 岩土工程勘察的等级和阶段 … 17
    2.3.1 岩土工程勘察等级 ………… 17
    2.3.2 岩土工程勘察阶段 ………… 18
  2.4 岩土工程勘察方法 …………… 20
    2.4.1 测绘和调查 ………………… 20
    2.4.2 勘探 ………………………… 21
    2.4.3 原位测试 …………………… 24
    2.4.4 室内实验 …………………… 29
    2.4.5 现场检验和监测 …………… 32
    2.4.6 土试样的采取 ……………… 32
  2.5 地基勘察报告 ………………… 35

第3章 天然地基上浅基础设计 ……… 38
  3.1 概 述 ………………………… 38
    3.1.1 基础设计的等级 …………… 39
    3.1.2 浅基础设计的基本原则和
          内容 ………………………… 39
  3.2 浅基础的分类 ………………… 40
    3.2.1 按基础刚度分类 …………… 40
    3.2.2 按构造分类 ………………… 41
  3.3 基础埋置深度的选择 ………… 44
  3.4 地基承载力特征值的确定 …… 47
    3.4.1 按理论公式计算确定 ……… 48
    3.4.2 按现场荷载试验确定 ……… 49
    3.4.3 按经验方法确定 …………… 50
    3.4.4 地基承载力特征值的
          修正 ………………………… 51
  3.5 基础底面尺寸的确定 ………… 52
    3.5.1 按地基持力层承载力计算
          基础底面尺寸 ……………… 52
    3.5.2 软弱下卧层承载力验算 …… 54
  3.6 地基变形与稳定计算 ………… 57
    3.6.1 地基的变形验算 …………… 57
    3.6.2 地基稳定性验算 …………… 61
  3.7 减轻不均匀沉降的措施 ……… 62
    3.7.1 建筑措施 …………………… 62
    3.7.2 结构措施 …………………… 64
    3.7.3 施工措施 …………………… 65
  3.8 无筋扩展基础设计 …………… 66
    3.8.1 构造要求 …………………… 66
    3.8.2 设计计算 …………………… 67
  3.9 扩展基础设计 ………………… 69
    3.9.1 扩展基础的构造要求 ……… 70
    3.9.2 扩展基础的设计计算 ……… 70
  3.10 柱下条形基础 ………………… 75
    3.10.1 构造要求 …………………… 76
    3.10.2 柱下条形基础的设计
           计算 ………………………… 76
  3.11 筏形基础 ……………………… 79
    3.11.1 筏形基础的构造要求 ……… 79
    3.11.2 筏形基础的设计计算 ……… 81

3.12 箱形基础 …… 85
　　3.12.1 构造要求 …… 86
　　3.12.2 内力计算 …… 86

第4章 桩基础 …… 89

4.1 桩基础及其应用 …… 89
　　4.1.1 桩基础的概念 …… 89
　　4.1.2 桩基础的适用范围 …… 89
　　4.1.3 桩基础的应用 …… 90
4.2 桩的分类 …… 90
　　4.2.1 按承载性状分类 …… 90
　　4.2.2 按桩的使用功能分类 …… 91
　　4.2.3 按桩身材料分类 …… 92
　　4.2.4 按成桩方法分类 …… 92
　　4.2.5 按桩径大小分类 …… 93
　　4.2.6 按桩的施工方法分类 …… 93
4.3 单桩竖向承载力 …… 95
　　4.3.1 单桩竖向荷载的传递机理 …… 96
　　4.3.2 桩侧负摩擦力 …… 97
　　4.3.3 单桩竖向承载力的确定 …… 100
　　4.3.4 桩的抗拔承载力 …… 107
4.4 桩的水平承载力 …… 108
　　4.4.1 水平荷载下单桩的工作特点 …… 108
　　4.4.2 单桩水平承载力 …… 109
　　4.4.3 群桩水平承载力 …… 113
4.5 桩基础设计 …… 114
　　4.5.1 桩基设计原则 …… 114
　　4.5.2 桩基设计内容与步骤 …… 115
　　4.5.3 桩基设计基本资料 …… 115
　　4.5.4 桩型选择与布置 …… 116
　　4.5.5 桩的设计与验算 …… 118
　　4.5.6 承台设计 …… 119
　　4.5.7 设计案例 …… 123

第5章 其他形式深基础 …… 138

5.1 沉井 …… 138
　　5.1.1 沉井的适用范围和优缺点 …… 138
　　5.1.2 沉井的分类与结构 …… 139
　　5.1.3 沉井设计与计算 …… 139
　　5.1.4 沉井施工 …… 140
　　5.1.5 沉井质量检验 …… 141

5.2 沉箱 …… 142
　　5.2.1 适用范围和特点 …… 142
　　5.2.2 沉箱的基本结构 …… 143
　　5.2.3 沉箱施工 …… 143
　　5.2.4 质量检验标准 …… 145
5.3 箱桩与墩基础 …… 145
　　5.3.1 箱桩 …… 145
　　5.3.2 墩基础 …… 146
5.4 地下连续墙 …… 150
　　5.4.1 地下连续墙分类 …… 151
　　5.4.2 地下连续墙的优缺点 …… 152
　　5.4.3 地下连续墙的施工工艺与接头构造 …… 152
　　5.4.4 地下连续墙施工过程中的主要问题及难点 …… 157
　　5.4.5 地下连续墙成槽机械设备 …… 160
　　5.4.6 地下连续墙设计计算简介 …… 163

第6章 基坑工程 …… 166

6.1 基坑工程特点 …… 166
6.2 基坑支护结构形式与计算 …… 167
　　6.2.1 被动式支挡结构 …… 167
　　6.2.2 主动式支挡结构 …… 168
　　6.2.3 支护结构设计计算 …… 168
　　6.2.4 悬臂式支护结构设计计算 …… 169
　　6.2.5 单（多）支点混合结构设计计算 …… 172
　　6.2.6 重力式挡土结构设计计算 …… 176
6.3 基坑稳定性分析 …… 188
　　6.3.1 地基稳定验算法 …… 189
　　6.3.2 地基强度验算法 …… 189
　　6.3.3 管涌验算 …… 191
　　6.3.4 基坑周围土体变形计算 …… 192
6.4 基坑开挖地下水处理 …… 193
　　6.4.1 地下水处理方法与基本要求 …… 193
　　6.4.2 基坑明沟排水设计施工 …… 194
　　6.4.3 降水设计施工要点 …… 194
　　6.4.4 隔渗设计 …… 197
6.5 基坑工程实例 …… 199

第7章 地基基础检测 …………… 207
7.1 概述 ………………………… 207
7.2 基本规定 …………………… 208
7.2.1 一般规定 ……………… 208
7.2.2 基桩检测规定 ………… 210
7.3 地基检测 …………………… 211
7.3.1 标准贯入试验 ………… 211
7.3.2 圆锥动力触探试验 …… 213
7.3.3 静力触探试验 ………… 214
7.3.4 十字板剪切试验 ……… 215
7.3.5 平板荷载试验 ………… 217
7.3.6 复合地基荷载试验 …… 219
7.4 基桩承载力检测 …………… 220
7.4.1 单桩竖向抗压静载试验 … 220
7.4.2 单桩竖向抗拔静载试验 … 223
7.4.3 单桩水平静载试验 …… 225
7.4.4 高应变法 ……………… 227
7.5 桩身完整性检测 …………… 231
7.5.1 低应变法 ……………… 231
7.5.2 声波透射法 …………… 233
7.5.3 钻芯法 ………………… 236

参考文献 …………………………… 239

第1章 绪 论

1.1 地基与基础的概念

任何建筑物都是建造在一定的地层（岩层或土层）之上的，其全部荷载是由下面的地层来承担。受建筑物影响的那部分地层称为地基；建筑物与地基接触的部分称为基础，基础是将建筑物承受的各种荷载传递到地基上的实体结构。

地基是地层的一部分，分为天然地基和人工地基。对于那些未经处理就可以满足设计要求的地基，称为天然地基；对于那些较软弱的地基，需要经过人工加固处理后才能满足设计要求的地基称为人工地基。当地基由两层或两层以上土层组成时，通常把直接与基础接触的土层称为持力层，其他各层称为下卧层。

基础的埋置深度（简称埋深）是指基础底面至设计地面（一般指室内外设计地面）的垂直距离。根据埋深的不同，基础可分为浅基础和深基础。通常将埋深不大（一般在 5m 以内），且施工简单的基础称为浅基础，如条形基础、独立基础、筏板基础等；如果基础埋深较大，并需用特殊的施工方法和机械设备建造的基础，称为深基础，如桩基础、墩基础、沉井和地下连续墙等。

地基与基础是建筑物的根本，又属于地下隐蔽工程。它的勘察、设计和施工质量的好坏直接关系着建筑物的安全和正常使用。地基与基础设计不周或施工不善，轻则造成墙体开裂、房屋倾斜，重则引起地基滑移、建筑物倒塌。据统计，世界各国建筑工程事故中，以地基基础事故位居首位。

地基与基础在建筑物荷载作用下将产生附加应力和变形，其范围受基础类型、尺寸、荷载以及土层分布等因素的影响。为保证建筑物的正常使用和安全，地基和基础必须满足强度、变形和稳定的要求。

地基、基础和上部结构是建筑物的三个组成部分，虽然各自功能不同，但彼此联系，相互制约。目前，要将它们完全统一起来进行设计计算还有困难，但在处理地基、基础问题时，应该从地基—基础—上部结构相互作用的整体概念出发全面考虑，才能达到较为理想的效果。

1.2 基础工程设计等级及设计计算的原则

1.2.1 地基基础设计等级

土木工程结构设计时，应根据结构破坏可能产生的后果（危及人的生命，造成经济损失，产生社会影响等）的严重性，采用不同的安全等级，我国现行的《建筑地基基础设计规范》将地基基础设计分三个设计等级，见表1-1。

表 1-1 地基基础设计等级

设计等级	建筑和地基类型
甲级	重要的工业与民用建筑； 30 层以上的高层建筑； 体型复杂，层数相差超过 10 层的高低层连成一体建筑物； 大面积的多层地下建筑物（如地下车库、商场、运动场等）； 对地基变形有特殊要求的建筑物； 复杂地质条件下的坡上建筑物（包括高边坡）； 对原有工程影响较大的新建建筑物； 场地和地基条件复杂的一般建筑物； 位于复杂地质条件及软土地区的二层及二层以上地下室的基坑工程； 开挖深度大于 15m 的基坑工程； 周边环境条件复杂，环境保护要求高的基坑工程
乙级	除甲级、丙级以外的工业与民用建筑物
丙级	场地和地基条件简单、荷载分布均匀的七层及七层以下民用建筑及一般工业建筑； 次要的轻型建筑物； 非软土地区的场地地址条件简单、基坑周边环境条件简单、环保要求不高且开挖深度小于 5m 的基坑工程

1.2.2 设计计算的基本原则

工程实践表明，地基与基础的设计和施工质量的好坏，关系到整个建筑物的质量和能否设计基准期内保持其安全性与适用性。基础工程位于地面以下，为隐蔽工程，如有缺陷较难发现，也较难弥补和修复，而这些缺陷往往直接影响整个建筑物的正常使用甚至安全；对于深大而复杂的桩基础和基坑工程，其设计与施工的难度较大，由于岩土体的非线性与黏弹性加上地下水的作用，使得往往需要对其某些问题开展专项的课题研究，因而成为整个建筑物的控制性工程；而基础工程的造价，在整个建筑物造价中通常占的比重也相当大。可见，地基与基础在整个建筑物中的重要性，对整个建筑物的影响巨大。因此，对于基础工程，必须做到精心设计、精心施工，以保证建筑物的质量和经济性。

地基与基础工程设计计算的基本原则及要求可总结如下：

1. 满足地基承载力要求

地基应具有较好的强度和稳定性。地基承载力包括持力层承载力、软弱下卧层承载力是否满足要求，使基础底面压力小于地基的容许承载力。除地基承载力满足要求外，基础尚应控制地基反力脱空面积，在地震效应作用下脱空面积不得大于 15%，在恒荷载与活荷载共同作用下不得出现脱空区。当地基强度无法满足要求时，应进行地基处理以增加其承载力。

2. 基础布置满足与周边设施不碰撞要求

基础设计首要满足的条件是建筑场地内基础平面布置要满足要求，合理避让碰撞问题，对已存在的基础或设施必须避让或采取其他措施。

3. 满足地基变形要求

地基变形包括地基沉降问题和地基稳定性问题。基础整体沉降、倾斜不仅影响建筑外观及使用，对部分敏感建筑上部结构造成次生应力，造成上部结构应力重分布，可能影响部分构件承载力，严重的可能出现倾覆问题。基础的沉降或相邻基础的沉降差应在允许范围内，以保证上部结构的正常使用。对地基稳定性要求是由于所有的基础设计均建立在地基稳定的前提下。例如，建筑物在边坡附近时，首先是要保证边坡稳定，其次必须满足建筑基础埋深及距边坡距离要求。

4. 满足基础强度、稳定性要求

按承载能力极限状态设计，基础的抗冲切、抗剪切及抗弯承载力均应满足要求。受抗浮、抗拔、抗倾覆控制时也应满足稳定性要求。

5. 基础尺寸、埋深满足相关构造要求

除按照设计计算要求分别对地基与基础进行强度（承载力）、刚度（变形）与稳定性验算外，尚应使基础的尺寸、埋深及配筋等满足相关构造要求。

6. 防止地基土发生冻胀

当基础底面以下的地基土发生严重冻胀时，所产生的冻胀力可能会使基础向上抬起，而且冻土一旦融化，土体含水率很大，造成地基承载力突然大大降低，这些都将是对建筑物非常有害的。所以尤其在寒冷地区不应忽略这方面的影响。

1.2.3 设计所需的资料

地基与基础的设计计算需要考虑的因素和收集的资料很多，应在事前通过详细的调查研究，充分掌握必要的、符合实际情况的资料。一般来说，除了必要的工程背景、建筑物情况及施工条件（如上部结构的形式、构造与尺寸、环境特点、施工方法、机具、技术水平、工地状况等）外，还应重点收集和调研掌握以下两方面的资料。

1. 荷载资料

应结合建筑物及工程环境特点详细分析地基基础的受力情况并进行计算。一般建筑物结构设计时，将上部结构、基础与地基三者分开独立进行。以平面框架柱下条形基础的结构分析为例：分析时首先求解荷载作用下框架柱底部的内力，将该内力作为基础结构承受的外荷载施加于基础顶面，根据静力平衡条件求解基底反力；此时以柱脚内力，基底反力作为基础结构承受的荷载求解基础内力。进行地基计算时，则将基底反力反向施加于地基，作为外荷载根据不同的地基模型求解地基的内力与变形，从而验算地基承载力和基础沉降。因此，基础工程设计的第一份资料是掌握按相关规范计算的传至基础顶面的荷载情况。

2. 岩土工程勘察及原位测试资料

（1）岩土工程勘察报告应提供下列资料：

① 有无影响建筑场地稳定性的不良地质条件及其危害程度。

② 建筑物范围内的地层结构及其均匀性，以及各岩土层的物理力学性质。

③ 地下水埋藏情况、类型和水位变化幅度及规律，以及对建筑材料的腐蚀性。

④ 在地震设防区应划分场地土类型和场地类别，并对饱和砂土及粉土进行液化判别。

⑤ 对可供采用的地基基础设计方案进行论证分析，提出经济合理的设计方案建议；提供与设计要求相对应的地基承载力及变形计算参数，并对设计与施工应注意的问题提出建议。

⑥ 当工程需要时，尚应提供深基坑开挖的边坡稳定计算和支护设计所需的岩土技术参数，论证其对周围已有建筑物和地下设施的影响；基坑施工降水的有关技术参数及施工降水方法的建议；提供用于计算地下水浮力的设计水位。

（2）地基评价宜采用钻探取样、室内土工试验、触探并结合其他原位测试方法进行。

甲级建筑物应提供荷载试验指标、抗剪强度指标、变形参数指标和触探资料；乙级建筑物应提供抗剪强度指标、变形参数指标和原位测试资料；丙级建筑物应提供触探及必要的钻探和土工试验资料。

（3）各级建筑物均应进行施工验槽，如地基条件与原勘察报告不符时，应进行施工勘察。

1.3 本学科发展概况

同其他技术科学一样，基础工程是人类在长期的生产生活实践中不断发展演化而来的。远在新石器时代，人类已建有原始的地基基础，西安半坡村遗址的土台和石础即为代表。但是，由于受当时社会生产力和技术条件等因素的限制，在相当长的时期内，基础工程的设计与工艺发展缓慢。

18世纪产业革命以后，城市建设、水利工程和道路桥梁建设规模的扩大，推动了人们对基础工程的重视和研究。土的抗剪强度理论和土压力理论就是在这种情况下创立的，土的渗透理论也取得局部突破。这些古典的理论和方法，直到如今，仍不失其理论和实用价值。

1925年，太沙基（Terzaghi）归纳发展了以往的成就，发表了《土力学》一书。自1936年起，每隔四年召开一次国际土力学和基础工程会议，土力学与基础工程（包括地基处理）作为一门独立的学科取得不断的发展。世界各地区也都开展了类似的专业会议，交流和总结了本学科新的研究成果和实践经验。20世纪50年代起，现代科学新成就的渗入，使基础工程技术与理论得到更进一步的发展与充实。

我国是一个具有悠久历史的文明古国，古代劳动人民在基础工程领域也早就表现出高超的技艺和创造才能，许多宏伟壮丽的中国古代建筑逾千百年仍留存至今安然无恙的事实就说明了这一点。例如，公元前2世纪我国修建的万里长城、后来修建的南北大运河、黄河大堤以及众多宏伟的宫殿、寺庙、宝塔等建筑都有坚固的地基基础经历岁月侵蚀留存至今。又如，隋代李春于公元595—605年建造的河北赵州安济桥，是世界上首创的石砌敞肩平拱桥，其跨径为37.02m，宽9m，矢高7.23m，采用扩大基础，基础平面尺寸为5.5m×10m，高4.4m，建在较浅的密实粗砂地基上。反算拱的最大推力为24kN，基底压力约为500~600kPa，即使按照现在的规范验算，地基承载力和基础后侧的被动土压力均能满足设计要求。再如，我国于1053—1059年在福建泉州建造的万安桥（也称洛阳桥），桥址水深流急，潮汐涨落频繁，河床变化剧烈，根据当时条件建桥基很困难。但建筑者采用先在江底抛投大石块，再在其上移植蚝使其繁殖，将石块胶结成整体，进而形成坚实的人工地基，再在其上建桥基，这种独特的施工方法，实为世界创举。北宋著名木工喻皓在建造开封开宝寺木塔时，考虑到当地多西北风，便特意使建于饱和土上的塔身稍向西北倾斜，设想在风力长期作用下可以慢慢复正可见古人在实践中早已试图解决高耸建筑物地基沉降问题了。

近年来，我国在工程地质勘察、室内及现场土工试验、地基处理的研究和应用方面，都取得了很大的进展。基础工程的设计理论得到进一步完善，各种新型基础工程体系及新施工方法与设备得到开发与应用，取得了较好的经济技术效果。例如，在基础工程计算理论与施工工艺、现代化基础工程体系、复合地基处理技术及自凝型高分子聚合物泥浆护壁技术等方面都有新的创新与发展，因此有必要对其进一步总结和推广。作为一项古老的工程技术和一门年轻的应用科学，基础工程发展至今，在设计理论、施工技术及测试工作中还存在不少热点和难点问题有待进一步解决和完善。随着高层与复杂结构的不断涌现，城市地下空间的充分利用，势必会给基础工程提出更新更高的要求，同时也将为基础工程的发展提供更有利更广阔的空间，进一步推动基础工程学科的发展。

1.4 本课程的特点及学习要求

1.4.1 课程特点

本课程主要是研究建造在岩土地层上建筑物基础及有关结构物的设计与建造技术的工程学科，具有内容多、系统性强、重点突出、难易适当的特点，既重视基础理论的阐述，又反映了我国当前的工程实践。

我国地域辽阔，由于自然地理环境的不同，分布着各种各样的土类。某些土类（如湿陷性黄土、软黏土、膨胀土、冻土等）作为地基具有其特殊性而必须针对此采取一定的工程措施。因此，地基基础的设计、施工与研究具有明显的区域性特征。由于地质条件的复杂性和建筑功能与类型的多样性，基础工程几乎找不到完全相同的实例。故基础工程的设计，除需要丰富的理论和知识外，还需要有较多的工程实践知识，并通过勘查和设计取得可靠的资料。因而学习本课程应注意理论联系实际，积极将所学理论知识紧密联系工程实践，提高认识和处理问题的能力。基础工程涉及的相关学科较多，应掌握一定的基础知识。课程的知识更新周期较短，随着科技的发展，必将涌现大量新的基础形式、设计理论方法和地基处理新技术，因此课程讲授也应与时俱进、不断更新。

1.4.2 学习要求

基础工程课程涵盖内容较多，涉及面较广，需要工程地质学、土力学和材料力学、结构力学、建筑材料等相关先修知识，本书在涉及这些学科的相关内容时仅引述其结论，要求理解其意义及应用条件，而不应把注意力放在公式的推导上。读者在学习过程中，不仅要掌握和灵活运用基础工程方面的知识和技能，还要注重理论联系实际，增强分析和解决实际工程中出现问题的能力。

1. 掌握基本理论和方法

学会运用土力学等基本原理和概念，结合结构设计方法和施工技术，提高分析问题和解决问题的能力。学习中主要注重对基本理论知识点的理解和掌握。

2. 采用综合的思维方式来学习

要注意到本学科和其他学科的联系，特别是结构设计、抗震设计等。这些学科中有许多概念和方法在地基基础设计时必须用到。

3. 理论与实践密切联系

教学环节要按理论教学与实践教学分开进行，必要时可组织现场教学，参观施工现场。只有通过理论与实践的密切联系与比较才能逐步提高认识、提高地基基础的设计与施工能力。

习　题

1. 简述设计计算的基本原则。
2. 简述设计所需的资料。

第 2 章 岩土工程勘察

2.1 概 述

按照工业与民用建筑、交通土建、水利建设等基本建设工程的要求，其前期应该进行测量测绘、工程地质、水文地质以及其他有关内容等的岩土工程勘察工作，以获取建筑场地自然条件的原始资料，制定技术上正确、经济上合理和社会效益上可行的设计和施工方案。

岩土工程勘察的释义来源于 2000 年 9 月 25 日国务院 293 号令《建设工程勘察设计管理条例》。其总则第二条有关的原文："本条例所称建设工程勘察，是指根据建设工程的要求，查明、分析、评价建设场地的地质地理环境特征和岩土工程条件，编制建设工程勘察文件的活动。""岩土工程勘察"内涵较其他行业的"工程地质勘察"稍窄。

岩土工程勘察的对象是"地质、环境特征和岩土工程条件"，主要是指岩土的分布和工程特征，地下水的赋存及其变化，不良地质作用和地质灾害等。其技术手段包括工程地质测绘和调查、勘探和取样、原位测试、室内试验、检验和监测、分析计算、数据处理等；不同的工程要求和地质条件，采用不同的技术方法。

岩土工程勘察的任务是查明场地或地区的工程地质条件，为规划、设计、施工提供地质资料，结合工程设计、施工条件，进行技术论证和分析评价，提出解决岩土工程问题的建议，并服务于工程建设的全过程。

岩土工程勘察是以地质学、岩土力学、结构力学等为基础的边沿学科和应用技术，其内容远超出本课程的范围，这里只着重介绍与地基基础设计有关的勘察工作。

2.2 地基岩土的分类和鉴别

地基岩土的合理分类具有重要的实际工程意义。自然界的岩土是经历一定地质历史的产物，岩土的成分、结构及其性质千变万化，表现的工程性质也各不相同。把工程性质接近的岩土归为一类，就可以大致判别这类岩土的工程特性，评价这类岩土作为建筑物地基或建筑材料的适用性，结合其他物理性质指标确定由该类岩土组成地基的承载力。对于岩体而言，岩体基本质量是岩体所固有的，影响工程岩体稳定性的最基本属性，因此表示岩体基本质量的两个指标：岩石坚硬程度和岩体完整程度是岩石工程分类的依据和标准；而无黏性土，颗粒级配对其工程性质起着决定性的作用，因而颗粒级配是无黏性土工程分类的依据和标准；对于黏性土，由于它与水作用十分明显，土粒的比表面积和矿物成分在很大程度上决定这种土的工程性质，而体现土的比表面积和矿物成分的指标主要有液限和塑性指数，所以液限和塑性指数是对黏性土工程分类的主要依据。

本节以最新《建筑地基基础设计规范》的规定，把作为建筑物地基的岩石和土分为六类，即岩石、碎石土、砂土、粉土、黏性土和人工填土，结合其他规范进行描述。对于不同行业规范规定上的差异，要辩证的分析和理解，在实际工程中，应因地制宜，合理选用。

2.2.1 岩石

岩石应为颗粒间牢固联结，呈整体性或具有节理裂隙的岩体。

岩石的分类是根据岩体的基本质量指标：岩石坚硬程度和岩体完整程度。并采用定性划分和定量指标两种方法，其中定性划分可以作为野外鉴别岩石类别的一种手段。

岩石的坚硬程度，按照表2-1进行定性划分和鉴别。

岩石坚硬程度定性划分时，其风化程度应按表2-2确定。

表2-1 岩石坚硬程度的定性划分

名称		定性鉴定	代表性岩石
硬质岩	坚硬岩	锤击声清脆，有回弹，震手，难击碎，基本无吸水反应	未风化～微风化的花岗岩、闪长岩、辉绿岩、玄武岩、安山岩、片麻岩、石英岩、硅质砾岩、石英砂岩、硅质石灰岩等
	较硬岩	锤击声较清脆，有轻微回弹，稍震手，较难击碎，有轻微吸水反应	1. 微风化的坚硬岩； 2. 未风化～微风化的大理岩、板岩、石灰岩、钙质岩等
软质岩	较软岩	锤击声不清脆，无回弹，较易击碎，浸水后指甲可刻出印迹	1. 中风化的坚硬岩和较硬岩； 2. 未风化～微风化的凝灰岩、千枚岩、砂质泥岩、泥灰岩等
	软岩	锤击声哑，无回弹，有凹痕，易击碎，浸水后手可捏成团	1. 强风化的坚硬岩和较硬岩； 2. 中风化的较软岩； 3. 未风化～微风化的泥岩等
	极软岩	锤击声哑，无回弹，有较深凹痕，浸水后手可捏成团	1. 全风化的各种岩石； 2. 各种半成岩

表2-2 岩石按风化程度分类

风化程度	特征	参数指标		
		波速比 K_v	风化系数 K_f	标贯实测击数 N'
未风化	岩质新鲜，偶见风化痕迹	0.9～1.0	0.9～1.0	
微风化	结构基本未变，仅节理面有铁锰质渲染或矿物略有变色，有少量风化裂隙	0.8～0.9	0.8～0.9	
中风化	结构部分破坏，沿节理面出现次生矿物，风化裂隙发育。岩体被切割成块状。用镐难挖掘，岩芯钻方可钻进	0.6～0.8	0.4～0.8	

续表

风化程度	特征	参数指标		
		波速比 K_v	风化系数 K_f	标贯实测击数 N'
强风化	结构大部分破坏,矿物成分显著变化,风化裂隙很发育,岩体破碎,用镐可挖掘,干钻不易钻进	0.4~0.6	<0.4	≥50
全风化	结构基本破坏,但尚可辨认,有残余结构强度,可用镐挖,干钻可钻进	0.2~0.4		30~50
残积土	组织结构全部破坏,已风化成土状,锹镐易挖掘,干钻易钻进,具可塑性	<0.2		<30

注:1. 波速比为风化岩石与新鲜岩石压缩波速度之比;
2. 风化系数为风化岩石与新鲜岩石饱和单轴抗压强度之比。

1. 岩石完整程度的定性划分和鉴别

岩体完整程度按表 2-3 进行定性划分。

表 2-3 岩体完整程度的定性划分

名称	结构面发育程度		主要结构面的结合程度	主要结构面类型	相应结构面类型
	组数	平均间距/m			
完整	1~2	>1.0	结合好或结合一般	节理、裂隙、层面	整体状或巨厚层状结构
较完整	1~2	>1.0	结合差	节理、裂隙、层面	块状或厚层状结构
	2~3	1.0~0.4	结合好或结合一般		块状结构
较破碎	2~3	1.0~0.4	结合差	节理、裂隙、层面、小断层	裂隙块状或中厚层状结构
	>3	0.4~0.2	结合好		镶嵌碎裂结构
			结合一般		中、薄层状结构
破碎	>3	0.4~0.2	结合差	各种类型结构面	裂隙块状结构
		<0.2	结合好或结合一般		碎裂状结构
极破碎	无序		结合很差		散体状结构

结构面的结合程度,应根据结构面特征,按表 2-4 确定。

表 2-4　结构面结合程度的划分

名称	结构面特征
结合好	张开度小于 1mm，无充填物
结合好	张开度 1～3mm，为硅质或铁质胶结； 张开度大于 3mm，结构面粗糙，为硅质胶结
结合一般	张开度 1～3mm，为钙质或泥质胶结； 张开度大于 3mm，结构面粗糙，为铁质或钙质胶结
结合差	张开度 1～3mm，结构面平直，为泥质或泥质和钙质胶结； 张开度大于 3mm，多为泥质或岩屑充填
结合很差	泥质充填或泥夹岩屑充填，充填物厚度大于起伏差

岩石坚硬程度应根据岩块的饱和单轴抗压强度 f_{rk} 分为坚硬岩、较硬岩、较软岩、软岩和极软岩，见表 2-5。当无条件取得实测值时，也可采用实测的岩石点荷载强度指标（$I_{s(50)}$）的换算值，并按下式换算：

$$f_{rk} = 22.82 I_{s(50)}^{0.75} \tag{2-1}$$

表 2-5　f_{rk} 与定性划分的岩石坚硬程度的对应关系

坚硬程度	坚硬岩	较硬岩	较软岩	软岩	极软岩
f_{rk}/MPa	$f_{rk}>60$	$60 \geq f_{rk} > 30$	$30 \geq f_{rk} > 15$	$15 \geq f_{rk} > 5$	$f_{rk} \leq 5$

2. 岩体完整程度的定量指标

岩体完整程度采用岩体完整性指数（K_V）表示，见表 2-6。

表 2-6　K_V 与定性划分的岩石完整程度的对应关系

完整程度等级	完整	较完整	较破碎	破碎	极破碎
K_V	>0.75	0.75～0.55	0.55～0.35	0.35～0.15	<0.15

注：完整性指数为岩体纵波波速与岩块纵波波速之比的平方。选定岩体、块岩测定波速时应有代表性。

3. 岩体基本质量分级

岩体基本质量分级，应根据岩体基本质量的定性特征和岩体基本质量指标（BQ）两者相结合，按表 2-7 确定。

表 2-7　岩体基本质量分级

基本质量级别	岩体基本质量的定性特征	岩体基本质量指标（BQ）
Ⅰ	坚硬岩，岩体完整	>550
Ⅱ	坚硬岩，岩体较完整； 较坚硬岩或软硬岩，岩体完整	550～451
Ⅲ	坚硬岩，岩体较破碎； 较坚硬岩或软硬岩互层，岩体较完整； 较软岩，岩体完整	450～351

基本质量级别	岩体基本质量的定性特征	岩体基本质量指标（BQ）
Ⅳ	坚硬岩，岩体破碎； 较坚硬岩，岩体较破碎~破碎； 较软岩或软硬岩互层，且以软岩为主，岩体较完整~较破碎； 软岩，岩体完整~较完整	350~251
Ⅴ	较软岩，岩体破碎； 软岩，岩体较破碎~破碎； 全部极软岩及全部极破碎岩	≤250

岩体基本质量指标（BQ），应根据分级因素的定量指标f_{rk}的兆帕数值和K_V，按下式计算：

$$BQ = 90 + 3f_{rk} + 250K_V \quad (2\text{-}2)$$

注：使用式（2-2）时，应遵守下列限制条件：

① 当$f_{rk} > 90K_V + 30$时，应以$f_{rk} > 90K_V + 30$和K_V代入计算BQ值。

② 当$K_V > 0.04f_{rk} + 0.4$时，应以$K_V > 0.04f_{rk} + 0.4$和f_{rk}代入计算BQ值。

【例2-1】某洞室轴线走向为南北向，其中某工程段岩体实测岩体纵波波速为3 800m/s，主要软弱结构面产状为倾向NE68°，倾角为59°，岩石单轴饱和抗压强度$R_c = 72$MPa，岩块测得纵波波速为4 500m/s，垂直洞室轴线方向的最大初始应力为12MPa，洞室地下水呈淋雨状，水量为8L/min，该工程岩体质量等级为下列（　）选项。

A. Ⅰ　　　　B. Ⅱ　　　　C. Ⅲ　　　　D. Ⅳ

解：答案为（C）。据《工程岩体分级标准》（GB 50218—1994）。

① 计算岩体的完整性指数：$K_V = \left(\dfrac{V_{pm}}{V_{pc}}\right)^2 = \left(\dfrac{3\ 800}{4\ 500}\right)^2 = 0.71$

② $90K_v + 30 = 90 \times 0.71 + 30 = 93.9 > R_c = 72$

$0.04R_c + 0.4 = 0.04 \times 72 + 0.4 = 3.28 > K_v = 0.71$

③ $BQ = 90 + 3R_c + 250K_v = 90 + 3 \times 72 + 250 \times 0.71 = 483.5$

④ 地下水影响修正系数：按出水量8L/(min·m) < 10L/(min·m)和$BQ = 483.5 > 450$，查表为$K_1 = 0.1$。

⑤ 主要结构面产状影响修正系数：主要结构面走向与洞轴线夹角为90°－68° = 22°，倾角59°，$K_2 = 0.4 \sim 0.6$，取$K_2 = 0.5$。

⑥ 初始应力状态影响修正系数：$\dfrac{R_c}{\sigma_{max}} = \dfrac{72}{12} = 6$，为高应力区，$K_3 = 0.5$。

⑦ 岩体本质量指标修正值：$[BQ] = BQ - 100(K_1 + K_2 + K_3) = 483.5 - 100 \times (0.1 + 0.5 + 0.5) = 373.5$。

⑧ 查表2-7可以确定该岩体质量等级为Ⅲ级。

2.2.2 碎石土

碎石土是指粒径大于2mm的颗粒超过总质量的50%的土。

根据颗粒大小和形状不同,可进一步分为漂石或块石、卵石或碎石、圆砾或角砾。分类标准见表2-8。

表2-8 碎石土的分类

土的名称	颗粒形状	粒组含量
漂石 块石	圆形及亚圆形为主 棱角形为主	粒径大于200mm的颗粒超过总质量的50%
卵石 碎石	圆形及亚圆形为主 棱角形为主	粒径大于20mm的颗粒超过总质量的50%
圆砾 角砾	圆形及亚圆形为主 棱角形为主	粒径大于2mm的颗粒超过总质量的50%

注:定名时应根据粒组含量栏从上到下以最先符合者确定。

碎石土没有黏性和塑性,属于单粒结构,其状态以密实度表示,分为松散、稍密、中密和密实,见表2-9。

表2-9 碎石土密实度划分

密实度	修正后的重型圆锥动力触探实验锤击数 $N_{63.5}$
松散	$N_{63.5} \leqslant 5$
稍密	$5 < N_{63.5} \leqslant 10$
中密	$10 < N_{63.5} \leqslant 20$
密实	$N_{63.5} > 20$

注:本表适用于平均粒径等于或小于50mm且最大粒径小于100mm碎石土。对于平均粒径大于50mm,或最大粒径大于100mm的碎石土,可用超重型动力触探鉴别。

在施工现场,碎石类土应描述碎屑物的成分、指出碎屑是由哪类岩石组成的;碎屑物的大小,其一般直径和最大直径如何,并估计其含量之百分比;碎屑物的形状,其形状可分为圆形、亚圆形或棱角形;碎屑的坚固程度。

当碎石类土有充填物时,应描述充填物的成分,并确定充填物的土类和估计其含量的百分比。如果没有充填物时,应研究其孔隙的大小,颗粒间的接触是否稳定等现象。

碎石土还应描述其密实度,密实度是反映土颗粒排列的紧密程度,越是紧密的土,其强度大,结构稳定,压缩性小;紧密度小,则工程性质就相应要差。一般碎石土的密实度分为密实、中密、稍密等三种,其野外鉴别方法见表2-10。

表 2-10 碎石土密实度野外鉴别方法

密实度	骨架颗粒含量及排列	可挖性		可钻性	
		充填物以砂土为主	充填物以黏土为主	充填物以砂土为主	充填物以黏土为主
密实	骨架颗粒含量大于总重的70%，为交错排列，连续接触	颗粒间孔隙填充密实或有胶结性，镐锹挖掘困难，用撬棍方能松动，井壁稳定	颗粒间充填以坚硬和硬塑状态之黏性土为主，开挖较困难	钻进极困难，冲击钻探时，钻杆和吊锤跳动剧烈，孔壁稳定	同左，但碎屑物较易取土
中密	骨架颗粒含量等于总重的60%~70%为交错排列，大部分接触	颗粒间孔隙被充填，用手可松动颗粒，镐锹可挖掘，井壁有掉块现象	颗粒间充填以可塑状黏性土为主，锹可开挖，但不易掉块	钻进较困难，冲击钻探时，钻杆和吊锤有跳动现象，孔壁有坍塌	同左，但孔壁不易坍塌
稍密	骨架颗粒含量小于总重的60%，排列混乱，大部分不接触	颗粒间孔隙部分被充填，颗粒有时被充填物隔开，用手一触即松动掉落，锹可挖，井壁易坍落	颗粒间充填以软塑或流塑之黏性土为主，锹可开挖，井壁有坍塌现象	钻进较易，钻杆和吊锤跳动不明显，孔隙易坍，有时有翻砂现象	同左，但孔壁较稳定

注：1. 骨架颗粒系指各碎石土相应的粒径颗粒；2. 密实度按表列各项要求综合确定。

2.2.3 砂类土

粒径大于 2mm 的颗粒质量不超过总质量的 50%、粒径大于 0.075mm 的颗粒质量超过总质量 50% 的土。按表 2-11 进一步分类。

表 2-11 砂土分类

土名	颗粒级配
砾砂	粒径大于 2mm 的颗粒质量占总质量的 25%~50%
粗砂	粒径大于 0.5mm 的颗粒质量超过总质量的 50%
中砂	粒径大于 0.25mm 的颗粒质量超过总质量的 50%
细砂	粒径大于 0.075mm 的颗粒质量超过总质量的 85%
粉砂	颗粒大于 0.075mm 的颗粒质量超过总质量的 50%

注：定名时按颗粒级配由大到小以最先符合者确定。

砂土的密实度按表 2-12 划分为松散、稍密、中密和密实四级，砂土的野外鉴别方法见表 2-13。

表 2-12 砂土密实度划分

密实度	标准贯入试验实测击数 N'
松散	$N' \leq 10$
稍密	$10 < N' \leq 15$

续表

密实度	标准贯入试验实测击数 N'
中密	$15 < N' \leqslant 30$
密实	$N' > 30$

表 2-13 砂土的野外鉴别方法

鉴别方法	砂土分类				
	砂土分类	粗砂	中砂	细砂	粉砂
	鉴别特征				
颗粒粗细	约有1/4以上的颗粒比荞麦或高粱大	约有一半以上的颗粒比小米粒大	约有一半以上的颗粒与砂糖、菜籽近似	大部分颗粒与玉米粉近似	大部分颗粒近似面粉
干燥时状态	颗粒完全分散	颗粒仅有个别有胶结	颗粒基本分散,部分胶结,一碰即散	颗粒少量胶结,稍加碰击即散	颗粒大部分胶结稍压即散
湿润时用手拍的状态	表面无变化	表面无变化	表面偶有水印	表面水印(翻浆)	表面有显著翻浆现象
黏着程度	无黏着感	无黏着感	无黏着感	偶有轻微黏着感	有轻微黏着感

砂类土应描述其粒径和含量的百分比;颗粒的主要矿物成分及有机质和包含物,当含大量有机质时,土呈黑色,含量不多时呈灰色;含多量氧化铁时,土呈红色,含少量时呈黄色或橙黄色;含 SiO_2、$CaCO_3$ 及 $Al(OH)_3$ 和高岭土时,土常呈白色或浅色。

【例 2-2】某建筑地基土样颗粒结果见表 2-14,土名正确的是(   )。

表 2-14 建筑地基土样颗粒

>2mm	2~0.5mm	0.5~0.25mm	0.25~0.075mm	<0.075mm
15.8%	33.2%	19.5%	21.3%	10.2%

A. 细砂   B. 中砂   C. 粗砂   D. 砾砂

解:答案为 B。据《岩土工程勘察规范》(GB 50021—2001)(2009 年版)第 3.3.3 条可得。

2.2.4 粉土

介于砂土和黏性土之间,塑性指数 $I_p \leqslant 10$,且粒径大于 0.075mm 的颗粒含量不超过总质量 50% 的土。其密实度按表 2-15 划分为松散、稍密、中密和密实四级。

表 2-15　粉土密实度划分

密实度	孔隙比 e	标准贯入试验实测击数 N'
松散		$N' \leqslant 5$
稍密	$e > 0.90$	$5 < N' \leqslant 10$
中密	$0.75 \leqslant e \leqslant 0.90$	$10 < N' \leqslant 15$
密实	$e < 0.75$	$N' > 15$

2.2.5　黏性土

塑性指数 $I_P > 10$ 的土。其中 $I_P > 17$ 的为黏土，$10 < I_P \leqslant 17$ 为粉质黏土，其状态见表 2-16。

表 2-16　黏性土状态划分表

状态	液性指数 I_L	标准贯入实验实测击数 N'
坚硬	$I_L \leqslant 0$	$N' \geqslant 30$
硬塑	$0 < I_L \leqslant 0.25$	$30 > N' \geqslant 15$
可塑	$0.25 < I_L \leqslant 0.75$	$15 > N' \geqslant 4$
软塑	$0.75 < I_L \leqslant 1$	$4 > N' \geqslant 2$
流塑	$I_L > 1$	$N' < 2$

黏性土的野外鉴别可按其湿润时状态、人手捏的感觉、黏着程度和能否搓条的粗细，将黏性土分为黏土、亚黏土和亚砂土，见表 2-17。

表 2-17　黏性土的野外鉴别方法

鉴别方法	分类		
	黏土	亚黏土	亚砂土
	鉴别特征		
湿润时用刀切	切面很光滑，刀刃有黏腻的阻力	稍有光滑面，切面规则	无光滑面，切面比较粗糙
用手捻时的感觉	湿土用手捻摸有滑腻感，当水分较大时，极为黏手，感觉不到有颗粒的存在	仔细捻时感觉到有少量细颗粒，稍有滑腻感，有黏滞感	感觉有细颗粒存在或感觉粗糙，有轻微黏滞感或无黏滞感
黏着程度	湿土极易黏着物体（包括金属与玻璃），干燥后不易剥去，用水反复洗才能去掉	能黏着物体，干燥后易剥掉	一般不黏着物体，干燥后一碰就掉
湿土搓条情况	能搓成直径小于 1mm 的土条（长度不短于手掌），手持一端不致断裂	能搓成直径 23mm 的土条	不能搓成直径小于 3mm 的土条，而仅能搓成土球

黏性土应描述其颜色、状态、湿度和包含物。在描述颜色时、应注意其副色，一般记录时应将副色写在前面，主色写在后面，如"黄褐色"，表示以褐色为主，以黄色为副。黏性土的状态是指其在含有一定量的水分时，所表现出来的黏稠稀薄不同的物理状态，它说明了土的软硬程度，反映土的天然结构受破坏后，土粒之间的联结强度以及抵抗外力所引起的土粒移动的能力。其状态可分为坚硬、硬塑、可塑、软塑、流塑等。野外测定土的状态时，可采用重为76g、尖端为30°的金属圆锥的下沉深度来确定，其判断标准见表2-18。

表2-18 土的状态野外判定标准

圆锥下沉深度/mm	土的状态	圆锥下沉深度/mm	土的状态
$h<2$ $2 \leqslant h<3$ $3 \leqslant h<7$	坚硬 硬塑 可塑	$7 \leqslant h<10$ $h>10$	软塑 流塑

【例2-3】关于目力鉴别粉土和黏性土的描述，下列选项正确的是（　　）。
A. 粉土的摇振反应比黏性土迅速　　B. 粉土的光泽反应比黏性土明显
C. 粉土的干强度比黏性土高　　D. 粉土的韧性比黏性土低

解：答案为AD。据《岩土工程勘察规范》（GB 50021—2001）（2009年版）第3.3.7条条文说明。

2.2.6 人工填土

人工填土是指人类各种活动而堆填的土。如建筑垃圾、工业残渣废料和生活垃圾等。这种土堆积的年代比较短，成分复杂，工程性质比较差。按其组成物质及成因分为素填土、杂填土和冲填土。分类标准见表2-19。

表2-19 人工填土的分类

土的名称	组成物质及成因
素填土	由碎石、砂土、粉土和黏性土等组成的填土
杂填土	含有建筑垃圾、工业废料、生活垃圾等杂物的土
冲填土	由水力冲填泥砂形成的土
压实填土	经过压实或夯实的素填土

在现场，人工填土应描述其成分、颜色、堆积方式、堆积时间、有机物含量、均匀性及密实度。淤泥质土尚需描述颜色、气味等特性。人工填土与淤泥质土的野外鉴别见表2-20。

表2-20 人工填土与淤泥质土的鉴别方法

鉴别方法	人工填土	淤泥质土
颜色	没有固定颜色，主要决定于夹杂物	灰黑色有臭味
夹杂物	一般含砖瓦砾、块、垃圾、炉灰等	池沼中有半腐朽的细小动植物遗体，如草根，小螺壳等

续表

鉴别方法	人工填土	淤泥质土
构造	夹杂物质显露于外,构造无规律	构造常为层状,但有时不明显
浸水的现象	浸水后大部分物质变为稀软的淤泥,其余部分则为砖瓦炉灰渣,在水中单独出现	浸水后外观无明显变化,在水面有时出现气泡
湿土搓条情况	一般情况能搓成3mm的土条,但易折断,遇有灰砖杂质甚多时,即不能搓条	能搓成3mm的土条,但易折断
干燥后的强度	干燥后部分杂质脱落,固无定性形。稍微施加压力即行破碎	干燥体积缩小,强度不大,锤击时成粉末,用手指能搓散

2.3 岩土工程勘察的等级和阶段

2.3.1 岩土工程勘察等级

按工程重要性等级（见表2-21）、场地等级（见表2-22）和地基等级（见表2-23），将岩土工程勘察划分为甲、乙、丙三级，见表2-24。

表2-21 工程重要性等级

安全等级	工程破坏或影响正常使用的后果	工程类型
一级	很严重	重要工程
二级	严重	一般工程
三级	不严重	次要工程

表2-22 场地等级

场地等级	建筑抗震地段	不良地质作用	地质环境	地形地貌	地下水
一级	危险地段	强烈发育	强烈破坏	复杂	水文地质条件复杂
二级	不利地段	一般发育	一般破坏	较复杂	基础在地下水位下
三级	抗震设防烈度≤6度或有利地段	不发育	未受破坏	简单	对工程无影响

表2-23 地基等级

地基等级	岩土种类和均匀性	特殊岩土情况
一级	种类多,很不均匀,性质变化大,需要特殊处理	严重湿陷、膨胀、盐渍、污染土,以及其他情况复杂,需作专门处理的岩土
二级	种类较多,不均匀,性质变化大	上述之外的特殊性岩土
三级	种类单一,均匀,性质变化不大	无特殊性岩土

表 2-24　岩土工程勘察等级划分

勘察等级	确定条件		
	工程安全等级	场地等级	地基等级
甲级	一级	任意	任意
	二级或三级	一级	任意
		任意	一级
乙级	二级	二级或三级	二级或三级
	三级	二级	二级或三级
		二级或三级	二级
丙级	三级	三级	三级

2.3.2　岩土工程勘察阶段

岩土工程勘察阶段的划分是与设计阶段的划分相一致的。一定的设计阶段需要相应的勘察工作。在我国建筑工程中，岩土工程勘察可分为可行性研究勘察、初步勘察、详细勘察和施工勘察。可行性研究勘察应符合选址或确定场地要求；初步勘察应符合初步设计或扩初步设计要求；详细勘察应符合施工图设计要求；对工程地质条件复杂或有特殊要求的重要工程，尚应进行施工勘察。

对面积不大，且工程地质条件简单的场地或有建筑经验的地区，可简化勘察阶段，每个勘察阶段都有该阶段的具体任务、应解决的问题、重点工作内容和工作方法以及工作量等。

1. 可行性研究勘察

在充分收集区域地质、地形地貌、地震、矿产、当地的工程地质、岩土工程和建筑经验等资料的基础上，通过踏勘了解场地的地层、岩性、构造、不良地质作用、水文地质、工程地质条件，根据具体情况布置必要工程地质和勘探工作，对拟建场地的稳定性和适宜性做出评价。当有两个以上的拟建场地时，应进行比选分析。为此，在确定建筑场地时，考虑工程地质条件，宜避开下列地区或地段：

（1）不良地质现象发育且对场地稳定性有直接危害或潜在威胁的。
（2）地基土性质严重不良的。
（3）对建（构）筑物抗震危险的。
（4）洪水或地下水对建（构）筑场地有严重不良影响的。
（5）地下有未开采的有价值矿藏或未稳定的地下采空区的。

本阶段的工程地质工作要求：

（1）搜集区域地质、地形地貌、地震、矿产和附近地区的工程地质资料及当地的建筑经验。
（2）在搜集和分析已有资料的基础上，通过踏勘，了解场地的地层、构造、岩石和土的性质、不良地质现象及地下水等工程地质条件。
（3）对工程地质条件复杂，已有资料不能符合要求，但其他条件较好且倾向于选取的场地，应根据具体情况进行工程地质测绘及必要的勘探工作。

2．初步勘察

初步勘察阶段应对场地内建筑地段的稳定性和适宜性做出工程评价。本阶段的工程地质勘察工作有：

（1）搜集本项目的可行性研究报告、场址地形图、工程性质、规模等文件资料。

（2）初步查明地层、构造、岩土性质、地下水埋藏条件、冻结深度、不良地质现象的成因、分布及其对场地稳定性的影响和发展趋势。当场地条件复杂，尚应进行工程地质测绘与调查。

（3）对抗震设防烈度大于或等于7度的场地，应初步判定场地和地基效应。

初步勘察应在搜集分析已有资料的基础上，根据需要进行工程地质测绘或调查以及勘探、测试和物探工作。

3．详细勘察

按单体建筑物和建筑群布置勘察工作，提供详细的岩土工程资料和设计、施工所需的岩土参数；对建筑地基做出岩土工程评价，并对地基类型、基础形式、地基处理、基坑支护、工程降水和不良地质作用的防治等提出建议，为施工图设计提供依据。应进行下列工作：

（1）收集附有坐标和地形的建筑总平面图，场区地面的整平标高、建筑物的性质、规模、荷载、结构特点、基础形式、埋深，地基允许变形等资料。

（2）查明不良地质作用的类型、成因、分布范围、发展趋势和危害程度，提出整治方案建议。

（3）查明建筑范围内岩土类型、分布、埋深、工程特征，分析评价地基的稳定性、均匀性和承载力。

（4）对需要进行沉降计算的建筑物，提供地基变形计算参数，预测建筑物的变形特征。

（5）查明河道、沟渠、墓穴、防空洞、孤石等对工程不利的埋藏物。

（6）查明地下水的埋藏条件，提供地下水位及变化幅度，判定水和土对建筑材料的腐蚀性。

（7）在地震设防烈度等于或大于7度的地区，划分场地土类型，确定对抗震有利、不利或危险地段，对饱和砂土、粉土进行液化判别，确定液化指数和液化等级。

4．施工勘察

遇下列情况之一时，应进行施工勘察：

（1）基槽开挖后，岩土条件与原勘察资料不符时。

（2）地基处理和基坑开挖需进一步提供或确认岩土参数时。

（3）桩基工程施工需进一步查明持力层时。

（4）地基中溶洞、土洞发育，需进一步查明并提出处理建议时。

（5）需进一步查明地下管线或地下障碍物时。

（6）施工中建筑边坡有失稳危险时。

已掌握的工程地质资料和建筑经验较充分时，可简化勘察阶段。

2.4 岩土工程勘察方法

岩土工程勘察方法有工程地质测绘和调查、勘探、原位测试、室内实验、现场检验和监测、土试样的采取等。

2.4.1 测绘和调查

测绘一般在可行性研究勘察和初步勘察阶段进行，实质上是综合性地质测绘，它的任务是在地形地质图上填绘测区的工程地质条件。测绘成果是提供给其他工作如勘探、取样、试验、监测等的规划、设计和实施的基础。

测绘的内容包括有工程地质条件的全部要素，即测绘拟建场地的地层、岩性、地质构造、地貌、水文地质条件、物理地质作用和现象、已有建筑物的变形和破坏状况和建筑经验、可利用的天然建筑材料的质量及其分布等。

测绘比例尺一般有三种：可行性研究勘察选用 1:5 000～1:50 000，初步勘察选用 1:2 000～1:10 000，详细勘察选用 1:500～1:2 000。对工程有重大影响的地质单元体（滑坡、断层、软弱夹层、洞穴等），可采用扩大比例尺表示。

工程地质测绘方法：像片成图法和实地测绘法。

像片成图法。像片成图法是利用地面摄影或航空（卫星）摄影的像，在室内根据判释标志，结合所掌握的区域地质资料，把判明的地层岩性、地质构造、地貌、水系和不良地质现象等，调绘在单张像片上，并在像片上选择需要调查的若干地点和路线，然后据此做实地调查、进行核对修正和补充。将调查的结果转绘在地形图上而成的工程地质图。

常用的实地测绘法有三种：

（1）路线法。它是沿着一些选择的路线，穿越测绘场地，将沿线所测绘或调查到的地层、构造、地质现象、水文地质、地质和地貌界线等填绘在地形图上。路线形式可为直线形或折线形。观测路线应选择在露头及覆盖层较薄的地方。观测路线方向应大致与岩层走向、构造线方向及地貌单元相垂直，这样可以用较少的工作量而获得较多工程地质资料。

（2）布点法。它是根据地质条件复杂程度和测绘比例尺的要求，预先在地形图上布置一定数量的观测路线和观测点。观测点一般布置在观测路线上，但观测点应根据观察目的和要求进行布点。例如，为了研究地质构造，地质界线、不良地质现象，水文地质等不同目的。布点法是工程地质测绘的基本方法，常用于大、中比例尺的工程地质测绘。

（3）追索法。它是沿地层走向或某一地质构造线或某些不良地质现象界线进行布点追索，主要目的是查明局部的工程地质问题。追索法常是在布点法或路线法基础上进行的，它是一种辅助方法。

地质观测点的布置应有代表性，在地质构造线、地层分界线、岩性分界线、标准层、地下水露头和各种地质单元体应有地质观测点。应充分利用天然和人工露头，当露头不多时，布置适量的探坑和探槽。观测点的定位可用目测法、半仪器法和仪器法；地质构造线、地层岩性分界线、软弱夹层、地下水露头和不良地质作用等特殊地质观测点，宜用仪器定位。

岩石出露或地貌、地质条件较复杂的场地应进行工程地质测绘。对地质条件简单的场地，可用调查代替工程地质测绘。

2.4.2 勘探

勘探是岩土工程勘察中重要的手段，在建筑工程中，如工业民用建筑工程，地下铁道、桥梁、海港码头等建（构）筑物在设计、施工过程中，必须掌握地基及地质环境的情况，如岩土层的分布、厚度。物理力学性质，以及地下溶洞、断层、古河道、流砂等的有害地质现象。仅靠工程地质测绘是不能解决对地表以下地质的了解，而勘探正是解决对深部地质了解的一种可靠的方法。它可以直接深入地下岩土层取得所需的工程地质和水文地质资料，由于这些资料是直接取得的，因而它是真实的、可靠的。

工程地质勘探在这里指的是坑探（也称山地工作）、钻探和地球物理勘探。

1. 坑探

当需要直接了解地表下土层的情况时，或者了解层下的基岩地质时，可用坑探来解决。坑探就是用锹镐或机械来挖掘坑槽，以便直接观察岩土层的天然状态以及各地层之间的接触关系，并能取出接近实际的原状结构岩土样。有时利用坑槽作原位岩土体物理力学测试位置。坑探的种类有探槽、探坑和探井。

探槽是在地表挖掘成长条形且两壁常为倾斜上宽下窄的槽子，其断面有梯形和阶梯形两种。在第四纪土层中，当探槽深度较大时，常用阶梯形的；否则，探槽的两壁要进行支护。

探槽一般在覆土层小于 3m 时使用。它适用于了解地质构造线、断裂破碎带宽度、地层分界线、岩脉宽度及其延伸方向、采取试样等。

凡挖掘深度不大且形状不一的坑或者成矩形的较短的探槽状的坑，都称为浅坑，也称探坑。浅坑的目的与上述探槽的目的相同。浅坑深度一般为 1~2m。

在岩土工程勘探工作中，特别是在一些山区内，经常采用浅探井来查明地表以下的地质与地下水等情况。探井深度都大于 3m，一般不大于 15m。断面形状有方形的、矩形的和圆形的。方形的或矩形的探井称为浅井，其断面尺寸有 1m×1m，1m×1.2m，1.5m×1.5m 等。圆形的称为小圆井，其断面直径一般为 0.6~1.25m。浅井挖掘过程中一般要采取支护措施，特别是在表土不甚稳固、易坍塌的地层中挖掘。小圆井一般用于较坚实稳固的地层中，使用小圆井时可以不用支护。这是由于井壁地层稳固、且圆形断面可以承受较大的压力。

坑探工作是勘探常用的手段之一。坑探工作结束，必须有该处的地质资料以文字和图件反映出来，这就需要进行地质编录。坑探工程地质成果是工程地质素描图及其相应的文字描述，素描图比例尺多采用 1:50~1:200，而且水平比例尺与垂直比例尺应该一致。对一些规模较小的特殊地质现象，比例尺放大，如 1:1~1:50。素描图上除详细表示地质现象外，尚应有工程名称、工程坐标和方位角、比例尺、取样位置和编号、图例、素描人及校核人、日期等内容。

2. 钻探

钻探是获取地表水下准确的地质资料的方法，而且通过钻探钻孔采取原状岩土样和现场力学试验也是钻探的任务之一。

（1）**基本概念**。钻探是指在地表下用钻头钻进地层的勘探方法。在地层内钻成直径较小并具有相当深度的圆筒形孔眼的孔称为钻孔。通常将直径达500mm以上的钻孔称为钻井。钻孔的要素如图2-1所示。钻孔上面口径较大，越往下越小，呈阶梯状。钻孔的上口称为孔口；底部称为孔底；四周侧部称为孔壁。钻孔断面的直径称为孔径；由大孔径改为小孔径称换径。从孔口到孔底的距离称为孔深。

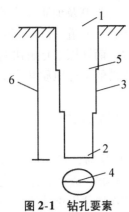

图 2-1 钻孔要素
1—孔口；2—孔底；3—孔壁；
4—孔径；5—换径；6—孔深

钻孔的直径、深度、方向取决于钻孔用途和钻探地点的地质条件。钻孔的直径一般为75～150mm，但在一些大型建筑物的工程地质钻探时，孔径往往大于150mm，有时可达到500mm。钻孔的深度由数米至上百米，视工程要求和地质条件而定，一般的工民建工程地质钻探深度在数十米以内。钻孔的方向一般为垂直的，也有打成倾斜的钻孔，这种孔称为斜孔。在地下工程中有打成水平的，甚至直立向上的钻孔。

（2）**钻探过程和钻进方法**。钻探过程中有三个基本程序：

① 破碎岩土。在工程地质钻探中采用人力和机械方法，使小部分岩土脱离整体而成为粉末、岩土块或岩土芯的现象，这叫作破碎岩土。岩土之所以被破碎是借助冲击力、剪切力、研磨和压力来实现的。

② 采取岩土。用冲洗液（或压缩空气）将孔底破碎的碎屑冲到孔外，或者用钻具（抽筒、勺形钻头、螺旋钻头、取土器、岩芯管等）靠人力或机械将孔底的碎屑或样芯取出于地面。

③ 保全孔壁。为了顺利地进行钻探工作，必须保护好孔壁，不使其坍塌。一般采用套管或泥浆来护壁。

工程地质钻探可根据岩土破碎的方式，钻进方法有以下四种：

① 冲击钻进。此法采用底部圆环状的钻头。钻进时将钻具提升到一定高度，利用钻具自重，迅猛放落，钻具在下落时产生冲击动能，冲击孔底岩土层，使岩土达到破碎的目的而加深钻孔。

② 回转钻进。此法采用底部嵌焊有硬质合金的圆环状钻头进行钻进。钻进中施加钻压，使钻头在回转中切入岩土层，达到加深钻孔的目的。在土质地层中钻进，有时为有效地、完整地揭露标准地层，还可以采用勺形钻钻头或提土钻钻头进行钻进。

③ 综合式钻进。此法是一种冲击回转综合式的钻进方法。它综合了前两种钻进方法在地层钻进中的优点，以达到提高钻进效率的目的。其工作原理是：在钻进过程中，钻头克取岩石时，施加一定的动力，对岩石产生冲击作用，使岩石的破碎速度加快，破碎粒度比回转剪切粒度增大。同时由于冲击力的作用使硬质合金刻入岩石深度增加，在回转中将岩石剪切掉，这样就大大地提高了钻进的效率。

④ 振动钻进。此法采用机械动力所产生的振动力，通过连接杆和钻具传到圆筒形钻头周围土中。由于振动器高速振动的结果，圆筒钻头依靠钻具和振动器的重量使得土层更容易被切削而钻进，且钻进速度较快。这种钻进方法主要适用于粉土、砂土、较小粒径的

碎石层以及黏性不大的黏性土层。

上述各种钻进方法的适用范围列于表 2-25 中。

表 2-25 钻进方法的适用范围

钻进方法		钻进地层					勘察要求		
		黏性土	粉土	砂土	碎石土	岩土	直观鉴别，采取不扰动试样	直观鉴别，采取扰动试样	不要求直观鉴别，不扰动试样
回转	螺纹钻进	○	△	△	—	—	○	○	○
	无岩芯钻进	○	○	○	△	○	—	—	○
	岩芯钻进	○	○	○	△	○	○	○	○
冲击	冲击钻进	—	△	○	○	△	—	—	○
	锤击钻进	△	○	○	△	—	△	—	○
振动钻进		○	○	○	△	—	△	○	○

注：○代表适用；△代表部分情况适合；—代表不适用。

钻探中按要求取岩样、土样、水样和进行原位测试。对受力层取样和原位测试间距为 1~2m；每一主要土层原状土样或原位测试数据不少于六件（组）。岩芯应由专业人员及时编录，柱状图岩土名称和性状应与原位测试和土工实验结果相互吻合。

【例 2-4】某高层建筑工程拟采用天然地基，埋深 10m，基底附加应力 280kPa，基础中心点下附加应力系数见表 2-26，初勘探明地下水埋深 3.0m，地基土为中低压缩性粉土和粉质黏土，平均天然重度 19.1 kN/m³，$e = 0.71$，$G_s = 2.70$，则详勘孔深为（　　）。（$\gamma_W = 10$kN/m³）

表 2-26 附加应力系数

基础中心点以下深度/m	8	12	16	20	24	28	32	36	40
附加应力系数	0.80	0.61	0.45	0.33	0.26	0.20	0.16	0.13	0.11

A. 24 m　　　　B. 28 m　　　　C. 34 m　　　　D. 40 m

解：答案为 C。据《岩土工程勘察规范》（GB 50021—2001）（2009 年版）第 4.1.18 条规定：地基变形计算深度，对中、低压缩性土可取附加压力等于上覆土层有效自重压力 20% 的深度。

① 采用试算法，假设钻孔深度 34m，距基底深度 $z = 34 - 10 = 24$m。

② 计算上覆土层有效自重压力，水下部分用浮重度：

$$\gamma' = \frac{G_s - 1}{1 + e}\gamma_W = \frac{2.70 - 1}{1 + 0.71} \times 10 = 10 \text{kN/m}^3$$

③ 上覆土层有效自重压力为 $3 \times 19.1 + 31 \times 10 = 367.3$kPa。

④ 计算 34m 深处的附加压力，$z = 24$m，查表得 $\alpha_i = 0.26$，附加压力 $= \rho_0 \alpha_i = 280 \times 0.26 = 72.8$kPa。

⑤ 附加压力/有效自重压力 $= 72.8/367.3 = 0.198$，小于 20%，满足要求。

3. 地球物理勘探

地球物理勘探也简称物探。岩土工程物探是近几十年来在找矿的物探方法上发展起来的。就物探的方法上有：

(1) 研究岩土电学性质及电场、电磁场变化规律的电法勘探。
(2) 研究岩土磁性及地球磁场、局部磁异常变化规律的磁法勘探。
(3) 研究地质体引力场特征的重力勘探。
(4) 研究岩土弹性力学性质的地震勘探。
(5) 研究岩土的天然或人工放射性的放射性勘探。
(6) 研究物质热辐射场特征的红外探测方法。
(7) 研究岩土的声波和超声波传递和衰减变化规律的声波探测技术等。

工程地质物探采用上述方法解决了许多工程地质问题。但在工程地质物探方法上，采用得最多、最普遍的物探方法，首推电法勘探。它常在初期的工程地质勘察中使用初步了解勘察区的地下地质情况，配合工程地质测绘用；此外，常用于古河道、暗洪、洞穴、地下管线等勘测的具体查明。

在工程勘察中，物探既是一种勘探手段，也是一种原位测试手段，可测定岩土体的波速、动弹性模量、动剪切模量、卓越周期、电阻率、放射性辐射参数、土对金属的腐蚀性等。

2.4.3 原位测试

1. 静力触探试验

静力触探（Staticone Penetration Test，CPT）的原理是用静力将内部装有力传感器的探头以一定的速率压入土中，通过电子量测仪器所测得的贯入阻力（比贯入阻力 P_s 或锥尖阻力 q_c 和侧壁摩阻力 f_s）来判释土层性质的一种原位测试方法。

量测方式包括机械式和电测式两大类。电测式应用较为广泛。探头主要分为单桥触探头与双桥触探头。单桥触探头只能测出土的总阻力即比贯入阻力 P_s；双桥探头可测锥尖阻力 q_c 与侧壁摩擦阻力 f_s。主要适用于黏性土、粉性土与砂土。贯入深度软土中可超过 70m，中密砂层中可超过 30m。用于土层划分、土类判别、约定地基土承载力及变形模量等。

测试设备包括①加压装置（手摇式、齿轮机械式、全液压式）；②反力装置（地锚反力、压载反力、车辆自重反力）；③探头与探杆（单、双桥探头）。探头是静力触探设备的关键组件，主要部件有传力杆、摩擦传感器、摩擦筒、锥尖传感器、顶柱、电阻应变片、钢珠、锥尖头；探头要定期标定，一般三个月标定一次；④量测记录系统（手调直读式电阻应变仪、自动记录仪）。

现场测试的步骤（1）准备工作：①定出测试点，测点离开钻孔至少 2m，先触探后钻探，平行试验对比孔距不宜大于 3m；②设置反力装置；③安装压入和量测装置；④检查探头与外套筒与锥头活动情况；⑤检查电源电压、仪器仪表。(2) 现场实测：①初读数测读（压入 1~2m，提升 5cm）；②贯入速度控制在 0.5~1m/min；③数据采集（每 10cm 采集一次）；④触探过程中归零；⑤接、卸钻杆。

资料整理一般包括：①原始数据的修正与处理；②贯入阻力的计算；③绘制静力触探

曲线；④土层划分；⑤计算各分层土的静探参数平均值；⑥静探试验成果的应用。

2. 动力触探试验（Dynamic Penetration Test, DPT）

动力触探的原理是利用一定的落锤能量，将一定规格的探头连同探杆打入土中，根据打入的难易程度判释土的性质的一种原位测试方法。

应用动力初探的主要目的有：①探查不同性质的土层；②确定土的物理力学性质；③检验地基加固与改良的质量效果。

动力初探的试验设备包括：触探设备由圆锥头、触探杆、穿心锤三部分组成。

动力触探包括有轻型动力触探（N10）、中型动力触探（N28）、重型动力触探（N63.5）、超重型动力触探（N120），其步骤有：①钻至试验土层标高；②按标准落距，穿心锤自由下落；③及时记录锤击数、贯入度等指标；④至规定贯入指标停止试验。

动力触探试验成果通常以探头在土中贯入一定深度的击数 N 值作为触探指标，来表示贯入的难易程序，新的趋势是以单位面积上的贯入阻力作为触探指标。

轻型动力触探是以探头在土中贯入 30cm 的锤击数确定 N10；中型、重型、超重型都是以贯入 10cm 的锤击数来确定贯入击数 N 值。

动贯入阻力指标是新趋势，在应用时应考虑：①每击贯入度在 2～50mm 之间；②触探深度一般不超过 12m；③触探器质量 q 与落锤质量 Q 之比不大于 2 等条件的限制。

3. 标准贯入试验（Standard Penetration Test, SPT）

标准贯入试验的机理是用质量为 63.5±0.5kg 的穿心锤，以 76±2cm 的落距，将一定规格的标准贯入器打入土中 15cm，再打入 30cm，最后 30cm 的锤击数即为标准贯入试验的指标。一般情况下，土的承载力高，标准贯入器打入土中的阻力就大，标准贯入击数 N 就大；反之击数就小。

试验设备包括贯入器、贯入探杆、穿心锤、锤垫、导向标及自动落锤装置。

标准贯入试验步骤包括：①钻孔至试验土层标高以上 15cm，清孔护壁；②检查贯入器、探杆接头，放入贯入器，保持导向杆、贯入器垂直；③贯入时，穿心锤落距 76cm，贯入速率 15～30 击/min，记录锤击数，包括先打入 15cm 的预打击数、后 30cm 中每 10cm 的击数以及 30cm 的累计击数。后 30cm 的总击数 N 即为贯入击数。④转动探杆，取出土样进行鉴别、描述、记录、分析。

标准贯入试验成果可用于估算地基参数，确定砂土相对密度和内摩擦角，评价地基承载力，估算土的变形模量，预估单桩承载力及选择桩尖持力层，判别地基土液化可能性等。

4. 平板荷载试验（Plate Load Test, PLT）

荷载试验一般有浅层平板荷载试验、深层平板荷载试验和岩石荷载试验。其原理都是在地基岩土上放置一定面积的刚性承压板然后加荷，测定天然埋藏条件下地基岩土的力学特性。

典型的载荷试验成果是 $P-S$ 曲线（P 荷载、S 沉降），一般分为三个阶段：①弹性阶段（直线变形）：荷载小于临塑荷载 P_{cr}；②剪切阶段（曲线变形）：荷载大于 P_{cr} 小于极限荷载 P_u；③破坏阶段：荷载大于极限荷载 P_u，沉降急剧增加。

载荷试验的测试设备包括：承压板、加荷装置、反力装置、沉降量测装置（百分表）。

其测试要点包括：①试验位置选择（选择有代表性的地点）；②试坑宽度，一般为承压板直径的 4~5 倍，至少 3 倍；③加荷方式有两种：分级维持荷载沉降相对稳定法（常规慢速法）：分级荷载量一般取预估极限荷载的 1/8~1/10 或临塑荷载的 1/4~1/5；每加一级荷载隔 30min 观测一次沉降量，连续 2h 内每小时沉降量不超过 0.1mm，或连续 1h 内每 30min 沉降量不超过 0.05mm，即可施加下一级荷载。分级维持荷载沉降非稳定法（快速法）：分级加荷相同，15min 观测一次，每级荷载维持 2h，即可施加下一级荷载。④终止试验条件（破坏阶段）：荷载不变，沉降速率几乎保持不变或加速发展；承压板周围出现隆起或破坏性裂缝；相对沉降（s/b）超过 0.06~0.08。

其成果应用在两个方面：①确定地基土的承载力；②确定地基土的变形模量。

【例 2-5】某建筑基槽宽 5m，长 20m，开挖深度为 6m，基底以下为粉质黏土。在基槽底面中间进行平板载荷试验，采用直径为 800mm 的圆形承压板。载荷试验结果显示，在 $P-s$ 曲线线性段对应 100kPa 压力的沉降量为 6mm。基底土层的变形模量 E_0 值最接近下列（　　）选项。

A. 6.3MPa　　　B. 9.0MPa　　　C. 12.3MPa　　　D. 14.1MPa

解：答案为 B。

首先判断该试验属于浅层还是深层平板荷载试验：虽然试验深度为 6m，但基槽宽度已大于承压板直径 3 倍，故属于浅层荷载试验。根据《岩土工程勘察规范》（GB 50021—2001）（2009 年版）式（10.2.5-1）计算变形模量：

$$E_0 = I_0 (1-\mu^2) \frac{pd}{s} = 0.785 \times (1-0.38^2) \times (100 \times 0.8/6) = 8.96\text{MPa}$$

5. 旁压试验（Pressure Meter Test, PMT）

旁压试验原理是：在钻孔中放入一个可扩张的圆柱形旁压器，使旁压膜膨胀，并由该膜将压力传给周围土体，使土体产生变形直至破坏，从而得到压力与钻孔体积增量之间的关系，并进而绘制旁压曲线。实质上是在钻孔中进行横向的荷载试验。

其试验设备由预钻式旁压仪由旁压器、加压稳定装置、变形量测系统和管路组成。

试验时注意成孔质量，试验孔使土不受扰动或少受扰动。

旁压试验的成孔方法：①环刀扩大成孔（优点孔径理想，土体扰动小，孔壁平滑）；②勺形钻成孔（可塑和半坚硬的黏性土和黄土中钻孔）；③用提土钻头成孔（软至流塑状态的土）。

旁压试验现场测试时一般要进行以下几个方面：①试验位置确定：均质土中一般 1m 安排一个；分层土必须分层测试，不得跨两层；②准备工作：水箱注水；水位调零。③试验工作包括：加荷等级确定（临塑荷载 1/5，极限荷载 1/10 分级）；加荷稳定时间（3min）；放入旁压器；静水压力的确定；加压试验；试验结束。

旁压试验成果包括：旁压曲线绘制；$P-V$ 曲线，P 压力，V 孔壁压缩变化。其成果可以计算地基承载力、地基沉降等。

【例 2-6】粉质黏土层中旁压试验结果如下，测量腔初始固有体积 $V_c = 491.0\text{cm}^3$，初始压力对应的体积 $V_0 = 134.5\text{cm}^3$，临塑压力对应的体积 $V_f = 217.0\text{cm}^3$，直线段压力增量 $\Delta P = 0.29\text{MPa}$，泊松比 $\mu = 0.38$，旁压模量为（　　）。

A. 3.5MPa　　　B. 6.5MPa　　　C. 9.5MPa　　　D. 12.5MPa

解：答案为 B。

根据《岩土工程勘察规范》(GB 50021—2001)(2009年版)第10.7.4条,旁压模量 E_m 按下式计算:

$$E_m = 2(1+\mu)\left(V_c + \frac{V_0 + V_f}{2}\right)\frac{\Delta P}{\Delta V} = 2 \times (1+0.38) \times \left(491 + \frac{134.5+217.0}{2}\right) \times \frac{0.29}{217.0-134.5} = 6.51\text{MPa}$$

6. 十字板剪切试验(Vane Shear Test,VST)

十字板剪切试验适用于测量软黏土抗剪强度。其优点是可以避免取土扰动的影响,原位可保持天然状态的应力条件;剪切速率比较快的试验,只适用于饱和软黏土不排水抗剪强度测定,相当于不排水剪的凝聚力值。

十字板剪切试验设备包括压入主机、十字板头、扭力传感器、量测扭力仪表、施加扭力装置等;十字板规格 $50 \times 100 \times 2$;$75 \times 150 \times 3$;两类:开口钢环式和电测式。

十字板剪切试验的操作要点:①下套管到欲测深度以上 3~5 倍套管直径处,清除残土;②安装剪切仪,压入预测深度处;③安装扭力量测设备;④施加扭力,读测数据,其峰值或稳定值读数即剪切破坏时读数;⑤松开导杆夹具;⑥依次下一测试深度处的剪切试验。影响试验成果的主要因素:①十字板的旋转速率;②土的各向异性及成层性;③土的渐进破坏效应;④土层的扰动。

其资料整理及理论计算包括绘制抗剪强度与转动角度的关系曲线,抗剪强度值随深度变化曲线。成果应用在:①确定饱和黏土的灵敏度;②用于测定土坡或地基内的滑动面位置;③测定地基强度变化规律。

【例2-7】软土层某深度处用机械式(开口钢环)十字板剪力仪测得原状土剪损时量表最大读数 $R_y = 215$ (0.01mm),轴杆与土摩擦时量表最大读数 $R_g = 20$ (0.01mm);重塑土剪损量表最大读数 $R'_y = 64$ (0.01mm),轴杆与土摩擦时量表最大读数 $R'_g = 10$ (0.01mm)。已知板头系数 $K = 129.4\text{m}^{-2}$,钢环系数 $C = 1.288\text{N}/0.01\text{mm}$,土的灵敏度应接近下列( )数值。

A. 2.2 B. 3.0 C. 3.6 D. 4.5

解:答案为C。

据《工程地质手册》第三版第三篇第五章第三节(第294页)式(3.5.13)、式(3.5.15)和式(3.5.16)计算如下

$$C_u = KC(R_y - R_g) \quad C'_u = KC(R_c - R'_g) \quad S = \frac{C_u}{C'_u} = \frac{R_y - R_g}{R_c - R'_g} = \frac{215-20}{64-10} = 3.611$$

主要原位测试方法的基本原理、试验目的和适用范围见表2-27,应根据岩土条件、设计对参数的要求、地区经验和测试方法的适用性等选用。

表 2-27 几种主要原位测试方法的基本原理、试验目的和适用范围

试验名称	试验类型	基本原理	岩土参数及应用	适用范围
荷载试验	平板荷载试验	用 $P-S$ 曲线确定各种特性指标	1. 确定地基土的承载力和变形模量； 2. 确定湿陷性黄土的湿陷起始压力，判别土的湿陷性	碎石土、砂土、粉土、黏性土，填土、软土和软质岩石
	螺旋板荷载试验		1. 确定地基土的承载力和变形模量； 2. 估算地基土固结系数、不排水抗剪强度	砂土、粉土、黏性土和软土
	桩基荷载试验		1. 确定单桩竖向和水平承载力； 2. 当埋设有桩底反力和桩身应力、应变量测元件时，可直接测定桩周土的极限侧阻力和极限端阻力以及测定桩身应力变化和桩的弯距分布； 3. 估算地基土的水平抗力系数的比例系数	各类桩基
	动荷载试验		确定基础竖向震动力加速度 a 和基底动压力 P_d	各类桩基
旁压试验	预钻式旁压试验	在钻孔内利用旁压器对孔壁施加水平压力量测孔壁的变形，通过压力与变形关系，求得地基土承载力、变形参数	1. 确定地基土承载力； 2. 确定地基土旁压模量	黏性土、粉土、砂土、碎石土、填土和软岩、风化岩
	自钻式旁压试验		1. 确定地基土承载力； 2. 确定地基土旁压模量； 3. 估算原位水平应力、不排水抗剪强度、剪切模量、固结系数	软土、黏性土、粉土、砂土
静力触探试验	静力触探试验	用静力将探头以一定速率压入土中，利用探头内力传感器，通过电子量测仪器将探头受到的贯入阻力记录下来，根据阻力大小判定土层性质	1. 进行土层分类； 2. 确定地基土承载力； 3. 确定软土不排水抗剪强度、剪切模量、固结系数； 4. 确定变形系数； 5. 确定砂土相对密实度； 6. 估算单桩承载力； 7. 判定饱和砂土、饱和粉土地震液化可能性	黏性土、粉土、软土、砂土和填土
	孔压静力触探试验		1. 划分土的类别； 2. 判定黏性土状态； 3. 估算饱和黏性土的固结系数	
十字板剪切试验	机械式十字板剪切试验	插入土中的十字板头以一定速率旋转，测出土的抵抗力矩，计算其抗剪强度	1. 确定软黏土不排水抗剪强度； 2. 估算地基土承载力； 3. 估算单桩承载力； 4. 确定软土路基临界高度； 5. 分析地基稳定性； 6. 判定软土固结历史	软土、黏性土
	电测式十字板剪切试验			

续表

试验名称	试验类型	基本原理	岩土参数及应用	适用范围
圆锥动力触探试验	轻型动力触探试验	利用一定落锤能量，将一定尺寸、一定形状的圆锥探头打入土中，根据贯入击数判定土的性质	确定黏性土和黏性素填土承载力	黏性土、粉土、黏性素填土
	重型动力触探试验		1. 确定砂土、碎石土密实度； 2. 确定黏性土、粉土、砂土和碎石土承载力	砂土、碎石土
	超重型动力触探试验		1. 确定碎石土密实度； 2. 确定碎石土承载力	砾砂、碎石土
标准贯入试验	标准贯入试验	利用一定落锤能量，将一定尺寸的贯入器打入土中，根据贯入击数判定土的性质	1. 确定砂土密实度； 2. 确定黏性土状态； 3. 确定砂土承载力，估算单桩承载力； 4. 确定土的变形参数； 5. 判定饱和砂土、粉土液化	砂土、粉土、黏性土
现场剪切试验	抗剪断试验、抗剪试验（摩擦试验）、抗切试验		确定抗剪强度参数	岩、土层
波速测试	单孔法波速测试	测定剪切波和压缩波在地层中的传播时间，根据已知的传播距离计算地层中波的传播速度	1. 划分场地土类型； 2. 计算地基动弹性模量、动剪切模量、动泊松比； 3. 评价岩体完整性； 4. 计算场地卓越周期； 5. 判定砂土液化； 6. 检验地基加固效果	岩石和各类土层
	跨孔法波速测试			

2.4.4 室内实验

室内实验包括土的物理性质实验、土的压缩～固结实验、土的抗剪强度实验、土的动力性质实验、岩石实验和水质分析。岩土实验成果的应用见表 2-28 和表 2-29。

表 2-28 土的物理力学性质指标的应用

指标	符号	实际应用	土的分类	
			黏性土	砂土
密度 重度 水下浮重	ρ γ ρ	1. 计算干密度、孔隙比等其他物理性质指标； 2. 计算土的自重压力； 3. 计算地基的稳定性和地基土的承载力； 4. 计算斜坡的稳定性； 5. 计算挡土墙的压力	+ + + + +	+ + + + +

续表

指标		符号	实际应用	土的分类	
				黏性土	砂土
比重		G_S	计算孔隙比等其他物理力学性质指标	+	+
含水量		W	1. 计算孔隙比等其他物理力学性质指标； 2. 评价土的承载力； 3. 评价土的冻胀性	+ + +	+ + +
干密度		ρ_d	1. 计算孔隙比等其他物理性质指标； 2. 评价土的密度； 3. 控制填土地基质量	+ − +	+ + −
孔隙比 孔隙率		e n	1. 评价土的密度； 2. 计算土的水下浮重； 3. 计算压缩系数和压缩模量； 4. 评价土的承载力	− + + +	+ + − +
饱和度		S_r	1. 划分砂土和粉土的湿度； 2. 评价土的承载力	− −	+ +
可塑性	液限 塑限 塑性指数 液性指数	W_L W_P I_P I_L	1. 黏性土的分类； 2. 划分黏性土的状态； 3. 评价土的承载力； 4. 估计土的最优含水量； 5. 估算土的力学性质	+ + + + +	− − − − −
	含水比	α_w	评价老黏性土和红黏土的承载力	+	−
	活动度	A	评价含水量变化时土的体积变化	+	−
颗粒组成	有效粒径 平均粒径 不均匀系数 曲率系数	d10 d50 C_u C_c	1. 砂土的分类和级配情况； 2. 大致估计土的渗透性； 3. 计算过滤器孔径或计算反滤层； 4. 评价砂土和粉土液化的可能性	− − − −	+ + + +
	最大孔隙比 最小孔隙比 相对密度	e_{max} e_{min} D_r	1. 评价砂土密度； 2. 估价砂土体积的变化； 3. 评价砂土液化的可能性	− − −	+ + +
渗透系数		K	1. 计算基坑的涌水量； 2. 设计排水构筑物； 3. 计算沉降所需时间； 4. 人工降低水位的计算	+ + + +	+ + − +
击实性	最大干密度 最优含水量	ρd_{max} W_y	控制填土地基质量及夯实效果	+	+
压缩性	压缩系数 压缩模量 压缩指数 体积压缩系数	a1−2 E_S C_c M_v	1. 计算地基变形； 2. 评价土的承载力	+ +	− −
	固结系数	C_v	计算沉降时间及固结度	+	−
	前期固结压力 超固结比	P_C OCR	判断土的应力状态和压缩状态	+	−

续表

指标		符号	实际应用	土的分类	
				黏性土	砂土
抗剪强度	内摩擦角	φ	1. 评价地基的稳定性、计算承载力； 2. 计算斜坡的稳定性； 3. 计算挡土墙的压力	+ + +	+ + +
	黏聚力	C			
侧压力系数		ξ	1. 研究土中应力与孔隙压力的关系； 2. 计算变形模量	+ +	+ +
泊松比		υ			
孔隙水压力系数		A B	研究土中应力与孔隙水压力的关系	+	+
承载比		CBR	设计公路、机场跑道	+	+
无侧限抗压强度		q_u	1. 估价土的承载力； 2. 估计土的抗剪强度	+ +	− −
灵敏度		S_t	评价土的结构性	+	−

注：表中"+"表示相应指标为表内所指的该类土所采用，"−"表示这一指标不被采用。

表 2-29 岩石力学指标的应用

指标	实际应用
单轴抗压强度	①确定岩石地基承载力；②确定嵌岩桩的极限侧阻力极限端阻力；③进行强度指标分类；④进行洞室围岩分类；⑤进行岩石风化程度分类
剪切指标	①评价边坡的稳定性；②评价洞室的稳定性；③坝基岩体抗滑稳定性分析
波速测试	①岩石风化程度分类；②洞室围岩分类

【例 2-8】某正常固结饱和黏性土试样进行不固结不排水试验得；$\varphi_u = 0$，$c_u = 25\text{kPa}$；对同样的土进行固结不排水试验，得到有效抗剪强度指标：$c' = 0$，$\varphi' = 30°$。问该试样在固结不排水条件下剪切破坏时的有效大主应力和有效小主应力为（　　）。

A. $\sigma'_1 = 50\text{kPa}$　$\sigma'_3 = 20\text{kPa}$　　　　B. $\sigma'_1 = 50\text{kPa}$　$\sigma'_3 = 25\text{kPa}$

C. $\sigma'_1 = 75\text{kPa}$　$\sigma'_3 = 20\text{kPa}$　　　　D. $\sigma'_1 = 75\text{kPa}$　$\sigma'_3 = 25\text{kPa}$

解：答案为 D。根据摩尔－库伦理论极限平衡条件：

黏性土、粉土时：

$$\sigma_1 = \sigma_3 \tan^2\left(45° + \frac{\varphi}{2}\right) + 2c\tan\left(45° + \frac{\varphi}{2}\right)$$

对固结不排水试验，为有效抗剪强度指标时，则有：

$$\sigma'_1 = \sigma'_3 \tan^2\left(45° + \frac{\varphi'}{2}\right) + 2c'\tan\left(45° + \frac{\varphi'}{2}\right)$$

代入题中已知条件：$c' = 0$，$\varphi' = 30°$，得：

$$\sigma'_1 = \sigma'_3 \tan^2\left(45° + \frac{\varphi'}{2}\right) = \sigma'_3 \tan\left(45° + \frac{30°}{2}\right) = 3\sigma'_3 \text{①}$$

不固结不排水试验 $\varphi_u' = 0$，$c_u = 25\text{kPa}$ 时，则有：

$$\frac{\sigma'_1 - \sigma'_3}{2} = \frac{(\sigma'_1 - u) - (\sigma'_3 - u)}{2} = \frac{\sigma'_1 - \sigma'_3}{2} = c_u$$

得：$\sigma'_1 - \sigma'_3 = 2c_u = 2 \times 25 = 50 \text{kPa}$ ②

联合式①、②解得：$\sigma'_1 = 75 \text{kPa}$，$\sigma'_3 = 25 \text{kPa}$。

2.4.5 现场检验和监测

现场检验和监测一般在工程施工期间进行；对有特殊要求的工程，应在使用期间继续进行。包括：

(1) 基槽检验。
(2) 桩基检验：超声波检测、抽芯、动测（大应变、小应变）、荷载实验。
(3) 地基处理效果检验：触探、旁压实验、波速测试。
(4) 基坑变形监测。
(5) 建筑沉降监测。
(6) 不良地质作用和地质灾害（崩塌、滑坡、地面沉降、地面塌陷等）监测。
(7) 地下水的监测：时间应不少于一个水文年。

2.4.6 土试样的采取

地基勘察的主要任务之一是在岩土层中采取岩芯或原状土试样。

在采取试样过程中应该保持试样的天然结构，如果试样的天然结构已受到破坏，则此试样已受到扰动，这种试样称为"扰动样"，在地基勘察中是不容许的。除非有明确说明另有所用，否则此扰动样作废。由于土工试验得出的土性指标要保证可靠，因此工程地质勘察中所取的试样必须是保留天然结构的原状试样。

原状试样有岩芯试样和土试样。岩芯试样由于其坚硬性，其天然结构难于破坏，而土试样则不同，它很容易被扰动。因此，采取原状土试样是地基勘察中的一项重要技术。但是在实际工程地质勘察的钻探过程中，要取得完全不扰动的原状土试样是不可能的。

造成土样扰动有三个原因：①外界条件引起的土试样的扰动，如钻进工艺、钻具选用、钻压、钻速、取土方法选择等；若在选用上不够合理时，都能造成其土质的天然结构被破坏；②采样过程造成的土体中应力条件发生了变化，引起土样内的质点间的相对位置和组织结构的变化，甚至出现质点间的原有黏聚力的破坏；③采取土试样时，需用取土器采取。但不论采用何种取土器，它都有一定的壁厚、长度和面积。当切入土层时，会使土试样产生一定的压缩变形。壁越厚所排开的土体越多，其变形量越大，这就造成土试样更大的扰动。从上述可见，所谓原状土试样实际上都不可避免地遭到了不同程度的扰动。为此，在采取土试样过程中，应力求使试样的被扰动量缩小，要尽力排除各种可能增大扰动量的因素。

按照取样方法和试验目的，岩土工程勘察规范对土试样的扰动程度分成如下的质量等级：

Ⅰ级——不扰动，可进行试验项目有：土类定名、含水量、密度、强度参数、变形参数、固结压密参数。

Ⅱ级——轻微扰动，可进行试验项目有：土类定名、含水量、密度。

Ⅲ级——显著扰动，可进行试验项目有：土类定名、含水量。

Ⅳ级——完全扰动，可进行试验项目有：土类定名。

在钻孔取样时，采用薄壁取土器所采得的土试样定为Ⅰ～Ⅱ级；对于采用中厚壁或厚壁取土器所采得的土试样定为Ⅱ～Ⅲ级；对于采用标准贯入器、螺纹钻头或岩芯钻头所采得的黏性土、粉土、砂土和软岩的试样皆定为Ⅲ～Ⅳ级。

从上可见，为取得Ⅰ级质量的土试样，普遍采用薄壁取土器来采取，以满足土工试验全部的物理力学参数的正确获得。

取土器（如图2-2所示）是由接头、球阀、残余管、半合管、取样筒和刃口等部件合成。为保证取土样质量，取土器各部尺寸、零件加工及组装质量都有严格要求。各部件的功能要求是：刃口因用作切入土层的，需要有较强的强度、硬度和刚度，并应淬火处理。刃口角度因切入土层性质不同而有差别，一般切入软土层时刃口角度小，切入硬土层时需要大。就一般土层，刃口角度约为10°。对开半合管内装有取样筒，半开管的上下两端用丝扣与残余管和刃口连接。要求取样筒平整、圆度好、光滑，并略小于刃口的内直径，便于土样顺利进入取样筒内。残余管在半合管的上部，为储存土样上部剩余土之用，其长度一般为300mm左右。为清除残土方便，最好也采用半合管，使取样管与残余管成一整体。阀门及其他密封型式，其主要作用是为了排开孔内水柱对土样的压力，保护土样的采取效果。取样时，取土器内的水可随土样进入取样筒内，而随土样的压入冲开阀门，经上部排水孔排出流入孔壁间隙，提升取土器时，阀门关闭，孔内水不能进入取土器，起到密封作用。

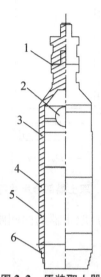

图 2-2 原装取土器
1—钻杆接头；2—球阀；3—残余管；
4—对开半合管；5—取样筒；6—刃口

取土器类型很多，其中厚壁取土器、中厚壁取土器和薄壁取土器的技术参数列于表2-30中。

表 2-30 取土器技术参数

技术参数	厚壁取土器	中壁取土器	薄壁取土器
面积比（$A_r\%$）	≤30	10～20	≤10
内间隙比（$C_i\%$）	1.0	0.5～1.5	0.5～1.0
外间隙比（$C_o\%$）	0.5～1.0	0～2.0	0
刃口角度 α	5～10°	5～10°	5～10°
长度 L/mm	450～500	450～500	砂土 5～10D_e 黏性土 10～15D_e
内径 D_e/mm	75～100	75～100	75～100
衬管	整圆或半合管，塑料、酚醛层压纸或镀锌铁皮制	整圆或半合管，塑料、酚醛层压纸或镀锌铁皮制	无衬管；束节式取土器衬管，整圆或半合管，塑料、酚醛层压纸或镀锌铁皮制

注：1. 取土器及衬管内壁必须光滑，内壁加工表面粗糙度应达1.6～3.2。
  2. 允许使用带衬管的束节式取土器代替薄壁取土器。其下端薄壁管靴长度不应小于3D_e，其余参数应复合本表对薄壁取土器要求。
  3. 回转式取土器面积比不受本表限制。

表2-28中所示的面积比（A_r）、内间隙比（C_i）和外间隙比（C_0）的计算式和各种直径符号（如图2-3所示）表示如下：

(1) 取土器的面积比 A_r，系指取土器最大断面与土样断面之比的百分数。

$$A_r = \frac{D_w^2 - D_e^2}{D_e^2} \times 100\% \tag{2-3}$$

式中　D_w——取土器管靴外径（mm）；
　　　D_e——取土器刃口内径（mm）。

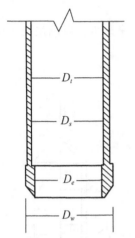

图 2-3　取土器部分尺寸符号

面积比越小，则土样所受的扰动程度就越小，要使面积比小，关键是减少取土器壁厚，但取土器太薄容易产生变形或破裂。目前常用的取土器其面积比是根据不同种土样而选用的。

对一般黏性土和老黏性土可用面积比小于30%，壁厚小于6mm的对开式取土器，软黏土选用面积比小于20%，壁厚为3～4mm的取土器。

(2) 取土器的内间距比 C_i，即取土筒内径与刃口处内径之差对于刃口处内径之比的百分数。

$$C_i = \frac{D_s - D_e}{D_e} \times 100\% \tag{2-4}$$

式中，D_s 为取土筒内径（mm）；D_e 的意义同上。

内间距比主要是控制土样与取土器内壁摩擦引起的压密扰动和减少掉样现象，提高土采取率。如内间距比过小，则扰动宽度增加，过大则难于保证采取率。实践证明，在软黏土中取土器的内间距比以 0.5%～1.0% 为宜；一般黏性土以 1.0%～1.5% 为宜；对老黏性土，为避免掉样但又防止它遇水膨胀挤紧管靴和取土筒，拆卸困难，其取土器的内间距比宜略大于 1.3%～1.5%。

(3) 取土器的外间距比系指取土器管靴外径与取土筒外径之差，对于取土筒外径之比的百分数。

$$C_0 = \frac{D_w - D_t}{D_t} \times 100\% \tag{2-5}$$

式中　D_t、D_w 如图2-3所示。

外间距比要选择合适，以减少取土器外壁与孔壁之间的摩擦，从而减少取土器进入土层的阻力。当外间距比大时，则取土器易于进入土层，但太大就会增加取土器的面积比，从而增加土样的扰动程度。对于一般黏性土和老黏性土的外间距比以 1.0% 为宜；对于软黏土取零即可。

为保证土样少受扰动，采取土试样的前后及过程中应注意如下事项：

合理的钻进方法是保证取得不扰动土样的第一个前提。也就是说，钻进方法的选用首先应着眼于确保孔底拟取土样不被扰动。这一点几乎对任何种土类都适用，而对结构敏感或不稳定的土层尤为重要。从国内外的经验看，主要有以下几点要求：

① 在结构性敏感土层和较疏松砂层中需采用回转钻进，而不得采用冲击钻进。

② 以泥浆护孔，可以减少扰动。并注意在孔中保持足够的静水压力，防止因孔内水

位过低而导致孔底软黏性土或砂层产生松动或涌起。

③ 取土钻孔的孔径要适当，取土器与孔壁之间要有一定的间距，避免下放取土器时切削孔壁，挤进过多的废土。尤其在软土钻孔中，若有缩径现象，则更需加大取土器与孔壁的间隙。钻孔应保持孔壁垂直，以避免取土器切刮孔壁。

④ 取土前的一次钻进不宜过深，以免下部拟取土样部位的土层受扰动。并且在正式取土前，把已受一定程度扰动的孔底土柱清理掉，避免废土过多，取土器顶部挤压土样。

⑤ 取土深度和进土深度等尺寸，在取土前都应丈量准确。

取土过程中，如提升取土器、拆卸取土器等每个操作工序，均应细致稳妥，以免造成扰动。

取出的土应及时用蜡密封，并注明取土部位，贴上标签，做好记录。

另外（即除了钻探过程的问题以外），在土样封存、运输和开土做试验时，都应注意避免扰动。严防振动、日晒、雨淋和冻结。

【例 2-9】 下列（　　）钻探工艺属于无岩芯钻探。
A. 钢粒钻头回转钻进　　　　B. 压轮钻头回转钻进
C. 管钻（抽筒）冲击钻进　　D. 角锥钻头冲击钻进
解：答案为 B D。

2.5　地基勘察报告

各种工程、岩土类型和各阶段的岩土工程勘察报告各有侧重点，一般包括下列基本内容。

（1）前言。
① 拟建工程概况。
② 勘察任务由来、目的任务、技术要求。
③ 勘察阶段、勘察等级。
④ 勘察工作布置，勘察方法。
⑤ 依据的技术标准。
⑥ 任务完成情况。
（2）场地工程地质条件。
① 地形、地貌。
② 气象水文。
③ 地质概况（地层、岩石、构造）。
④ 岩土物理力学特征（包括承载力）（附岩土物理力学指标统计表，原位测试成果统计表）。
⑤ 地下水概况及其对建筑材料的腐蚀性评价。
⑥ 场地和地基的地震效应（附砂基液化判别和液化等级表）。
⑦ 不良地质作用。
⑧ 人类活动对地质环境的影响。

(3) 场地和地基土评价。
① 场地稳定性和适宜性评价。
② 岩土工程地质评价。
(4) 结论和建议。
① 建议基础类型及有关参数（附岩土力学参数一览表）。
② 不良地质作用的防治。
③ 对设计、施工的有针对性的建议。
附图表：
① 勘探点平面布置图。
② 工程地质剖面图。
③ 钻孔工程地质柱状图。
④ 专门性图件：如微风化岩面等高（深）线图，地下水位等高（深）线图。
⑤ 原位实验成果表。
⑥ 室内实验成果表。
⑦ 勘察照片。

习 题

1. 某工程岩体风化岩石饱和单轴抗压强度为 4.2MPa，压缩波速度为 2.1km/s；新鲜岩石饱和单轴抗压强度为 10.5MPa，压缩波速度为 3.4km/s，该岩石的风化程度怎么样？

2. 某粉土试样的室内试验指标如下：$\omega = 26$；$\rho = 19.4 \text{ kN/m}^3$；$G_s = 2.65$。该土样的密实度和湿度是多少？

3. 某民用建筑勘察工作中采得黏性土原状土样 16 组，测得压缩系数平均值 $\alpha_{1-2m} = 0.42$，标准差为 0.06，其标准值是多少？

4. 某民用建筑工程中对土层采取了 6 组原状土样，直剪试验结果见表 2-31。

表 2-31 直剪试验结果

序号	1	2	3	4	5	6
内聚力/kPa	21	25	18	19	22	20
内摩擦角	15°	17°	19°	19°	14°	16°

该土层内聚力及内摩擦角的标准值是多少？

5. 某饱和黏土天然重度为 19.8 kN/m³，含水量为 28%，其比重、干密度、孔隙比应分别是多少？

6. 某干燥砂土天然密度为 1.57，比重为 2.68，若使砂土饱水，其饱水后的含水量，密度，浮密度分别是多少？

7. 某黏性土样含水量为 28%，液限为 34，塑限为 18，该黏性土样塑性指数、液性指数及含水比分别是多少？

8. 工程中需填筑土坝，最优含水量为23%，土体天然含水量为12%，汽车载质量为10t，若把土体配制成最优含水量，每车土体需加水量是多少？

9. 某民用建筑场地中进行荷载试验，试坑深度为1.8m，圆形承压板面积为5 000cm²，试验土层为黏土，修正后的$P-S$曲线上具有明显的比例极限值，比例极限为200kPa，直线段斜率为0.06mm/kPa，该黏土层的变形模量是多少？

10. 某均质黏土场地中进行的波速测试，测得平均剪切波波速为310m/s，平均压缩波波速为750m/s，土层重度为18.5kN/m³，该场地土的动剪切模量，动弹性模量及动泊松比分别为多少？

第 3 章 天然地基上浅基础设计

3.1 概 述

基础是建筑物的重要组成部分，它是将结构所承受的各种作用传递到地基上的结构组成部分。基础设计时，为确保建筑物的安全和正常使用，充分发挥地基的承载能力，必须综合考虑场地条件、建筑物使用要求、上部结构类型、工期、造价和环境保护等各种因素。

基础按埋置深度分为浅基础和深基础，如图 3-1 所示。一般将基础埋深不超过 5m，只需经过开挖、排水等普通施工程序就可以建造的基础称为浅基础；将采用某些特殊施工方法（通常指施工需要专业设备和专业技术人员）才能建造的基础称为深基础，如桩基础、沉井基础和地下连续墙等。实际上浅基础和深基础并没有绝对的界限。若基础虽在土层中埋深较浅，但在水下部分较深时，如桥墩基础，设计施工中应作为深基础考虑；另外，箱形基础等虽然埋置深度大于 5m，但小于其基础宽度，一般视为浅基础。

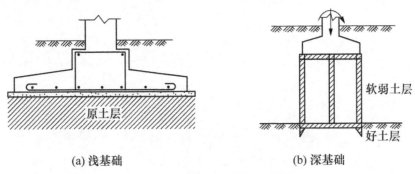

(a) 浅基础　　　　(b) 深基础

图 3-1　浅基础与深基础示意图

地基按是否经过加固处理分为人工地基和天然地基（如图 3-2 所示）两类。可直接在其上建造基础层而不需加固的天然地层称为天然地基。当天然地基软弱，需事先经过人工加固才能建造基础的地层称为人工地基。

天然地基上浅基础由于埋置浅、施工方便、技术简单、造价经济，在方案选择上是设计人员首先考虑的基础形式。

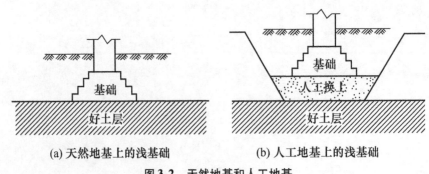

(a) 天然地基上的浅基础　　　　(b) 人工地基上的浅基础

图 3-2　天然地基和人工地基

3.1.1 基础设计的等级

《建筑地基基础设计规范》(GB50007—2011) 规定：根据地基复杂程度、建筑物的规模和功能特征以及由于地基问题可能造成的对建筑物破坏或影响正常使用的程度，将地基基础设计分为三个设计等级，设计时应根据具体情况，按表1-1选取。

3.1.2 浅基础设计的基本原则和内容

1. 地基基础设计应满足的极限状态

为了保证建筑物的安全使用，同时充分发挥地基的承载力，在地基基础设计中一般应满足以下两种极限状态。

(1) 承载能力极限状态。如果基底压力过大时，地基可能出现连续贯通的塑性破坏区，进入整体破坏阶段，导致地基承载能力丧失而失稳。为了保证地基具有足够的强度和稳定性，要求基底压力小于或等于地基承载力。

(2) 正常使用极限状态。在荷载及其他因素作用下，地基将发生变形。过大的变形将影响建筑物的正常使用，严重时甚至会危害到建筑物的安全。因此，对地基变形的控制，实质上是根据建筑物的要求制定的。在地基基础设计时，为了保证地基的变形值在容许范围内，应使变形不超过建筑物的容许变形值。

2. 浅基础在设计和计算上应满足以下基本原则

(1) 基础应具有足够的安全度，以防止地基土体剪切破坏或丧失稳定性。

(2) 地基变形量应不超过建筑物的地基变形允许值，以免影响建筑物的正常使用或引起建筑物的损坏。

(3) 基础的形式、构造和尺寸，除应符合使用要求、满足地基承载力（稳定性）的要求外，还需满足对基础结构的承载力，刚度和耐久性的要求。

(4) 设计中应结合当地的施工条件和材料来源，力求做到便于施工和减少工程量。

3. 浅基础设计的内容与步骤

在进行天然地基上浅基础设计时，要保证基础本身有足够的强度和稳定性以支承上部结构的荷载，同时还要考虑地基的强度、稳定性和变形必须在容许范围内。因为基础设计要兼顾地基和基础两方面进行，所以又称为地基基础设计。天然地基上浅基础设计的内容与步骤如下：

(1) 充分收集掌握拟建工程场地的工程地质条件和地质勘察资料。

(2) 选择基础材料、基础的构造类型和平面布置方案。

(3) 确定地基持力层和基础埋置深度。

(4) 确定地基土的承载力特征值。

(5) 确定基础的底面尺寸，并验算承载力。若持力层中存在软弱下卧层，尚应验算软弱下卧层的承载力。

(6) 对甲级、乙级和有特殊要求的丙级建筑物进行地基变形验算；对经常承受水平荷载作用的高层建筑、高耸结构和挡土墙，建造在斜坡上或边坡附近的建（构）筑物，以及基坑工程等尚应验算其稳定性。

(7) 确定基础剖面尺寸，进行基础结构计算设计。

(8) 绘制基础施工详图,并编制必要的施工技术说明。

以上各方面的内容是相互联系的,难以一次全面考虑,因此基础设计往往需要按上述步骤反复修改,从而得到令人满意的结果。

3.2 浅基础的分类

3.2.1 按基础刚度分类

基础按刚度可分为无筋扩展基础和扩展基础。

1. 无筋扩展基础

无筋扩展基础是由砖、毛石、混凝土或毛石混凝土、灰土和三合土等材料组成的,且不需配置钢筋的墙下条形基础或柱下独立基础(如图3-3所示)。由于其材料抗压性能较好而抗拉、抗剪性能较差,为使它受荷载后基础不产生挠曲变形和开裂,要求无筋扩展基础具有非常大的抗弯刚度,所以此类基础习惯上也称为"刚性基础"。在设计无筋扩展基础时必须规定基础材料强度及质量、限制台阶高宽比、控制建筑物层高和一定的地基承载力,无需进行烦杂的内力分析和截面强度计算。无筋扩展基础的台阶宽高比等要求详见3.2节。

(a) 砖基础　　　　　(b) 砌石基础　　　　　(c) 素混凝土基础

图3-3　无筋扩展基础举例

无筋扩展基础多用于墙下条形基础和荷载不大的柱下独立基础。《建筑地基基础设计规范》(GB 50007—2011)规定,无筋扩展基础适用于多层民用建筑和轻型厂房。

2. 扩展基础

扩展基础是指柱下钢筋混凝土独立基础和墙下钢筋混凝土条形基础。它可以将上部结构传来的荷载,通过向侧边扩展成一定底面积,使作用在基底的压应力等于或小于地基土的允许承载力,而基础内部的应力应同时满足材料本身的强度要求,从而起到压力扩散的作用。扩展基础具有较好的抗拉、抗压能力,当考虑地基与基础相互作用时,基础允许有挠曲变形,因此,相对于刚性基础而言,扩展基础又称为"柔性基础"。

与刚性基础相比,扩展基础具有良好的抗弯及抗剪能力,且不受刚性角的限制,使得基础高度较小,基础自重大大减轻;其缺点是技术复杂、造价较高。

扩展基础一般做成锥形和台阶形(如图3-4(a)和(b)所示)。对于墙下扩展基础,当地基不均匀时,还要考虑墙体纵向弯曲的影响。这种情况下,为了增加基础的整体性和加强基础纵向抗弯能力,墙下扩展基础可采用有肋的基础形式(如图3-4(c)所示)。

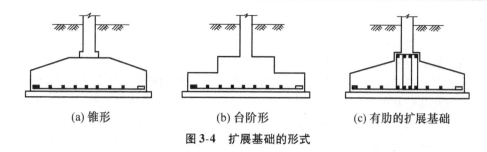

图 3-4 扩展基础的形式

3.2.2 按构造分类

浅基础按构造可以分为独立基础、条形基础、筏形基础、箱形基础和壳体基础等。

1. 独立基础

独立基础是指整个或局部结构物下的无筋或配筋的单个基础，通常柱基、烟囱、水塔、高炉、机器设备基础多采用独立基础。

独立基础包括柱下独立基础和墙下独立基础。独立基础是柱基础中最常用和最经济的形式，它所用材料根据柱的材料和荷载大小而定。

现浇钢筋混凝土柱下常采用现浇钢筋混凝土独立基础，混凝土强度等级不低于 C20，基础截面可做成阶梯形（如图 3-5 所示）或锥形（如图 3-6 所示）。当柱子荷载的偏心距不大时，基础底面常为方形，偏心距大时则为矩形。预制柱下一般采用杯形基础（如图 3-7 所示）。柱下钢筋混凝土单独基础需要进行强度和配筋计算。

当建筑物传给基础的荷载不大，地基承载力较高，基础需要埋置较深时，可做成墙下独立基础（如图 3-8 所示）。砖墙砌在独立基础上边的钢筋混凝土过梁上。过梁的跨度一般取 3~5m。

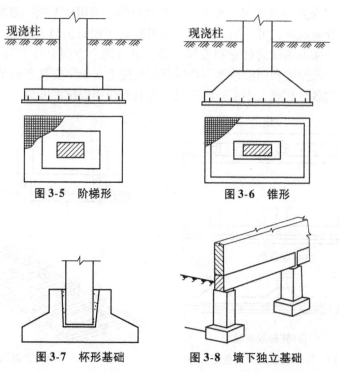

图 3-5 阶梯形　　图 3-6 锥形

图 3-7 杯形基础　　图 3-8 墙下独立基础

2. 条形基础

条形基础是指基础长度远远大于其宽度的一种基础形式。按上部结构型式不同还可分为墙下条形基础、柱下条形基础、十字交叉条形基础。

（1）墙下条形基础。墙下条形基础有刚性条形基础和钢筋混凝土条形基础两种。

墙下刚性条形基础在砌体结构中应用比较广泛。当上部墙体荷载较大而土质较差时，可考虑采用"宽基浅埋"的墙下钢筋混凝土条形基础。墙下钢筋混凝土条形基础一般做成板式（如图3-9（a）所示）；但当基础长度方向的墙上荷载及地基土的压缩性不均匀时，为了增强基础的整体性和纵向抗弯能力，减小不均匀沉降，常采用梁式墙下钢筋混凝土条形基础（如图3-9（b）所示）。

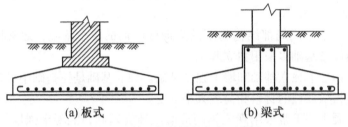

图3-9 墙下钢筋混凝土条形基础

（2）柱下钢筋混凝土条形基础。在框架结构中，当地基软弱而荷载较大时，若采用柱下独立基础，可能因基础底面积很大而使基础边缘互相接近甚至重叠在一起；为增强基础的整体性，减轻建筑物的不均匀沉降，同时也便于施工，可将同一排的柱基础连通，使多个柱子支承在一个共同的条形基础上，这种基础形式称为柱下钢筋混凝土条形基础（如图3-10所示）。

（3）十字交叉条形基础。当荷载很大，基础较软，采用柱下钢筋混凝土条形基础不能满足地基基础设计要求时，可采用十字交叉条形基础（如图3-11所示）。这种基础实际上是柱下钢筋混凝土条形基础的衍变和发展，即将纵横两个方向上柱下条形基础连接起来，因而具有更好的空间刚度和调整地基不均匀沉降的能力。十字交叉条形基础能适应地基软弱不均或框架结构各柱荷载大小不一的情况，也具有较强的抗震能力。

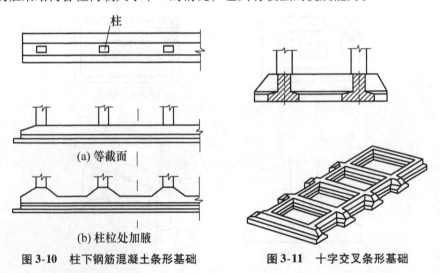

图3-10 柱下钢筋混凝土条形基础　　图3-11 十字交叉条形基础

3. 筏形基础

当地基承载力低、而上部结构荷载又较大,采用柱下十字交叉条形基础不能满足地基承载力要求时,往往把整个建筑物的基础连成一片连续的钢筋混凝土板,称为筏形基础(也称为满堂红基础)。筏形基础在构造上类似于倒置的钢筋混凝土楼盖,因此也可分为平板式和梁板式两种类型(如图 3-12 所示)。筏形基础基底面积较大,可以减小基底压力,加上其较大的整体刚度,这些特点使得它对地基的不均匀沉降有较好的适应能力。因此,对于有地下室的房屋和大型储液结构,如水池、油库等,筏形基础是一种比较理想的基础结构。

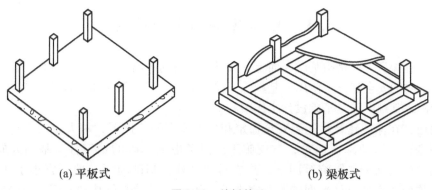

(a) 平板式　　　　　　　　(b) 梁板式

图 3-12　筏板基础

4. 箱形基础

高层建筑由于建筑功能和结构受力等要求,可考虑采用箱形基础。这种基础是由钢筋混凝土底板、顶板和足够数量的纵横交错的内外墙组成的空间结构(如图 3-13 所示),它犹如一块巨大的空心厚板,具有很大的空间刚度;同时由于开挖土方卸载抵消了部分上部荷载在地基中引起的附加应力,与一般实体基础(扩展基础和柱下条形基础)相比,它能显著提高地基的稳定性,降低基础沉降量。箱形基础的抗震性能好,基础中空部分可做地下室使

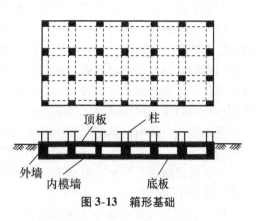

图 3-13　箱形基础

用,特别适用于软弱地基上的高层建筑或对不均匀沉降有严格要求的建筑物的基础。但是,箱形基础具有材料消耗大,造价高、施工技术复杂等缺点,在选用时要多种方案对比分析后再确定。

5. 壳体基础

为改善基础的受力性能,基础的形式可不做成台阶状,而做成各种形式的壳体,称为壳体基础(如图 3-14 所示)。壳体基础实际应用最多的是正圆锥壳及其组合型式,它常用于一般工业与民用建筑柱基和筒形的构筑物(烟囱、水塔、料仓、中小型高炉等)基础。

壳体基础在荷载作用下,主要产生轴向应力,从而可大大节约材料用量。据某些工程统计,中、小型筒形构筑物的壳体基础,可比一般梁、板式的钢筋混凝土基础减少混凝土用量 50%左右,节约钢筋 30%以上,具有良好的经济效果。但在壳体基础施工时,修筑土台的技术难度大,布置钢筋及浇捣混凝土施工困难,难以实行机械化施工,且易受气候

因素的影响。

图 3-14 壳体基础的结构型式

3.3 基础埋置深度的选择

基础埋置深度一般是指基础底面至室外设计地面的距离，简称基础埋深。基础埋深的大小对建筑物的安全和正常使用、基础施工技术措施、施工工期和工程造价影响很大。因此，合理确定基础埋深是基础设计工作中的重要环节。

一般地，在保证建筑物基础安全稳定和变形要求的前提下，对大量的中小型建筑应尽量浅埋基础，以便降低造价，方便施工。但考虑到基础的稳定性、基础大放脚的要求、人类及生物活动的影响等因素，除岩石地基外，基础埋深一般不宜小于 0.5m。另外，基础顶面距室外设计地面的距离宜大于 100mm，尽量避免基础外露，遭受外界的侵蚀和破坏。

影响基础埋深的条件很多，应综合考虑以下因素后加以确定：

(1) 建筑物的用途及基础形式。对于某些需要具备特定功能的建筑物，其特定的使用功能要求特定的基础形式，如有必须设置地下室或设备层的建筑物、半埋式结构物、需建造带封闭侧墙的筏板基础或箱形基础的高层或重型建筑、带有地下设施的建筑物、或具有地下部分设备基础的建筑物等，相应的基础埋深也不相同。又如，多层砖混结构房屋与高层框剪结构对基础埋深的要求是不同的，这些要求常成为其基础埋深选择的先决条件。

基础形式也影响着基础埋深，若采用刚性基础，当基础底面积确定后，由于要满足刚性角的构造要求，就规定了基础的最小高度；而采用柔性基础则基础高度可适当减小。对于处于抗震设防区天然土质地基上、采用箱形和筏形基础的高层建筑，其埋深不宜小于建筑物高度的 1/15。

(2) 建筑物作用在地基上的荷载大小和性质。结构物荷载大小不同，对地基土的要求也不同，因而会影响基础埋置深度的选择。浅层某一深度的土层，对荷载小的基础可能是很好的持力层，而对荷载大的基础就可能不宜作为持力层。荷载较大的高层建筑物，往往为减少沉降、取得较大的承载力，而把基础埋置在较深的良好土层上。

建筑物荷载的性质对基础埋置深度的影响也很明显。对于承受水平荷载的基础，必须有足够的埋置深度来获得土的侧向抗力，以保证基础的稳定性，减少建筑物的整体倾斜，防止倾覆及滑移。对承受动荷载的基础，则不宜选择饱和疏松的粉细砂作为持力层，防止这些土层由于振动液化而丧失承载力，造成地基失稳。在地震区，不宜将可液化土层直接作为基础的持力层。对位于岩石地基上的高层建筑常需依靠基础侧面土体承担水平荷载，其基础埋深应满足抗滑要求。对于承受上拔力的基础，如输电塔基础，要求较大的基础埋深以提供足够的抗拔阻力。

(3) 工程地质条件和水文地质条件。根据工程地质条件选择合适的土层作为基础的持力层（直接支撑基础的土层）是确定基础埋深的重要因素。必须选择强度足够、稳定可靠的土层作为持力层，才能保证地基的稳定性，减少建筑物的沉降。

上层土的承载力大于下层土时宜尽量取上层土作为持力层以减少基础埋深。当上层土的承载力低，而下层土的承载力高时，应将基础埋置在下层好的土层上。但如果上层松软土层很厚，基础需要深埋时，必须考虑施工是否方便，是否经济，并应与其他方案（如加固上层土或短桩基础）综合比较分析后才能确定。

在按地基条件选择基础埋深时，还需从减少不均匀沉降的角度来考虑。如当土层的分布明显不均匀时，可采用不同的基础埋深来调整不均匀沉降。

对修建于坡高（H）和坡角（β）不太大的稳定土坡坡顶的基础（如图3-15所示），当垂直于坡顶边缘线的基础底面边长 $b \leq 3m$，且基础底面外缘至坡顶边缘线的水平距离 $a \geq 2.5m$ 时，如果基础埋置深度 d 满足下式要求：

$$d \geq (xb - a) \tan\beta \tag{3-1}$$

则土坡坡面附近由修建基础所引起的附加应力不影响土坡的稳定性。式中系数 x 取 3.5（对条形基础）或 2.5（对矩形基础）。

选择基础埋深时还应注意地下水的埋藏条件和动态。对于天然地基上浅基础设计，当有地下水存在时，基础底面应尽量埋在地下水位以上，以免地下水影响基坑开挖施工质量。若基础底面必须埋在地下水位以下时，除须考虑基坑降水、坑壁支护以及保护地基土不受扰动等措施外，还应考虑可能出现的其他施工与设计问题，如地下水是否对基础材料具有化学腐蚀性；坑底出现涌土、流砂的可能性等。

对埋藏有承压含水层的地基（如图3-16所示），确定基础埋深时，必须控制基坑开挖深度，防止基坑因挖土减压而隆起开裂。要求基底至承压含水层顶间保留土层厚度（槽底安全厚度）h_0 为：

$$h_0 > \frac{\gamma_w}{\gamma_0} \cdot \frac{h}{k} \tag{3-2}$$

式中　h——承压水位高度（从承压含水层顶算起），m；

γ_0——基槽底安全厚度范围内土的加权平均重度，地下水位以下的土取饱和重度，

$$\gamma_0 = \frac{(\gamma_1 z_1 + \gamma_2 z_2)}{(z_1 + z_2)}, \text{kN/m}^3;$$

γ_w——承压水的重度，kN/m³；

k——系数，一般取1.0，对宽基坑宜取0.7。

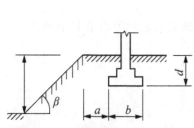

图3-15　土坡坡顶处基础最小埋深

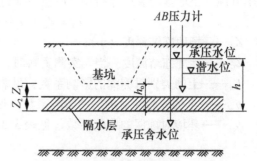

图3-16　基坑下埋藏有承压含水层的情况

(4) 相邻建筑物基础埋深。在城市房屋密集的地方，新旧建筑物往往紧靠在一起，为了保证在新建建筑物施工期间，相邻的原有建筑物的安全和正常使用，新建建筑物的基础埋深不宜深于相邻原有建筑物的基础埋深。如新建建筑物上部荷载很大，楼层又高，其基础必须深于原有建筑物基础时，为避免新建建筑物对原有建筑物的影响，设计时应考虑与原有建筑物保持一定的净距。根据荷载大小、基础形式以及土质情况，这个距离约为相邻基础底面高差的 1~2 倍（如图 3-17 所示）。若上述要求不能满足，为避免当基坑开挖时原有基础的地基土松动，须采用相应的施工措施（如分段施工、设临时基坑支撑、打板桩、地下连续墙、加固原有建筑物地基等）。

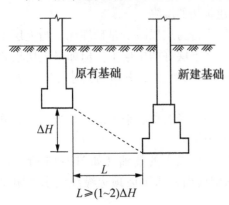

图 3-17 相邻基础的埋置深度

(5) 地基土冻胀和融陷的影响。季节性冻土是指一年内交替出现冻结和解冻一次以上的土层。

季节性冻土在我国分布面积很广，东北、西北、华北都有。含水量较高且冻结期地下水位较高的细粒土层在冻结时，土中弱结合水从未冻区向冻区聚集，使冻结区的含水量增加并继续冻结，土体积膨胀，这种现象称为土的冻胀。如果冻胀力大于基底荷载，基础会隆起；土层解冻时，原冻结区土的含水量增加，孔隙增大，因细粒土的排水能力差，土层处于饱和、软化状态，强度大大降低，使建筑物发生下陷，称为土的融陷。

季节性冻土的融陷性大小和它的冻胀性有关，通常以冻胀性来代表融陷性。而影响冻胀的因素主要有土的粒径大小、冻前天然含水量的多少以及地下水补给可能性等。对于结合水含量极少的粗颗粒土，因不发生水分迁移，故不存在冻胀问题。而在相同条件下，黏性土的冻胀性就比粉砂严重得多。细粒土的冻胀与含水量有关，如果冻胀前，土处于含水量很少的坚硬状态，冻胀就很微弱。冻胀程度还与地下水位高低有关，若地下水位高或通过毛细水能使水分向冻结区补充，则冻胀较严重。《建筑地基基础设计规范》（GB50007—2011）按冻胀量及对建筑物的危害程度将土的冻胀性分为五类：不冻胀、弱冻胀、冻胀、强冻胀、特强冻胀。

季节性冻土地基的场地冻结深度应按下式进行计算：

$$Z_d = Z_0 \cdot \psi_{zs} \cdot \psi_{zw} \cdot \psi_{ze} \tag{3-3}$$

式中 Z_d——场地冻结深度（m）；
Z_0——标准冻结深度。当无实测资料时，可按地基基础规范附录 F 采用；
ψ_{zs}——土的类别对冻深的影响系数，见表 3-1；
ψ_{zw}——土的冻胀性对冻深的影响系数，见表 3-2；
ψ_{ze}——环境对冻深的影响系数，见表 3-3。

表 3-1　土的类别对冻深的影响系数

土的类别	影响系数 ψ_{zs}	土的类别	影响系数 ψ_{zs}
黏性土	1.00	中、粗、砾砂	1.30
细砂、粉砂、粉土	1.20	大块碎石土	1.40

表 3-2　土的冻胀性对冻深的影响系数

冻胀性	影响系数 ψ_{zw}	冻胀性	影响系数 ψ_{zw}
不冻胀	1.00	强冻胀	0.85
弱冻胀	0.95	特强冻胀	0.80
冻胀	0.90		

表 3-3　环境对冻深的影响系数

周围环境	影响系数 ψ_{ze}	周围环境	影响系数 ψ_{ze}
村、镇、旷野	1.00	城市市区	0.90
城市近郊	0.95		

注：环境影响系数一项，当城市市区人口为 20 万～50 万时，按城市近郊取值；当城市市区人口大于 50 万小于等于 100 万时，按城市市区取值；当城市市区人口超过 100 万时，按城市市区取值，5km 以内的郊区应按城市近郊取值。

按照《建筑地基基础设计规范》（GB50007—2011）的规定，季节性冻土地区基础埋深宜大于场地冻结深度。对于深厚季节性冻土地区，当建筑底面土层为不冻胀、弱冻胀、冻胀土时，基础埋置深度可以小于场地冻结深度。当建筑基础底面之下允许有一定厚度的冻土层，可用下式计算基础的最小埋深：

$$d_{\min} = Z_d - h_{\max} \tag{3-4}$$

式中　Z_d——季节性冻土地基的场地冻深；

　　　$h_{\max}$——基础底面下允许出现冻土层的最大厚度，按《建筑地基基础设计规范》（GB50007—2011）附录 G 查取。当有充分依据时，基底下允许残留冻土层厚度也可根据当地经验确定。

3.4　地基承载力特征值的确定

根据地基基础设计的基本原则，必须保证在基底压力作用下，地基不发生剪切破坏和丧失稳定性，并具有足够的安全度。因此，必须对各级建筑物进行地基承载力计算。

地基承载力特征值是按正常使用极限状态下荷载效应的标准组合时所对应的土抗力值。地基承载力特征值不仅与土的物理、力学性质指标有关，而且还与基础形式、底面尺寸、基础埋深、建筑类型、结构特点及施工速度等因素有关。

地基承载力特征值的确定在地基基础设计中是一个非常重要而又复杂的问题。目前确定地基承载力特征值的方法主要有根据土的抗剪强度指标按理论公式计算、现场载荷试验或其他原位测试方法和经验方法等。这些方法各有长短，互为补充，必要时可考虑多种方法来综合确定。

3.4.1 按理论公式计算确定

确定地基承载力的理论很多，由于都建立在某种假设的基础上，因此各有一定的适用范围。对竖向荷载偏心和水平力都不大的基础，即当偏心距 e 小于或等于 0.033 倍基础底面宽度时，可以采用《建筑地基基础设计规范》（GB50007—2011）推荐的以界限荷载 $p_{1/4}$ 为基础的理论公式计算地基承载力特征值：

$$f_a = M_b \gamma b + M_d \gamma_m d + M_c c_k \tag{3-5}$$

式中 f_a——由土的抗剪强度指标确定的地基承载力特征值（kPa）；

M_b、M_d、M_c——承载力系数，与土的内摩擦角 φ_k 有关，见表 3-4 取值；

γ——基础底面以下土的重度，地下水位以下取浮重度；

γ_m——基础底面以上土的加权平均重度，地下水位以下取浮重度；

d——基础埋置深度（m）；

b——基础底面宽度（m），大于 6m 时按 6m 取值，对于砂土小于 3m 时按 3m 取值；

c_k——基底下一倍短边宽度深度范围内土的黏聚力标准值（kPa）。

式（3-5）仅适用于偏心距 $e \leqslant 0.033b$ 的情况，这是因为用式（3-5）确定承载力相应的理论模式时基底压力呈条形均匀分布。当受到较大水平荷载而使合力的偏心距过大时，地基反力就会很不均匀，为了使理论计算的地基承载力符合其假定的理论模式，因此对公式的使用增加了以上限制条件。同时，式（3-5）与界限荷载 $p_{1/4}$ 公式稍有区别。根据砂土地基的静荷载试验资料，当 $b < 3m$ 时，按式（3-5）计算的结果偏小许多，所以对砂土地基，当 $b < 3m$ 时，按 3m 计算。

另外，按土的抗剪强度指标确定地基承载力时，没有考虑建筑物对地基变形的要求。因此按式（3-5）求得的承载力确定基础底面积尺寸后，还应进行地基变形验算。

表 3-4　承载力系数 M_b、M_d、M_c

土的内摩擦角标准值 φ_k（°）	M_b	M_d	M_c	土的内摩擦角标准值 φ_k（°）	M_b	M_d	M_c
0	0	1.00	3.14	22	0.61	3.44	6.04
2	0.03	1.12	3.32	24	0.80	3.87	6.45
4	0.06	1.25	3.51	26	1.10	4.37	6.90
6	0.10	1.39	3.71	28	1.40	4.93	7.40
8	0.14	1.55	3.93	30	1.90	5.59	7.95
10	0.18	1.73	4.17	32	2.60	6.35	8.55
12	0.23	1.94	4.42	34	3.40	7.21	9.22
14	0.29	2.17	4.69	36	4.20	8.25	9.97
16	0.36	2.43	5.00	38	5.00	9.44	10.80
18	0.43	2.72	5.31	40	5.80	10.84	11.73
20	0.51	3.06	5.66				

内摩擦角 φ_k 和黏聚力标准值 c_k 可按下列规定计算：

（1）根据室内 n 组三轴压缩试验的结果，按下列公式计算某一土性指标的变异系数 δ、试验平均值 μ 和标准差 σ：

$$\delta = \frac{\sigma}{\mu} \quad (3\text{-}6)$$

$$\mu = \frac{\sum_{i=1}^{n}\mu_i}{n} \quad (3\text{-}7)$$

$$\sigma = \sqrt{\frac{1}{n-1}\left[\sum_{i=1}^{n}\mu_i^2 - \frac{1}{n}(\sum_{i=1}^{n}\mu_i)^2\right]} \quad (3\text{-}8)$$

（2）按下列公式计算统计修正参数 ψ_φ，ψ_c：

$$\psi_\varphi = 1 - \left(\frac{1.704}{\sqrt{n}} + \frac{4.678}{n^2}\right)\delta_\varphi \quad (3\text{-}9)$$

$$\psi_c = 1 - \left(\frac{1.704}{\sqrt{n}} + \frac{4.678}{n^2}\right)\delta_c \quad (3\text{-}10)$$

式中 ψ_φ、ψ_c——分别为内摩擦角、黏聚力的统计修正参数；

δ_φ、δ_c——分别为内摩擦角、黏聚力的变异系数。

（3）按下列公式计算 φ_k 和 c_k：

$$\varphi_k = \psi_\varphi \varphi_m \quad (3\text{-}11)$$

$$c_k = \psi_c c_m \quad (3\text{-}12)$$

式中，φ_m、c_m 分别为内摩擦角、黏聚力的试验平均值。

【例 3-1】 某基础底面尺寸 15×30m，埋深 3m，土层分布 0~1.5m 为杂填土（γ = 19kN/m³），1.5~9.0m 为黏土（γ = 18kN/m³），γ_{sat} = 19.5kN/m³，地下水位 -2m。黏聚力标准值 c_k = 14.6kPa，内摩擦角 φ_k = 18°。计算该地基承载力特征值。

解： 根据地基土内摩擦角 φ_k = 18°，查表 3-4，可得：

M_b = 0.43，M_d = 2.72，M_c = 5.31。

地下水位在 -2m 处，对水位以下取浮重度，基底以上土加权平均重度为：

$$\gamma_m = \frac{1.5 \times 19 + 0.5 \times 18 + 1.0 \times (19.5 - 10)}{1.5 + 0.5 + 1.0} = 15.67 \text{kN/m}^3$$

基底以下土的浮重度 γ = 9.5 kN/m³，另外基础底面宽度 b = 15m > 6m，可取 b = 6m。

所以，该地基承载力特征值 f_a 为：$f_a = M_b \gamma b + M_d \gamma_m d + M_c c_k$ = 0.43 × 9.5 × 6 + 2.72 × 15.67 × 3 + 5.31 × 14.6 = 229.9kPa。

3.4.2 按现场荷载试验确定

现场荷载试验是通过一定面积的荷载板（亦称承压板）向地基逐级施加荷载，测出地基土的压力与变形特征，从而确定地基土的承载力及其沉降值。当荷载板与基础面积尺寸相同时能真实反映荷载板下 1~2 倍荷载板宽度或直径范围内地基土强度、变形的综合性状。

对设计等级为甲级的建筑，为进一步了解地基土的变形性能和承载能力，必须做现场原位荷载试验，以确定地基承载力。对于成分或结构很不均匀的土层，如杂填土、裂隙土、风化岩等，也可采用现场荷载试验确定其承载力。

根据荷载试验曲线确定承载力特征值，《建筑地基基础设计规范》（GB50007—2011）作了如下规定：

(1) 当 $p-s$ 曲线上有比例界限时,取该比例界限所对应的荷载值。

(2) 当极限荷载小于对应比例界限荷载值的 2 倍时,取极限荷载值的一半。

(3) 当不能按上述两条要求确定时,当压板面积为 $0.25 \sim 0.50 \text{ m}^2$,可取 $s/b = 0.01 \sim 0.015$ 所对应的荷载值(b 为承压板的宽度或直径),但其值不应大于最大加载量的一半。

另外,同一土层参加统计的试验点不应少于三点,当试验实测值的极差不超过其平均值的 30% 时,取此平均值作为该土层的地基承载力特征值 f_{ak}。

现场荷载试验是一种原位测试方法,结果通常比较可靠,但这种做法费工费时,成本较高;另外使较大荷载板下地基土产生破坏,要施加很大的荷载,这些都给试验带来一定的困难,所以一般采用浅层平板载荷试验,相应的荷载板尺寸较小,但不小于 0.25m^2,对于软土不应小于 0.5m^2。

值得说明的是,荷载板尺寸一般比实际基础尺寸小,因此荷载试验的影响深度较小,只反映了荷载板宽度或直径两倍深度范围内土层的影响。如果在荷载板影响深度下有软弱土层,而该土层又处于基础的主要受力层内(如图 3-18 所示),这时就应该采用大尺寸的平板荷载试验或深层平板载荷试验。

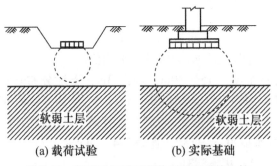

(a) 载荷试验　　(b) 实际基础

图 3-18　载荷板与基础荷载影响深度的比较

3.4.3　按经验方法确定

《建筑地基基础设计规范》(GB50007—2011)规定:地基承载力特征值可由荷载试验或其他原位测试、公式计算、并结合实践经验等方法综合确定。荷载试验是可以直接测定地基承载力的原位测试方法,其他的原位测试方法(如静力触探试验、标准贯入试验等)都不能直接测定地基承载力,但可以采用与荷载试验结果对比分析的方法确定,即选择有代表性的土层同时进行荷载试验和原位测试,分别求得地基承载力和原位测试指标,积累一定量的数据后,用回归统计方法确定地基承载力。由于这些方法比较经济、简便快捷,能在较短的时间内获得大量承载力资料,因而广泛应用于工程建设中。

我国幅员辽阔,土层分布的特点也具有很强的地域性,各地区、部门在使用上述测试仪器的过程中积累了很多地域性或行业性的经验,建立了许多地基承载力与原位测试指标之间的经验公式,见表 3-5。

表 3-5 静力触探试验确定地基承载力特征值的一些经验公式

经验公式/kPa	使用范围/MPa	适用地区和土类	公式来源
$0.083p_s + 54.6$	$0.3 \sim 3$	淤泥质土、一般黏性土	
$5.25\sqrt{p_s} - 103$	$1 \sim 10$	中、粗砂	武汉联合试验组
$0.02p_s + 59.5$	$1 \sim 15$	粉、细砂	
$5.8\sqrt{p_s} - 46$	$0.35 \sim 5$	$I_p > 10$ 的一般黏性土	TBJ18-97《静力触探技术规定》
$0.07p_s + 37$	—	上海淤泥质黏性土	
$0.075p_s + 38$	—	上海灰色黏性土	同济大学等
$0.055p_s + 45$		上海粉土	
$115\mathrm{tg}p_s - 220$	$0.6 \sim 7$	新近沉积黏性土	北京勘察院
$\dfrac{p_s}{5.7 + 0.004p_s}$	$0.5 \sim 4$	黄河下游新近沉积黏性土	铁道部第一设计院
$2.3\sqrt{p_s} + 30$	$3 \sim 14$	粉细砂	
$0.05p_s + 73$	$1.5 \sim 6$	一般黏性土	建设部综勘院
$0.074p_s + 82$	$1 \sim 5$	$I_p > 10$ 的一般黏性土	青岛城建局

注：p_s 为静力触探试验的比贯入阻力（kPa）。

当然，经验公式都是根据一定地区或特定土类的试验资料统计得到的，均有一定的适用范围，因此，在没有工程经验的地区或土类，选用经验公式时需要通过一定数量的试验加以检验。

3.4.4 地基承载力特征值的修正

试验表明，地基承载力特征值不仅与土的性质有关，还与基础的大小、形状、埋深有关，采用荷载试验或其他原位测试、经验值等方法确定的地基承载力特征值，是对应于基础宽度 $b \leq 3\mathrm{m}$、基础埋深 $d \leq 0.5\mathrm{m}$ 条件下的值。而在进行地基基础工程设计和计算时，应计入实际基础宽度及埋深的影响，因此当基础宽度大于 3m 或埋深大于 0.5m 时，从荷载试验或其他原位测试、经验值等方法确定的地基承载力特征值，尚应按下式修正：

$$f_a = f_{ak} + \eta_b \gamma (b-3) + \eta_d \gamma_m (d-0.5) \tag{3-13}$$

式中 f_a——修正后的地基承载力特征值（kPa）；

f_{ak}——地基承载力特征值（kPa）；

η_b、η_d——基础宽度和埋深的地基承载力修正系数，按基底下土的类别查表 3-6；

d——基础埋置深度（m），一般自室外地面标高算起。在填方整平地区，可自填土地面标高算起，但填土在上部结构施工后完成时，应从天然地面标高算起。对于地下室，如采用箱形基础或筏形基础时，基础埋置深度自室外地面标高算起；如果采用独立基础或条形基础时，应从室内地面标高算起。

γ、γ_m、b 符号意义同前。

如采用深层荷载试验，则不进行深度修正，仅进行宽度修正。

表 3-6 承载力修正系数

土的类别		η_b	η_d
淤泥和淤泥质土		0	1.0
人工填土 e 或 I_L 大于等于 0.85 的黏性土		0	1.0
红黏土	含水比 $a_w > 0.8$	0	1.2
	含水比 $a_w \leq 0.8$	0.15	1.4
大面积压实填土	压实系数大于 0.95、黏性含量 $\rho_c \geq 10\%$ 的粉土	0	1.5
	最大干密度大于 2.1t/m³ 的级配砂石	0	2.0
粉土	黏性含量 $\rho_c \geq 10\%$ 的粉土	0.3	1.5
	黏性含量 $\rho_c < 10\%$ 的粉土	0.5	2.0
e 或 I_L 均小于 0.85 的黏性土		0.3	1.6
粉砂、细砂（不包括很湿与饱和时的稍密状态）		2.0	3.0
中砂、粗砂、砾砂和碎石土		3.0	4.4

注：1. 强风化和全风化的岩石，可参照所风化成的相应土类取值，其他状态下的岩石不修正；
  2. 地基承载力特征值地基基础规范附录 D 深层平板荷载试验确定时 η_d 取 0；
  3. 含水比是指土的天然含水量与液限的比值；
  4. 大面积压实填土是指填土范围大于两倍基础宽度的填土。

3.5 基础底面尺寸的确定

在选择了基础类型，确定了基础埋深后，就可以根据上部结构的荷载和地基土的承载力计算基础底面尺寸。在确定基础底面尺寸时，首先，应满足地基承载力要求，包括地基持力层土的承载力计算和软弱下卧层的验算；其次，对部分建筑物，仍需考虑地基变形的影响，验算建筑物的变形特征值，并对基础底面尺寸作必要的调整。

3.5.1 按地基持力层承载力计算基础底面尺寸

地基按承载力设计时，要求作用在基础底面上的压应力值（简称基底压力）小于或等于修正后的地基承载力特征值，即：

$$p_k \leq f_a \tag{3-14}$$

式中 f_a——修正后地基承载力特征值，kPa；

   p_k——相应于作用的标准组合时，基础底面处的平均压力值。当基础底面位于地下水位以下时，应扣除基础底面处的浮力，kPa。

基底压力的分布与基底形状、刚度等因素有关。一般情况下，当基底尺寸较小、刚度较大时，可假定基底压力分布直线型，在这种情况下，可以用材料力学的基本公式来计算基底压力。在荷载作用下，基础存在中心受压和偏心受压两种受力状态，以下分别对这两种情况进行讨论。

1. 轴心荷载作用

轴心荷载作用下基础所受荷载通过基底形心，基底压力假定为均匀分布，此时基底平

均压力 p_k 可表达如下：

$$p_k = \frac{F_k + G_k}{A} \quad (3-15)$$

$$G_k = Ad\gamma_G \quad (3-16)$$

式中 F_k——相应于作用的标准组合时，上部结构传至基础顶面的竖向力值，kN；

A——基础底面面积，m^2；

G_k——基础自重和基础上的土重（kN），对一般实体基础，可近似取 $G_k = Ad\gamma_G$，其中 γ_G 为基础及其台阶上土的平均重度（kN/m^3），一般取 $\gamma_G = 20kN/m^3$，在地下水位以下部分，应扣除浮力。

据此有

$$\frac{F_k + \gamma_G Ad}{A} \leqslant f_a \quad (3-17)$$

故基底面积为：

$$A \geqslant \frac{F_k}{f_a - \gamma_G d} \quad (3-18)$$

对于单独基础，按上式计算出 A 后，先选定 b 或 l，再计算另一边长，使 $A = bl$，一般取 $l/b = 1.0 \sim 2.0$。

对于条形基础，为避免基础发生倾斜，一般将基础做成对称形式。可沿基础长方向取 1m 长度进行计算，荷载也同样按 1m 长度为计算单位，有

$$b \geqslant \frac{F_k}{f_a - \gamma_G d} \quad (3-19)$$

在上面的计算中，需要先确定修正后的地基承载力特征值 f_a，但 f_a 值又与基底面积 A 有关，即 A 与 f_a 都是未知数，因此，可能要通过反复试算确定。计算时，可先对地基承载力只进行深度修正，计算 f_a 值，然后按计算所得的 $A = bl$，考虑是否需要进行宽度修正，使得 A、f_a 间相互协调一致。最后确定的 b 和 l 均应为 100mm 的整数倍。

2. 偏心荷载作用

地下室墙基及高层建筑受风荷载或地震荷载作用后，除了上部结构传来的轴向荷载之外，还存在侧向力，使得基础处于偏心受压状态。偏心荷载作用下基础底面尺寸的确定不能用公式直接写出，通常的步骤如下：

（1）按中心荷载初步估算所需的基础底面积 A_1。

（2）根据偏心距的大小，将已得到的基础底面积 A_1 增大 10% ~ 40%，使 $A = (1.1 \sim 1.4)A_1$。并以适当的比例确定基础底面的长度 l 和宽度 b，如对矩形底面的基础，一般可令 $l/b = 1.0 \sim 2.0$。

（3）根据偏心受压计算基底边缘处的最大压力 p_{kmax} 和最小压力值 p_{kmin}。由于偏心受压时存在弯矩作用，基底压力呈梯形分布或三角形分布，有：

$$p_{k\substack{max \\ min}} = \frac{F_k + G_k}{A} \pm \frac{M_k}{W} \quad (3-20)$$

式中 p_{kmax}——相应于作用的标准组合时，基础底面边缘的最大压力值；

p_{kmin}——相应于作用的标准组合时，基础底面边缘的最小压力值；

M_k——相应于作用的标准组合时，作用在基础底面的力矩值（kN·m）；

W——基础底面的抵抗矩（m^3）。

判断是否满足下列附加条件：

$$p_{k\max} \leqslant 1.2 f_a \tag{3-21}$$

$$\frac{1}{2}(p_{k\max} + p_{k\min}) \leqslant f_a \tag{3-22}$$

若计算结果不能满足上述条件时，可调整基底尺寸再进行验算，如此反复，直至满意为止。

$p_{k\max}$和$p_{k\min}$相差过多是不利的，特别是在软土地基上，会造成基础严重倾斜，倾斜超过某一界限，将会影响建筑物的正常使用甚至安全。为保证基础不致产生过分倾斜，在确定基底尺寸时，应注意荷载对基础的偏心距e不宜过大，通常要求$e = M_k / (F_k + G_k) \leqslant b/6$（$b$为力矩作用方向基础底面边长）。一般情况下对中、高压缩性土上的基础，或有吊车的厂房柱基础，偏心距e不宜大于$b/6$；对低压缩性地基土上的基础，当考虑短暂作用的偏心荷载时，应控制在$b/4$之内。有时也可将基础做成不对称的形式，使外荷载对基础底面形状的偏心距尽量减小，这样，基础底面压力分布将是相对均匀的。

若基础底面形状为矩形且偏心距$e > b/6$时（如图3-19所示），$p_{k\max}$应按下式计算：

$$p_{k\max} = \frac{2(F_k + G_k)}{3la} \tag{3-23}$$

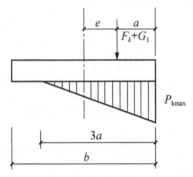

图3-19 偏心荷载下基底压力计算简图

式中 l——垂直于力矩作用方向的基础底面边长；
a——合力作用点至基础底面最大压力边缘的距离。

3.5.2 软弱下卧层承载力验算

地基土层通常是不同的，在多数情况下，土层强度随深度而增加，而外荷载引起的附加应力则随深度增加而衰减。当持力层以下受力层范围内存在软弱土层时，且这些土层的承载力小于持力层的承载力时，必须进行软弱下卧层的验算，要求作用在下卧层顶面的全部压力不应超过下卧层土的承载力，即：

$$p_z + p_{cz} \leqslant f_{az} \tag{3-24}$$

式中 p_z——相应于作用的标准组合时，软弱下卧层顶面处的附加压力值（kPa）；
p_{cz}——软弱下卧层顶面处土的自重压力值（kPa）；
f_{az}——软弱下卧层顶面处经深度修正后地基承载力特征值（kPa）。

当持力层与下卧软弱土层的压缩模量比值$\dfrac{E_{s1}}{E_{s2}} \geqslant 3$时，$p_z$可按压力扩散角的概念计算。如图3-20所示，假设基底附加压力（$p_0 = p_k - p_c$）在持力层内往下传递时按某一角度θ向外扩散，且均匀分布于较大面积上。根据扩散前后总压力相等的条件，对矩形基础，可得：

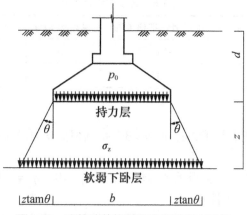

图 3-20　建筑地基软弱下卧层承载力验算

$$p_z = \frac{bl(p_k - p_c)}{(b + 2z\tan\theta)(l + 2z\tan\theta)} \quad (矩形基础) \tag{3-25}$$

式中　b——矩形基础或条形基础底边宽度，m；

　　　l——矩形基础底边的长度，m；

　　　p_c——基础底面处土的自重压力值，kPa；

　　　p_0——基底附加压力，kPa；

　　　z——基础底面至软弱下卧层顶面的距离，m；

　　　θ——地基压力扩散线与垂直线的夹角，可按表 3-7 采用。

表 3-7　地基压力扩散角 θ

$\alpha = \dfrac{E_{s1}}{E_{s2}}$	z/b	
	0.25	0.5
3	6°	23°
5	10°	25°
10	20°	30°

注：① E_{s1}、E_{s2} 分别为上层土与下层土的压缩模量；

　　② $z/b < 0.25$ 时取 $\theta = 0°$，必要时，宜由试验确定；$z/b > 0.50$ 时 θ 值不变。

对条形基础，仅考虑宽度方向的扩散，并沿基础纵向取单位长度作为计算单元，将式 (3-25) 简化后可得：

$$p_z = \frac{b(p_k - p_c)}{b + 2z\tan\theta} \quad (条形基础) \tag{3-26}$$

对于沉降已经稳定的建筑或经过预压的地基，可适当提高地基的承载力。

【例 3-2】已知填土厚度 2.3m，地面标高为 3.5m，基础底面标高为 2.0m，地下水位在地面下 1.5m 处。作用于条形基础底面单位宽度的竖向力为 400kN，力矩为 70kN·m，基础自重和基底以上土自重的平均重度为 20kN/m³，软弱下卧层顶面标高 1.3m，软弱层上覆土与填土性质相同。各土层设计参数见表 3-8。

表 3-8 各土层设计参数

土层	重度 kN/m³	承载力特征值 kPa	黏聚力 kPa	内摩擦角	压缩模量 MPa
填土	18	135	15	14°	6
软弱下卧层	17	105	10	10°	2

试计算基础底面宽度。

解：设基础底面宽度 b 小于 3m，取 $b=3$，基础埋深 d 自填土地面标高算起，$d = 3.5 - 2.0 = 1.5\text{m}$。

对回填土，按表 3-6，可查得承载力修正系数 $\eta_b = 0$、$\eta_d = 1.0$、$\gamma_m = 18 \text{ kN/m}^3$。

代入数据得到持力层承载力：

$$f_a = f_{ak} + \eta_b \gamma (b-3) + \eta_d \gamma_m (d-0.5) = 135 + 1 \times 18 \times (1.5 - 0.5) = 153 \text{kPa}$$

对条形基础，$p_k = \dfrac{(F_k + G_k)}{A} = \dfrac{400}{b} \leq f_a = 153 \text{kPa}$

$$p_{k\max} = \frac{F_k + G_k}{A} + \frac{M_k}{W} = \frac{400}{b} + \frac{70}{b^2 \times 1.0/6} \leq 1.2 f_a = 183.6 \text{kPa}$$

联合上面两式，可解得 $b > 2.95\text{m}$，实际可取 $b = 3\text{m}$。

偏心距 $e = \dfrac{M_k}{F_k + G_k} = \dfrac{70}{400} = 0.175\text{m} < \dfrac{b}{6} = 0.5\text{m}$，因此假设正确。

验算软弱下卧层承载力：

由于基础底面标高为 2m，软弱下卧层顶面标高 1.3m，所以基础底面至软弱下卧层顶面的距离 $z = 2.0 - 1.3 = 0.7\text{m}$，故 $\dfrac{z}{b} = \dfrac{0.7}{3} = 0.23 < 0.25$，所以压力扩散角 $\theta = 0°$。

软弱下卧层顶附加应力 $p_z = \dfrac{b(p_k - p_c)}{b + 2z\tan\theta} = p_k - p_c = \dfrac{400}{3} - 1.5 \times 18 = 106.3 \text{kPa}$。

填土厚 2.3m，基底面亦为地下水位面，其下土应取浮重度。

故下卧层顶面处土的自重压力 $p_{cz} = 1.5 \times 18 + 0.7 \times (18 - 10) = 32.6 \text{kPa}$。

下卧层顶面处总压力 $p_z + p_{cz} = 106.3 + 32.6 = 138.9 \text{kPa}$。

因 $b = 3\text{m}$，故下卧层顶面处承载力特征值

$$f_{az} = f_{ak} + \eta_d \gamma_m (d - 0.5) = 105 + 1 \times \frac{1.5 \times 18 + 0.7 \times 8}{2.2} \times (2.2 - 0.5) = 130.2 \text{kPa}$$

因此宽度不满足要求，需将底面尺寸加宽。

由于基础宽度已满足持力层承载力要求，因此仅按下卧层承载力计算基础所需宽度。

即按 $f_{az} \geq p_z + p_{cz}$，代入得：$\dfrac{400}{b} - 1.5 \times 18 + 32.6 \leq 130.2$

解得 $b \geq 3.2\text{m}$，取 $b = 3.2\text{m}$。故基础底面宽度 b 为 3.2m。

【例 3-3】 某混合结构外墙基础剖面如图 3-21 所示。基础深埋范围内为匀质黏土。重度 $\gamma = 17.5 \text{kN/m}^3$，孔隙比 $e = 0.8$，液性指数 $I_L = 0.78$，基础承载力特征值 $f_{ak} = 190 \text{kPa}$。基础埋深 $d = 1.5\text{m}$，室内外高差 0.45m，中心荷载标准组合值 $F_k = 230 \text{kN/m}$。试计算基础底面宽度。

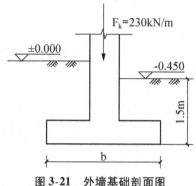

图 3-21 外墙基础剖面图

解：假设基础宽度 $b<3\mathrm{m}$，对匀质黏土，$e=0.8$，$I_L=0.78$，均小于 0.85，查表 3-6 得：

$\eta_b=0.3$，$\eta_d=1.6$，$f_a=f_{ak}+\eta_d\gamma_m(d-0.5)=190+1.6\times17.5\times(1.5-0.5)=218\mathrm{kPa}$

因为室内外高差为 0.45m，对条形基础，根据式（3-19）可得：

$b\geqslant\dfrac{F_k}{f_a-\gamma_G d}=\dfrac{230}{218-20\left(1.5+\dfrac{0.45}{2}\right)}=1.253\mathrm{m}$，可取基础底面宽度为 1.3m。

3.6 地基变形与稳定计算

本小节主要介绍地基的重复形验算与地基稳定性验算。

3.6.1 地基的变形验算

1. 地基变形特征

按地基承载力特征值确定的基础底面尺寸，一般可保证建筑物不发生地基剪切破坏而具有足够的安全度。但是，在荷载作用下，地基土总会产生或大或小的压缩变形，使建筑物产生沉降。如变形过大，会影响建筑物的外观效果和正常使用，严重时会引起建筑物的开裂、倾斜，甚至破坏。

由于不同建筑物的结构类型、整体刚度、使用要求的差异，对地基变形的敏感程度、危害、变形要求也不同。因此，对于各类建筑结构，如何控制其不利的变形形式——"地基的特征变形"，使之不影响建筑物的正常使用甚至破坏，也是地基基础设计必须予以充分考虑的一个基本问题。

地基变形的类型见表 3-9 以及地基变形特征分为以下几种：

（1）沉降量——基础某点的沉降值，一般即独立基础或刚性特别大的基础中心的沉降值。

（2）沉降差——相邻两个柱基的沉降量之差。

（3）倾斜——独立基础在倾斜方向基础两端点的沉降差与其距离的比值。

（4）局部倾斜——砌体承重结构沿纵墙 6m～10m 内基础两点的沉降差与其距离的比值。

表 3-9 地基变形的类型

地基变形类型	计算方法	在何时需进行该项计算
沉降量	基础中心点沉降量 s 计算方法参见《地基基础设计规范》(GB50007—2011)	(1) 主要用于地基比较均匀时的单层排架结构柱基,在满足容许沉降量后可不再验算相邻柱基的沉降量; (2) 在决定工艺上考虑沉降所预留建筑物有关部分之间净空、连接方法及施工顺序时也需用到沉降量,此时往往需要分别预估施工期间和使用期间的地基变形值
沉降差	$\Delta s = s_1 - s_2$	(1) 控制地基不均匀、荷载差异大时框架结构及单层排架结构的相邻柱基沉降差; (2) 相邻结构物影响存在时; (3) 在原有基础附近堆积重物时; (4) 当必须考虑在使用过程中结构物本身与之有联系部分的标高变动时
倾斜	$\tan\theta = \dfrac{s_1 - s_2}{b}$	对有较大偏心荷载的基础和高耸构筑物基础,其地基不均匀或附近堆有地面荷载时,要验算倾斜;在地基比较均匀且无相邻荷载影响时,高耸结构物的沉降量在满足容许沉降量后,可不验算倾斜值
局部倾斜	$\tan\theta = \dfrac{s_1 - s_2}{l}$	一般承重墙房屋(如墙下条形基础)。距离 l 可根据具体建筑物情况,如横隔墙的间距而定。一般应将沉降计算点选择在地基不均匀、荷载相差很大或体型复杂的局部段落的纵横墙交点处

由于建筑地基不均匀、荷载差异很大、体型复杂等因素引起的地基变形,对于砌体承重结构应由局部倾斜值控制;对于框架结构和单层排架结构应由相邻柱基的沉降差控制;对于多层或高层建筑和高耸结构应由倾斜值控制;必要时尚应控制平均沉降量。

2. 地基变形验算的范围

《建筑地基基础设计规范》(GB50007—2011) 规定以下建筑物地基除满足承载力要求外,尚须进行变形验算:

(1) 设计等级为甲、乙级的建筑物。
(2) 表 3-10 所列的丙级建筑物以外的建筑物。
(3) 表 3-10 所列范围以内有下列情况之一的丙级建筑物。

① 地基承载力特征值小于 130kPa,且体型复杂的建筑。
② 在基础上及其附近有地面堆载或相邻基础荷载差异较大,引起地基产生过大的不均匀沉降时。
③ 软弱地基上的相邻建筑存在偏心荷载时。
④ 相邻建筑如距离过近,可能发生倾斜时。
⑤ 地基内有厚度较大或厚薄不均的填土,其自重固结未完成时。

表3-10 可不做地基变形计算设计等级为丙级的建筑物范围

地基主要受力层情况	地基承载力特征值f_{ak}/kPa		$60 \leqslant f_{ak} < 80$	$80 \leqslant f_{ak} < 100$	$100 \leqslant f_{ak} < 130$	$130 \leqslant f_{ak} < 160$	$160 \leqslant f_{ak} < 200$	$200 \leqslant f_{ak} < 300$
	各土层坡度/%		$\leqslant 5$	$\leqslant 5$	$\leqslant 10$	$\leqslant 10$	$\leqslant 10$	$\leqslant 10$
建筑类型	砌体承重结构、框架结构（层数）		$\leqslant 5$	$\leqslant 5$	$\leqslant 5$	$\leqslant 6$	$\leqslant 6$	$\leqslant 7$
	单层排架结构（6m柱距） 单跨	吊车额定起重量/t	5~10	10~15	15~20	20~30	30~50	50~100
		厂房跨度/m	$\leqslant 12$	$\leqslant 18$	$\leqslant 24$	$\leqslant 30$	$\leqslant 30$	$\leqslant 30$
	多跨	吊车额定起重量/t	3~5	5~10	10~15	15~20	20~30	30~75
		厂房跨度/m	$\leqslant 12$	$\leqslant 18$	$\leqslant 24$	$\leqslant 30$	$\leqslant 30$	$\leqslant 30$
	烟囱	高度/m	$\leqslant 30$	$\leqslant 40$	$\leqslant 50$	$\leqslant 75$		$\leqslant 100$
	水塔	高度/m	$\leqslant 15$	$\leqslant 20$	$\leqslant 30$	$\leqslant 30$	$\leqslant 30$	$\leqslant 30$
		容积/m³	$\leqslant 50$	50~100	100~200	200~300	300~500	500~1 000

注：① 地基主要受力层系指条形基础底面下深度为3b（b为基础底面宽度），独立基础下为1.5b，且厚度均不小于5m的范围（二层以下一般的民用建筑除外）；
② 地基主要受力层中如有承载力特征值小于130kPa的土层时，表中砌体承重结构的设计，应符合《地基基础》规范第七章的有关要求；
③ 表中砌体承重结构和框架结构均指民用建筑，对于工业建筑可按厂房高度、荷载情况折合成与其相当的建筑层数；
④ 表中吊车额定起重量、烟囱高度和水塔容积的数值系指最大值。

3. 地基变形验算

根据结构类型、整体刚度、体型大小、荷载分布、基础型式以及土的工程地质特性，计算地基变形值s，验算其是否允许值$[s]$之内，即：

$$s \leqslant [s] \tag{3-27}$$

地基变形允许值$[s]$的确定是一项十分复杂的工作，应通过建筑物沉降观测，并根据建筑物的结构类型及使用情况，考虑地基和上部结构的共同工作，从大量资料中进行总结和分析研究而确定。在综合分析国内外各类建筑的有关资料的基础上，根据建筑物的类型、变形特征、地基土类别，《建筑地基基础设计规范》（GB50007—2011）规定了地基变形允许值（见表3-11）。对表3-11中未包括的建筑物，其地基变形允许值应根据上部结构对地基变形的适应能力和使用上的要求确定。

表 3-11　建筑物地基变形允许值

变形特征		地基土类别	
		中、低压缩性土	高压缩性土
砌体承重结构基础的局部倾斜		0.002	0.003
工业与民用建筑相邻柱基的沉降差			
框架结构		0.002 1	0.003 1
砌体墙填充的边排柱		0.000 71	0.001 1
当基础不均匀沉降时不产生附加应力的结构		0.005 1	0.005 1
单层排架结构（柱距为6m）柱基的沉降量/mm		(120)	200
桥式吊车轨面的倾斜 （按不调整轨道考虑）	纵向	0.004	
	横向	0.003	
多层和高层建筑的整体倾斜	$H_g \leqslant 24$	0.004	
	$24 < H_g \leqslant 60$	0.003	
	$60 < H_g \leqslant 100$	0.002 5	
	$H_g > 100$	0.002	
体型简单的高层建筑基础的平均沉降量/mm		200	
高耸结构基础的倾斜	$H_g \leqslant 20$	0.008	
	$20 < H_g \leqslant 50$	0.006	
	$50 < H_g \leqslant 100$	0.005	
	$100 < H_g \leqslant 150$	0.004	
	$150 < H_g \leqslant 200$	0.003	
	$200 < H_g \leqslant 250$	0.002	
高耸结构基础的沉降量/mm	$H_g \leqslant 100$	400	
	$100 < H_g \leqslant 200$	300	
	$200 < H_g \leqslant 250$	200	

注：① 本表数值为建筑物地基实际最终变形允许值；
②　有括号者仅适用于中压缩性土；
③　l 为相邻柱基的中心距离（mm）；H_g 为自室外地面起算的建筑物高度（m）；
④　沉降量、沉降差、倾斜和局部倾斜含义同前。

计算地基变形时，地基内的应力分布，可采用各向同性均质线性变形体理论，其最终变形量可采用分层总和法计算（参见《地基基础规范》）。

在必要的情况下，需要分别预估建筑物在施工期间和使用期间的地基变形值，以便预留建筑物有关部分之间的净空，并考虑连接方法和施工顺序。此时，一般多层建筑物在施工期间完成的沉降量，对于砂土可认为其最终沉降量已完成80%以上，对于低压缩黏性土可认为已完成最终沉降量的50%~80%，对于中压缩性土可认为已完成20%~50%，对于高压缩性土可认为已完成5%~20%。

3.6.2 地基稳定性验算

某些建筑物当承受较大的水平荷载和偏心荷载时,有可能发生沿基底面的滑动、倾斜或与深层土层一起滑动。如果地基土层本身倾斜,则更容易发生整体滑动破坏。《建筑地基基础设计规范》(GB50007—2011)规定,对经常受水平荷载的高层建筑、高耸结构和挡土墙等,以及建造在斜坡上或边坡附近的建筑物和构筑物尚应验算其稳定性;对基坑工程应进行稳定性验算。

地基稳定性可采用圆弧滑动面法进行验算,最危险的滑动面上诸力对滑动中心所产生的抗滑力矩与滑动力矩应符合下式:

$$M_R/M_S \geq 1.2 \tag{3-28}$$

式中 M_R——抗滑力矩;

M_S——滑动力矩。

位于稳定土坡坡顶上的建筑物,当垂直于坡顶边缘线的基础底面边长小于或等于3m时,其基础底面外边缘线到坡顶的水平距离 a 可按下式计算(如图3-22所示),但不得小于2.5m。

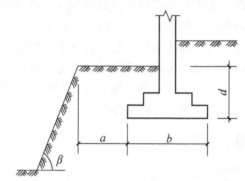

图 3-22 基础底面外边缘线至坡顶的水平距离示意图

对条形基础:

$$a \geq 3.5b - \frac{d}{\tan\beta} \tag{3-29}$$

对矩形基础:

$$a \geq 2.5b - \frac{d}{\tan\beta} \tag{3-30}$$

式中 a——基础底面外边缘线至坡顶的水平距离(m);

b——垂直于坡顶边缘线的基础底面边长(m);

d——基础埋置深度(m);

β——边坡坡角(°)。

当基础底面边缘线至坡顶的水平距离不满足式3-29和式3-30的要求时,可根据基底平均压力按式3-28确定基础距坡顶边缘的距离和基础埋深。当边坡坡角大于45°、坡高大于8m时,尚应按式3-28验算坡体稳定性。

【例3-4】某稳定边坡坡角 $\beta = 30°$,矩形基础垂直于坡顶边缘线的底面边长 b 为2.8m,基础埋深 $d = 3m$,试问按《建筑地基基础设计规范》基础底面外边缘线至坡顶的最小水平距离 a 应为多少?

解：如图 3-22 所示，对矩形基础，最小水平距离 a 应为：

$$a \geq 2.5b - \frac{d}{\tan\beta} = 2.5 \times 2.8 - \frac{3}{\tan 30°} = 1.8\text{m}$$

由于 a 不得小于 2.5m，所以最小水平距离应为 2.5m。

3.7 减轻不均匀沉降的措施

当建筑物的不均匀沉降过大时，将使建筑物开裂损坏并影响其使用，特别是对于高压缩性土、膨胀土、湿陷性黄土以及软硬不均等不良地基上的建筑物，由于总沉降量大，故不均匀沉降相应也大，如何防止或减轻不均匀沉降的危害，是设计中必须认真思考的问题。通常的解决方法有：

（1）采用桩基础或其他深基础，以减少地基总沉降量。
（2）对地基进行处理，以提高地基的承载力和压缩模量。
（3）在建筑、结构和施工中采取措施。

总之，采取措施的目的一方面是为了减少建筑物的总沉降量以及不均匀沉降，另一方面也可增强上部结构对沉降和不均匀沉降的适应能力。前两种做法往往造价偏高，深基础和许多地基处理方法还需要一定的施工条件，特定情况下可能难以实施，甚至单纯从地基基础方案的角度出发难以解决问题。因此，我们可以考虑从地基、基础、上部结构相互作用的观点出发，综合选择合理的建筑、结构、施工方案和措施，降低对地基基础处理的要求和难度，同样达到减轻建筑物不均匀沉降的预期目的。

3.7.1 建筑措施

1. 建筑物体型应力求简单

建筑物的体型指的是其平面形状和立面高差（包括荷载差）。考虑到建筑物的使用功能和美观要求，建筑师往往将建筑物的体型设计的复杂多变、平面布置复杂、立面高差明显。因此使地基受力状态很不一致，差异沉降增大，易使建筑物产生裂缝甚至破坏。

对于建筑平面呈"L"、"T"、"E"、"H"等复杂形状的建筑物，在其纵横单元相交处，基础密集，地基中应力重叠，使得该处的沉降大于其他部位。当建筑物的整体刚度较差时，很容易因不均匀沉降使建筑物开裂破坏。图 3-23 为复杂平面的裂缝情况示意图。

建筑物立面上高差悬殊，地基中各部分所受的荷载轻重差异大，必然也会导致不均匀沉降量增大。软土地区由于层数差别引起的损坏现象常有发生。一般高差≥2 层，常有轻重不同的裂缝。当地基特别软弱时，即使仅一层之差，也会导致开裂或损坏。

在软弱地基上，建筑物的体型应力求：

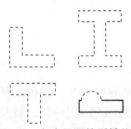

图 3-23 复杂平面的裂缝位置

（1）平面形状简单，如用"一"字形建筑物。
（2）立面体型变化不宜过大，砌体承重结构房屋高差≤1~2 层。

2. 增强结构的整体刚度

建筑物的长高比（建筑物长度与高度之比）是衡量结构刚度的一个重要指标。长高比越大，结构的整体刚度就越弱，抵抗弯曲变形和调整不均匀沉降的能力就越差。经验表明，在软土地基地区，砖石砌体承重的房屋，长高比控制在 3 以内，一般可避免不均匀沉降引起的裂缝，当房屋的最大沉降≤120mm 时，长高比适当大些也可避免不均匀沉降引起的裂缝。

增强砖石砌体结构的整体刚度的另一重要措施就是合理布置纵横墙。一般来说，此类房屋的纵向刚度较弱，地基不均匀沉降引起的损害主要表现为纵墙的挠曲破坏。内外墙的中断、转折都将削弱建筑物的纵向刚度。为此，在不良地基上建造砖石砌体房屋时，应尽量使内、外纵墙都贯通。缩小横墙间距，也可有效地改善结构的整体性，从而增强其调整不均匀沉降的能力。不少小开间集体宿舍，尽管沉降较大，由于其长高比较小，内外纵墙贯通，而横墙间距较小，房屋结构仍能保持完好无损。所以可以通过控制长高比和合理布置墙体来增强房屋结构的刚度。

3. 设置沉降缝

沉降缝的设置，是针对有可能造成建筑不均匀沉降的因素，如地基土质不均匀、建筑物本身相邻部分高差悬殊或荷载悬殊、建筑物结构形式变化大、新老建筑相邻（或扩建项目）等，在结构变形的敏感部位，沿结构全高，包括基础全部断开，从而将建筑物分割成若干个长高比较小、体型简单、整体刚度较好、结构类型相同、自成沉降体系的独立单元。通过合理设置沉降缝可有效地减少不均匀沉降的危害。沉降缝通常宜设置在建筑物的如下部位：

（1）复杂建筑平面的转折部位。
（2）建筑物高度或荷载突变处。
（3）长高比过大的砌体承重结构或钢筋混凝土框架结构的适当部位。
（4）地基土的压缩性有显著差异处。
（5）建筑结构或基础类型不同处。
（6）分期建造房屋的交接处。

沉降缝的宽度与地基情况及建筑物的高度（层数）有关，地基越弱的建筑物，沉陷的可能性越高，沉陷后所产生的倾斜距离越大，要求的缝宽越大。为防止缝两侧的单元发生互倾沉降而造成挤压破坏，沉降缝要求有一定的宽度（见表 3-12）。由于设置沉降缝造价较高，且增加了建筑及结构处理上的难度，可综合考虑其他变形缝（伸缩缝、防震缝）共同设置，如在抗震区，沉降缝可与防震缝共用。

表 3-12 房屋沉降缝宽度

房屋层数	沉降缝宽度/mm
2~3	50~80
4~5	80~120
5 层以上	不小于 120

4. 控制相邻建筑物基础间净距

由于地基附加应力的扩散作用，使相邻建筑物产生附加下沉，在软弱地基上两建筑物相距过近时可能导致建筑物的倾斜或裂缝，甚至破坏。当被影响的建筑物的刚度较差时，主要表现为建筑物产生裂缝，当刚度较好时，主要表现为倾斜。

可能产生相邻建筑物的影响情况：①同期建造的建筑物，高、重建筑物对低、轻建筑物产生影响；②同期建造的，基底压力相近的建筑物相互产生影响；③新建建筑物对已有建筑物的影响，特别是当新建建筑物基底压力大于已有建筑物的基底压力较多时，影响更为显著。

为了减少相邻建筑物影响的危害，要求建筑物之间有一定的距离，该距离与影响建筑物的规模和重量及被影响建筑物的刚度有关，可按表3-13确定。

相邻高耸结构（或对倾斜要求严格的构筑物）的间距，可根据允许值计算确定。

表3-13 相邻建筑物基础间净距

m

影响建筑物的预估平均沉降量/mm	被影响建筑物的长高比		备注
	$2.0 \leq \frac{L}{H_f} < 3.0$	$3.0 \leq \frac{L}{H_f} < 5.0$	（1）表中 L 为建筑物长度或沉降缝分隔单元长度（m）；H_f 为自基础底面起算的建筑物高度（m）； （2）当被影响建筑的长高比为 $1.5 \leq \frac{L}{H_f} < 2.0$ 时，其间隔净距可适当缩小
70~150	2~3	3~6	
160~250	3~6	6~9	
260~400	6~9	9~12	
>400	9~12	≥12	

5. 调整建筑物局部标高

由于沉降会改变建筑物原有标高，严重时将影响建筑物的正常使用，甚至导致管道等设备的破坏。设计时可根据预估的基础沉降量，适当调整建筑物的局部标高：

（1）适当提高室内地坪和地下设施的标高。
（2）适当提高相互联系的建筑物各部分（包括设备）中沉降较大者的标高。
（3）建筑物与设备之间应留有足够的净空。
（4）有管道穿过建筑物时，应留有足够尺寸的孔洞，或采用柔性管道接头。

3.7.2 结构措施

1. 设置圈梁

通过在墙内设置钢筋混凝土圈梁来增强砖石砌体结构房屋抵抗弯曲变形的能力，是工程中较为有效的措施之一。当墙体弯曲时，由于砖砌体抗拉强度较低，容易出现墙体开裂现象。当设置圈梁之后，圈梁可以主要承受拉应力，增加了墙体的刚度，防止墙体出现裂缝和防止裂缝的开展。

圈梁一般在多层房屋的基础和顶层各设一道，其他各层可隔层设置，必要时也可层层设置。圈梁一般设置在窗顶或楼板下面。

对于单层工业厂房、仓库等建筑物，可结合基础梁、连系梁、过梁等酌情设置。

圈梁的具体设置要求截面设置与配筋错层与洞口处理方法等详见有关规范规定及结构设计标准。

2. 选用合适的结构形式

在进行结构选型时，各部分要相互统一，刚则刚、柔则柔，切忌"藕断丝连"。选用刚性结构体系时，就要加强上部结构的刚度，保证当地基出现一定程度的不均匀沉降时，上部结构能够完全承受由此引起的附加内力。当采用非敏感性结构如排架、三铰拱等铰接结构时，尽管支座处的相对位移不会引起上部结构中附加内力的产生，但一要保证节点为铰接而不是半刚半铰，二要考虑采取相应的防范措施，保证屋盖系统、围护结构、吊车梁及连系构件等正常工作，不产生损坏。

3. 减轻建筑物和基础的自重

建筑物的自重在基底压力中占有很大的比例。统计资料表明对于一般工业建筑，自重占到40%~50%，一般民用建筑高达60%~80%，因此减少建筑物的自重可以有效减少基底压力，从而达到减少沉降的目的。

（1）选用轻质高强墙体材料，减轻墙体重量。砌体承重结构的房屋，墙体重量约占结构总重量的50%以上，所以选用轻型的、高强的墙体材料，如各种空心砌块，多孔砖等，可以不同程度的减少建筑物的自重。

（2）选用轻型结构形式，减少结构自重。常用的轻型结构有预应力钢筋混凝土结构、轻钢结构及各种轻型空间结构等。

（3）减少基础和回填土的重量。选用自重轻，覆土少的基础形式，减轻对地基的荷载，有条件时尽量采用补偿式基础（当基础有足够埋深，使得基底的实际压力等于该处原受土自重压力时，称为补偿式基础），以减少基底压力，如用架空地板代替厚填土、空心基础代替实体基础等。

4. 减小或调整基底附加应力

（1）设置地下室（或半地下室）。利用挖除的土重补偿一部分甚至全部建筑物的重量，使基底附加应力减小，达到减小沉降的目的。有较大埋深的箱形基础或具有地下室的筏形基础便是理想的基础形式。局部地下室应设置在建筑物的重、高部位以下。

（2）调整基底尺寸。对不均匀沉降要求严格的建筑物，可通过调整基础底面尺寸来获得不同的基底附加应力，达到减少不均匀沉降的目的。

5. 加强基础刚度

对于建筑体型复杂、荷载差异较大的上部结构，可采用加强基础刚度的方法，如采用箱形基础、厚度较大的筏形基础、桩箱基础以及桩筏基础等，以减少不均匀沉降。

3.7.3 施工措施

在软弱地基上进行工程建设时，合理安排施工顺序、注意施工方法，也能收到减小或调整不均匀沉降的效果。

当拟建的相邻建筑物之间轻（低）重（高）相差悬殊时，一般应先建重（高）建筑物，后建轻（低）建筑物，有时甚至需要在重（高）建筑物竣工后，间歇一段时间，再建造轻（低）的邻近建筑物（或建筑物单元）。当高层建筑的主、裙楼下有地下室时，可在主、裙楼交接处裙楼一侧适当位置（一般是1/3跨度处）设置施工后浇带，同样是先主楼后裙楼的施工顺序，以减小不均匀沉降的影响。

在软弱土地基上，在已建或在建建筑物外，应避免长时间堆放大量集中的地面荷载，以免引起新、旧建筑物的附加沉降。

对于淤泥及淤泥质土，由于其结构性很强，在开挖施工时应尽量避免扰动其原状结构，通常在坑底保留200mm厚的土层，待浇捣混凝土垫层时才予以挖除；如果坑底土已扰动，应先挖除扰动部分，再回填砂、碎石等，同时视破坏程度，适当降低地基原来的承载力。以减少坑底土扰动产生的不均匀沉降。当坑底土为粉土或粉砂时，可采用坑底降水和合适的围护结构，以避免产生流砂现象。

3.8 无筋扩展基础设计

如前所述，由无筋扩展基础通常由砖、块石、毛石、素混凝土、三合土和灰土等材料建造而成，设计时必须保证基础内产生的拉应力和剪应力不能超过基础材料本身的抗拉、抗剪强度设计值，工程上主要采取构造措施来保证。

3.8.1 构造要求

根据建造材料的不同无筋扩展基础可分为混凝土和毛石混凝土基础、砖基础、毛石基础、灰土基础和三合土基础等，在设计此类基础时应按其材料特点满足相应的构造要求：

1. 混凝土和毛石混凝土基础

混凝土基础为现场浇筑成型。在混凝土中加入少量毛石（小于基础体积的30%）即为毛石混凝土基础。混凝土强度等级，一般采用C15，混凝土中掺用的毛石应选用坚实、未风化的石料其极限抗压强度不应低于$30N/mm^2$，毛石尺寸不应大于所浇筑部位最小宽度的1/3，并不得大于300mm，石料表面污泥、水锈应在填充前用水冲洗干净。

混凝土基础浇筑前应进行验槽，基坑内浮土、积水、淤泥、杂物等均应清除干净，基底局部软弱土层应挖去，用灰土或砂砾回填夯实至基底相平。毛石混凝土基础浇筑前应先铺一层100～150mm厚混凝土打底，再铺设毛石，继续浇捣混凝土，每浇捣一层（约200～250mm厚），铺一层毛石，直至基础顶面，保持毛石顶部有不少于100mm厚的混凝土覆盖层，所掺用的毛石数量不得超过基础体积的25%。混凝土应连续浇筑完毕，如必须留设施工缝时，应留在混凝土与毛石交接处，使毛石露出混凝土面一半，并按有关要求进行接缝处理。

2. 砖基础

砖基础一般用不低于MU10的砖（砖材宜用经熔烧过的）和不低于M5的砂浆砌成。因砖的抗冻性较差，所以在寒冷地基和含水量较大的土中，应采用高强度等级的砖和水泥砂浆。

砖基础通常做成阶梯形，俗称大放脚，各部分的尺寸应符合砖的尺寸模数。其砌筑方式有两种，一种是"两皮一收"砌法，如图3-24（a）所示；另一种是"二、一间隔收"砌法，但须保证底层为两皮砖，即120mm高，如图3-24（b）所示。上述两种砌法都能符合公式的台阶高宽比要求，"二、一间隔收"砌法较节省材料，同时又恰好能满足台阶宽高比要求，故而采用较多。

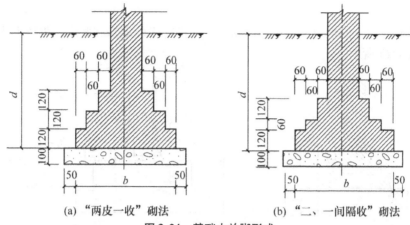

(a) "两皮一收"砌法   (b) "二、一间隔收"砌法

图 3-24 基础大放脚形式

为了保证砖基础的砌筑质量，并能起到平整和保护基坑的作用，砌筑基础前，常常在砖基础底面以下做垫层。垫层材料可选用灰土、三合土和混凝土。垫层每边伸出基础底面 50～100mm，厚度一般为 100mm。设计时，这样的薄垫层一般作为构造垫层，不作为基础结构部分考虑。因此，垫层的宽度和高度都不计入基础的底宽 b 和埋深 d 之内。

如果基础下半部用灰土时，则灰土部分不作台阶，其宽高比按表 3-14 要求控制，同时应核算灰土顶面的压力，以不超过 250～300kPa 为宜。

3. 毛石基础

毛石基础是用强度等级不低于 MU20 号的毛石和不低于 M5 的砂浆砌成，一般采用混合砂浆或水泥砂浆。当基底压力较小，且基础位于地下水位以上时，也可用白灰砂浆。

毛石基础一般砌成阶梯形。毛石的形状不规整，不易砌平，为了保证毛石基础的整体刚性和传力均匀，每一台阶均不少于 2～3 排，每阶高度可在 400～600mm（视石块大小和规整情况定）。当用混凝土或块石混凝土时，每阶高度一般为 500mm。每阶挑出宽度应小于 200mm，每阶高度不小于 400mm，分阶时应注意每一台阶均应保证刚性角要求。

4. 灰土基础和三合土基础

这两种基础都是在基槽内分层铺土夯实而成。每层虚铺厚度为 250mm，夯实至 150mm（俗称一步）。三层及三层以下建筑物可用二步，三层以上宜用三步。灰土基础必须采用符合标准的石灰和土料，并取灰土比为 3:7 或 2:8 为宜。

施工时，基坑应保持干燥，防止灰土早期浸水，灰土要拌和均匀，温度要适当，含水量过大或过小均不易夯实。因此，最好实地测定其最佳含水量，使在一定夯击能量下，达到最大密实度（干密度不小于 $1.5t/m^3$）。

灰土基础在我国应用历史悠久，因其造价低廉（仅为砖石或混凝土基础的 1/2～1/3）、耐久性强而被广泛采用。灰土基础与砖墙衔接部分，要做砖放脚。

三合土基础夯实至设计标高后，最后一遍夯打宜浇浓灰浆，待其表面略微风干后，再铺一层薄砂，最后整平夯实。因三合土强度低，仅限于低层（四层以下）采用。

3.8.2 设计计算

（1）初步选定基础高度 H_0。混凝土基础的高度 H_0 不宜小于 200mm，一般为 300mm。对于石灰三合土基础和灰土基础，基础高度 H_0 应为 150mm 的倍数。砖基础的高度应符合砖的模数。

（2）基础宽度 b 的确定。根据地基承载力条件初步确定基础宽度，再按下式验算基础宽度，如图 3-25 所示。

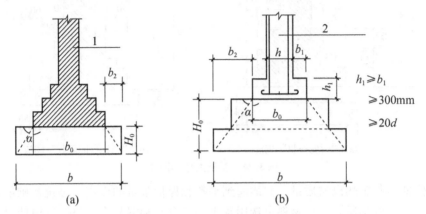

图 3-25　无筋扩展基础构造示意图

$$b \leqslant b_0 + 2H_0 \tan\alpha \tag{3-31}$$

式中　b——基础底面宽度（m）；
　　　b_0——基础顶面的墙体宽度或柱脚宽度（m）；
　　　H_0——基础高度（m）；
　　　b_2——基础台阶宽度（m）；
　　　$\tan\alpha$——基础台阶宽高比 $b_2:H_0$，其允许值见表 3-14。

表 3-14　无筋扩展基础台阶宽高比的允许值

基础材料	质量要求	台阶宽高比的允许值		
		$p_k \leqslant 100$	$100 < p_k \leqslant 200$	$200 < p_k \leqslant 300$
混凝土基础	C15 混凝土	1:1.00	1:1.00	1:1.25
毛石混凝土基础	C15 混凝土	1:1.00	1:1.25	1:1.50
砖基础	砖不低于 MU10、砂浆不低于 M5	1:1.50	1:1.50	1:1.50
毛石基础	砂浆不低于 M5	1:1.25	1:1.50	—
灰土基础	体积比为 3:7 或 2:8 的灰土，其最小干密度：粉土 1.55t/m³ 粉质黏土 1.50t/m³ 黏土 1.45t/m³	1:1.25	1:1.50	—
三合土基础	体积比 1:2:4～1:3:6（石灰:砂:骨料），每层约虚铺 220mm，夯至 150mm	1:1.50	1:2.00	—

注：① p_k 为荷载效应标准组合时基础底面处的平均压力值（kPa）；
　　② 阶梯形毛石基础的每阶伸出宽度，不宜大于 200 mm；
　　③ 当基础由不同材料叠合组成时，应对接触部分作抗压验算；
　　④ 基础底面处的平均压力值超过 300kPa 的混凝土基础，尚应进行抗剪验算。

如验算符合要求,则可采用原先选定的基础宽度和高度,否则应调整基础高度重新验算,直到满足要求为止。

(3) 当刚性基础由不同材料叠合而成时,应对接触部分作抗压验算。

(4) 对混凝土基础,当基础底面平均压力超过300kPa时,尚应对台阶高度变化处的断面进行抗剪验算,验算公式如下:

$$V_s \leqslant 0.366 f_t A \tag{3-32}$$

式中 V_s——相应于荷载效应基本组合时,地基土平均净反力产生的沿墙(柱)边缘或变阶处单位长度的剪力设计值;

f_t——混凝土轴心抗拉强度设计值;

A——沿墙(柱)边缘或变阶处单位长度面积。

【例3-5】某条形基础墙厚240mm,作用的竖向荷载 $F_k = 198.5$ kN/m,基础埋深 $d = 1.65$ m,地基承载力特征值 $f_a = 180$ kPa,试计算毛石基础和毛石混凝土基础的高度。

解: 已知 $b_0 = 240$ mm,设条形基础的宽度为 b,

$$p_k = \frac{F_k + G_k}{bl} = \frac{198.5 + 20 \times 1.65 \times b}{b} \leqslant f_a = 180 \text{kPa},\ 解得\ b \geqslant 1.35 \text{m}$$

对毛石基础,因 $100 < p_k \leqslant 200$,查表3-14,台阶宽高比的允许值为:$\tan\alpha = b_2 : H_0 = 1:1.5$

根据式(3-31),$H_0 \geqslant \dfrac{b - b_0}{2\tan\alpha} = \left(\dfrac{1\ 350 - 240}{2}\right) \times 1.5 = 832.5 \text{mm}$

若为毛石混凝土基础,则有 $\tan\alpha = b_2 : H_0 = 1:1.25$,所以,$H_0 \geqslant \dfrac{b - b_0}{2\tan\alpha} = \left(\dfrac{1\ 350 - 240}{2}\right) \times 1.25 = 693.75 \text{mm}$。

【例3-6】某仓库外墙采用条形砖基础,墙厚240mm,基础埋深2m,已知作用于基础顶面标高处的上部结构荷载标准组合值为240kN/m。地基为人工压实填土,承载力特征值为160kPa,重度为19kN/m³。试计算该基础最小高度。(2008年注册岩土工程师考题)

解: 根据式(3-15),对条形基础,$p_k = \dfrac{F_k + G_k}{A} = \dfrac{240 + b \times 2 \times 20}{b} = \dfrac{240}{b} + 40$,

人工填土 $\eta_b = 0$,$\eta_d = 1.0$,所以:

$f_a = f_{ak} + \eta_b \gamma (b - 3) + \eta_d \gamma_m (d - 0.5) = 160 + 0 + 1.0 \times 19 \times (2 - 0.5) = 188.5$ kPa。

由 $p_k \leqslant f_a$,可得:$\dfrac{240}{b} + 40 \leqslant 188.5$,$b \geqslant 1.616$ m,取 $b = 1.62$ m,故 $p_k = 188.15$ kPa。

对砖基础,$100 < p_k \leqslant 200$,查表3-14,台阶宽高比的允许值为:$\tan\alpha = b_2 : H_0 = 1:1.5$。

$H_0 \geqslant \dfrac{b - b_0}{2\tan\alpha} = \left(\dfrac{1\ 620 - 240}{2}\right) \times 1.5 = 1\ 035$ mm,故该基础最小高度为1 035mm。

3.9 扩展基础设计

当上部结构荷载较大、地基土承载力又较低,或者地基土不均匀时,常采用扩展基础。扩展基础具有良好的抗弯抗剪能力,更重要的是这种基础可扩大基础底面积来满足地基承载力要求。

扩展基础系指柱下钢筋混凝土独立基础和墙下钢筋混凝土条形基础。墙下钢筋混凝土条形基础的内力计算一般可按平面应变问题处理,在长度方向可取单位长度计算。截面设计验算的内容主要包括基础底面宽度 b 和基础高度 h 及基础底板配筋等。基底宽度应根据地基承载力要求确定,基础高度由混凝土的抗剪条件确定,基础底板的受力钢筋配筋则由基础验算截面的抗弯能力确定。在确定基础底面尺寸或计算基础沉降时,应考虑设计地面以下基础及其上覆土重力的作用,而在进行基础截面设计(基础高度的确定、基础底板配筋)中,应采用不计基础与上覆土重力作用时的地基净反力 p_j 计算。

3.9.1 扩展基础的构造要求

扩展基础的构造,应符合下列要求:

(1) 锥形基础的边缘高度不宜小于 200mm,阶梯形基础的每阶高度宜为 300~500mm。

(2) 垫层的厚度不宜小于 70mm;垫层混凝土强度等级为 C10。

(3) 扩展基础底板受力钢筋的最小直径不宜小于 10mm;间距不宜大于 200mm,也不宜小于 100mm。墙下钢筋混凝土条形基础纵向分布钢筋的直径不小于 8mm;间距不大于 300mm;每延米分布钢筋的面积不应小于受力钢筋面积的 15%。当有垫层时钢筋保护层的厚度不应小于 40mm;无垫层时不应小于 70mm。

(4) 混凝土强度等级不应低于 C20。

(5) 当柱下钢筋混凝土独立基础的边长和墙下钢筋混凝土条形基础的宽度大于或等于 2.5m 时,底板受力钢筋的长度可取边长或宽度的 0.9 倍,并宜交错布置。

(6) 钢筋混凝土条形基础底板在 T 形及十字形交接处,底板横向受力钢筋仅沿一个主要受力方向通长布置,另一方向的横向受力钢筋可布置到主要受力方向底板宽度 1/4 处。在拐角处底板横向受力钢筋应沿两个方向布置。

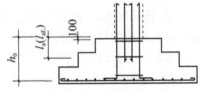

图 3-26 现浇柱的基础中插筋构造示意图

(7) 现浇柱的基础,其插筋的数量、直径以及钢筋种类应与柱内的纵向钢筋相同。插筋与柱的纵向受力钢筋的连接方法,应符合现行的规定。插筋的下端宜做成直钩放在基础底板钢筋网上。当符合下列条件之一时,可仅将四角的插筋伸至底板钢筋网上,其余插筋锚固在基础顶面下 l_a 或 l_{aE} 处(如图 3-26 所示)。

① 柱为轴心受压或小偏心受压,基础高度 $h \geqslant 1\,200$mm。

② 柱为大偏心受压,基础高度 $h \geqslant 1\,400$mm。

l_a 为钢筋混凝土柱和剪力墙纵向受力钢筋在基础内的锚固长度,应根据钢筋在基础内的最小保护层厚度按现行《混凝土结构设计规范》(GB50010—2010) 有关规定确定;l_{aE} 为纵向受力钢筋的抗震锚固长度:一、二级抗震等级 $l_{aE} = 1.15 l_a$,三级抗震等级 $l_{aE} = 1.05 l_a$,四级抗震等级 $l_{aE} = l_a$。当基础高度小于 l_a(l_{aE}) 时,纵向受力钢筋的锚固总长度除符合前述要求外,其最小直锚段的长度不应小于 $20d$,弯折段的长度不应小于 150mm。

3.9.2 扩展基础的设计计算

钢筋混凝土扩展基础的设计计算包括底板厚度计算、配筋计算以及局部受压承载力验算。

当扩展基础的混凝土强度等级小于柱的混凝土强度等级时,应验算柱下扩展基础顶面的局部受压承载力。验算方法按《混凝土结构设计规范》(GB50010—2010)的有关规定和公式进行。

1. 墙下钢筋混凝土条形基础的设计计算

(1) 中心荷载作用。中心荷载状态下(如图 3-27 所示),将基础悬挑部分视为 p_n 作用下的倒置悬臂梁。取沿墙长度方向 $l=1m$ 的基础底板分析,则:

$$p_n = \frac{F}{b} \tag{3-33}$$

式中 p_n——扣除基础自重及其上土重后相应于荷载效应基本组合时的地基土单位面积净反力设计值(kPa);

F——上部结构传至地面标高处的荷载设计值(kN/m);

b——墙下钢筋混凝土条形基础宽度(m)。

在 p_n 作用下,将在基础底板内产生弯矩和剪力,其值在图 3-27 中 I—I 截面(悬臂板根部)处最大:

$$V = p_n \cdot a_1 \tag{3-34}$$

$$M = \frac{1}{2} P_n a_1^2 \tag{3-35}$$

式中 V——基础底板根部的剪力设计值(kN/m);

M——基础底板根部的弯矩设计值(kN·m);

a_1——I—I 截面到基础边缘的距离(m)。对于墙下钢筋混凝土条形基础,其最大弯矩、剪力的位置为:当墙体材料为混凝土时,取 $a_1 = b_1$;若为砖墙且放脚不大于 1/4 砖长时,取 $a_1 = b_1 + 1/4$ 砖长。

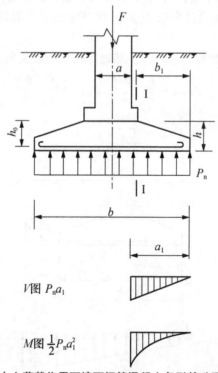

图 3-27 中心荷载作用下墙下钢筋混凝土条形基础受力示意图

① 基础底板厚度的确定。墙下钢筋混凝土条形基础底板属于不配置箍筋与弯起钢筋的情况，因此，其底板厚度应满足混凝土的抗剪条件：

$$V \leqslant 0.7\beta_{hs}f_t h_0 \qquad (3-36)$$

式中 β_{hs}——截面高度影响系数，$\beta_{hs} = (800/h_0)^{\frac{1}{4}}$；当 $h_0 \leqslant 800\text{mm}$ 时，取 $h_0 = 800\text{mm}$；当 $h_0 \geqslant 2\,000\text{mm}$ 时，取 $h_0 = 2\,000\text{mm}$；

f_t——混凝土轴心抗拉强度设计值（kPa）；

h_0——基础底板的有效高度（mm）。

基础高度的确定分两种情况：

$$h = h_0 + 40 + \frac{\varphi}{2}\,(\text{有垫层时}) \qquad h = h_0 + 70 + \frac{\varphi}{2}\,(\text{无垫层时})$$

式中，φ 为钢筋直径。

② 基础底板配筋计算。基础底板的配筋，应符合《混凝土结构设计规范》（GB50010—2010）正截面受弯承载力计算公式，也可按简化矩形截面单筋板计算。当取 $\xi = x/h_0 = 0.2$ 时，按下式计算：

$$A_s = \frac{M}{0.9h_0 f_y} \qquad (3-37)$$

式中 $0.9h_0$——截面内力臂的近似值；

A_s——每米长基础底板受力钢筋面积（mm²）；

f_y——钢筋抗拉强度设计值（kPa）。

(2) 偏心荷载作用。对墙下钢筋混凝土条基，偏心受压时底板厚度计算及配筋计算和中心受压时基本相同，主要区别是引起底板受弯、受剪的基底净反力不同，计算时只需用偏心受压时基础边缘处最大设计净反力 $p_{n,\max}$ 代替中心受压时净反力设计值 p_n 代入式 (3-36) 和式 (3-37) 即可。

偏心受压状态下（如图 3-28 所示），基础边缘处的最大和最小净反力为：

$$p_{n,\max} = \frac{F}{b} + \frac{6M}{b^2} \qquad p_{n,\min} = \frac{F}{b} - \frac{6M}{b^2} \qquad (3-38)$$

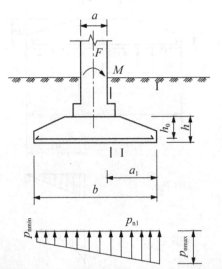

图 3-28 偏心荷载作用下墙下钢筋混凝土条形基础受力示意图

悬臂板根部截面Ⅰ—Ⅰ处的净反力为：

$$p_{n,I} = p_{n,\min} + \frac{(b-a_1)}{b}(p_{n,\max} - p_{n,\min}) \tag{3-39}$$

2. 柱下钢筋混凝土独立基础的设计计算

如前所述，偏心受压基础底板厚度和配筋计算与中心受压情况基本相同，此处不再区分。

（1）基础底板厚度的确定。对柱下独立基础，当冲切破坏锥体落在基础底面以内时，应按下列公式验算柱与基础交接处以及基础变阶处的受冲切承载力：

$$F_l \leqslant 0.7\beta_{hp}f_t a_m h_0 \tag{3-40}$$

$$a_m = (a_t + a_b)/2 \tag{3-41}$$

$$F_l = p_n A_l \tag{3-42}$$

式中 β_{hp}——受冲切承载力截面高度影响系数，当 $h \leqslant 800$mm 时，β_{hp} 取 1.0；当 $h \geqslant 2\,000$mm 时，β_{hp} 取 0.9；其间按线性内插法取用；

f_t——混凝土轴心抗拉强度设计值（kPa）；

h_0——基础冲切破坏锥体的有效高度（m）；

a_m——冲切破坏锥体最不利一侧计算长度（m）；

a_t——冲切破坏锥体最不利一侧斜截面的上边长（m），当计算柱与基础交接处的受冲切承载力时，取柱宽；当计算基础变阶处的受冲切承载力时，取上阶宽；

a_b——冲切破坏锥体最不利一侧斜截面在基础底面积范围内的下边长（m），当冲切破坏锥体的底面落在基础底面以内（如图 3-29（a）和图 3-29（b）所示），计算柱与基础交接处的受冲切承载力时，取柱宽加两倍基础有效高度；当计算基础变阶处的受冲切承载力时，取上阶宽加两倍该处的基础有效高度。当冲切破坏锥体的底面在 l 方向落在基础底面以外，即 $a + 2h_0 \geqslant l$ 时，$a_b = l$；

p_n——扣除基础自重及其上土重后相应于作用的基本组合时的地基土单位面积净反力（kPa），对偏心受压基础可取基础边缘处最大地基土单位面积净反力；

A_l——冲切验算时取用的部分基底面积（如图 3-29（a）和图 3-29（b）所示中的阴影面积 $ABCDEF$）；

F_l——相应于作用的基本组合时作用在 A_l 上的地基土净反力设计值（kPa）。

如满足式 3-40 要求，表示该基础高度不会发生冲切破坏；如不满足上式，则要加大基础高度 h 直至满足要求。

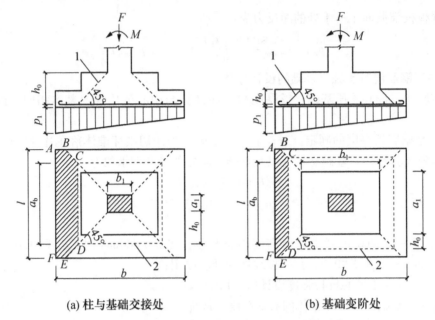

(a) 柱与基础交接处　　　　　　　(b) 基础变阶处

图 3-29　计算阶形基础的受冲切承载力截面位置
1—冲切破坏锥体最不利一侧的斜截面；2—冲切破坏锥体的底面线

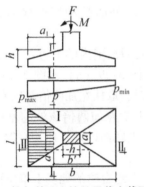

图 3-30　柱与基础交接处承载力截面位置

（2）基础底板配筋计算。基础底板的配筋，应按抗弯计算确定。由于独立基础底板在地基净反力作用下，在两个方向均发生弯曲，所以两个方向都要配受力钢筋，钢筋面积按两个方向的最大弯矩分别计算。计算时，应按现行《混凝土结构设计规范》（GB50010—2010）正截面受弯承载力进行。在轴心荷载或单向偏心荷载作用下，当矩形基础台阶的宽高比小于或等于 2.5 和偏心距小于或等于 1/6 基础宽度时，任意截面的弯矩可按下列简化方法计算：

如图 3-30 所示，Ⅰ-Ⅰ 截面 $M_{\mathrm{I}} = \frac{1}{12} a_1^2 \left[(2l+a')\left(p_{\max}+p-\frac{2G}{A}\right) + (p_{\max}-p)l \right]$

(3-43)

Ⅱ-Ⅱ 截面 $M_{\mathrm{II}} = \frac{1}{48}(l-a')^2(2b+b')\left(p_{\max}+p_{\min}-\frac{2G}{A}\right)$　　(3-44)

式中　M_{I}、M_{II}——任意截面 Ⅰ-Ⅰ、Ⅱ-Ⅱ 处相应于作用的基本组合时的弯矩设计值；

a_1——任意截面 Ⅰ-Ⅰ 至基底边缘最大反力处的距离；

l、b——基础底面的边长；

$p_{\max}$、$p_{\min}$——相应于作用的基本组合时的基础底面边缘最大和最小地基反力设计值；

p——相应于荷载效应基本组合时在任意截面 Ⅰ-Ⅰ 处基础底面地基反力设计值；

G——考虑作用分项系数的基础自重及其上的土自重；当组合值由永久作用控制时，作用分项系数可取 1.35。

基础底板的配筋仍按式（3-37）计算。

【例3-7】某柱截面为 0.4m×0.4m，柱下独立基础顶面作用竖向力 $F = 850$kN，基底面积 $b×l = 2.6$m×2.6m，混凝土强度等级C20，$f_t = 1.1$MPa，试验算基础变阶处的冲切承载力。

解： $p_{n,\max} = \dfrac{F}{A} + \dfrac{M}{b^2l/6} = \dfrac{850}{2.6^2} = 125.74$kPa

如图3-31所示，当计算基础变阶处的受冲切承载力时，a_b 取上阶宽加两倍该处的基础有效高度。

$a_b = a_t + 2h_0 = 0.4 + 2×0.5 + 2×0.26 = 1.92 < 2.6$m

又知，$a_t = b_t = 1.4$m，故：

$$A_l = \left(\dfrac{b}{2} - \dfrac{b_t}{2} - h_0\right) l - \left(\dfrac{l}{2} - \dfrac{a_t}{2} - h_0\right)^2$$

$$= \left(\dfrac{2.6}{2} - \dfrac{1.4}{2} - 0.26\right) × 2.6 - \left(\dfrac{2.6}{2} - \dfrac{1.4}{2} - 0.26\right)^2 = 0.768 \text{m}^2$$

$F_l = P_{n,\max} A_l = 125.74 × 0.768 = 96.57$kN

$a_m = (a_t + a_b)/2 = (a_t + 2h_0 + a_t)/2 = a_t + h_0 = 1.4 + 0.26 = 1.66$m

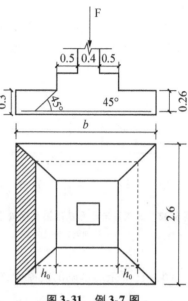

图 3-31 例 3-7 图

又因为 $h = 0.3$m < 0.8m，因此 $\beta_{hp} = 1$，所以有，

$0.7\beta_{hp}f_t a_m h_0 = 0.7 × 1 × 1100 × 1.66 × 0.26 = 332.3$kN

$F_l = 96.57$kN $< 0.7\beta_{hp}f_t a_m h_0 = 332.3$kN，所以基础受冲切承载力满足要求。

【例3-8】某条形基础宽度2m，埋深1m，地下水埋深0.5m。承重墙位于基础中轴，宽度0.37m，作用于基础顶面荷载 235 kN/m，基础材料采用钢筋混凝土。问验算基础底板配筋时的弯矩为多少？提示：假定基础台阶宽高比≤2.5，且偏心距小于1/6基础宽度。（2011年注册岩土工程师考题）

解： 基础底面地基反力设计值为 $p_{\max} = p$，$p = \dfrac{F + G}{A}$

考虑分项系数的基础及其填土的自重为

$G = 1.35G_k = 1.35 × [20 × 0.5 + (20 - 10) × 0.5] × 2 × 1 = 40.5$kN

根据式（3-43），$M_I = \dfrac{1}{12}a_1^2\left[(2l + a')\left(p_{\max} + p - \dfrac{2G}{A}\right) + (p_{\max} - p) l\right]$

$= \dfrac{1}{12}\left(\dfrac{2 - 0.37}{2}\right)^2 \left[(2×1+1)\left(p_{\max} + p - \dfrac{2G}{A}\right) + (p_{\max} - p) × 1\right]$

$= \dfrac{1}{12} × 0.815^2 × 3 × \left(\dfrac{2×235 + 2×40.5}{2×1} - \dfrac{2×40.5}{2×1}\right) = 39$kN·m

3.10 柱下条形基础

在框架结构中，当地基软弱而荷载较大时，若采用柱下独立基础，可能因基础底面积很大而使基础边缘互相接近甚至重叠在一起；为增强基础的整体性，减轻建筑物的不均匀沉降，同时也便于施工，可采用柱下条形基础。

3.10.1 构造要求

柱下条形基础的构造，除满足扩展基础的构造要求外（参见 3.9 节），尚应满足下列规定：

(1) 柱下条形基础梁的高度宜为柱距的 1/4~1/8。翼板厚度不应小于 200mm。当翼板厚度大于 250mm 时，宜采用变厚度翼板，其坡度宜小于或等于 1:3。

(2) 条形基础的端部宜向外伸出，其长度宜为第一跨距的 0.25 倍。

(3) 现浇柱与条形基础梁的交接处，基础梁的平面尺寸应大于柱的平面尺寸，且柱的边缘至基础梁边缘的距离不得小于 50mm（如图 3-32 所示）。

(4) 条形基础梁顶部和底部的纵向受力钢筋除满足计算要求外，顶部钢筋按计算配筋全部贯通，底部通常钢筋不应少于底部受力钢筋截面总面积的 1/3。

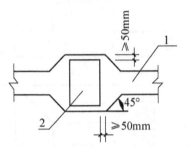

图 3-32 现浇柱与条形基础梁交接处平面尺寸
1—基础梁；2—柱

(5) 柱下条形基础的混凝土强度等级不应低于 C20。

3.10.2 柱下条形基础的设计计算

柱下条形基础的横向剪力和弯矩通常可考虑由翼板的抗剪、抗弯能力承担，其内力计算与墙下条形基础相同。柱下条形基础纵向的剪力和弯矩一般由基础梁承担，由于梁长度方向的尺寸与其竖向截面高度相比较大，可看成地基上的受弯构件。基础梁的纵向内力通常采用倒梁法或弹性地基梁法计算。

1. 基础底面尺寸的确定

(1) 轴向荷载作用。将条形基础看作刚性矩形基础，假定此时荷载合力的重心基本上与基础形心重合，地基反力为均匀分布（如图 3-33（a）所示），则按下式可确定出基础底面尺寸。

$$p = \frac{\sum P + G}{bl} \leq f_a \tag{3-45}$$

式中　p —— 均布地基反力，kPa；
　　　$\sum P$ —— 上部结构传至基础顶面的竖向力设计值总和，kN；
　　　G —— 基础自重，kN；
　　　b、l —— 分别为条形基础的宽度和长度，m；
　　　f_a —— 修正后的地基承载力特征值，kPa。

(2) 偏心荷载作用。如果荷载合力不与基底形心重合，或者偏心距超过基础长度的 3%，则基底反力视为梯形分布（如图 3-33（b）所示），按下式计算：

$$p_{\max \atop \min} = \frac{\sum P + G}{bl}\left(1 \pm \frac{6e}{l}\right) \tag{3-46}$$

式中　$p_{\max}$、$p_{\min}$ —— 分别为基底反力的最大值和最小值，kPa；
　　　e —— 荷载合力在长度方向的偏心距，m。

偏心荷载作用下的基础底面尺寸除满足式（3-45）外，还要求：

$$p_{\max} \leqslant 1.2 f_a \quad (3\text{-}47)$$

2. 翼板的计算

（1）按下式计算基底沿宽度方向 b 的净反力：

$$p_{j\min}^{j\max} = \frac{\sum P}{bl}\left(1 \pm \frac{6e_b}{l}\right) \quad (3\text{-}48)$$

式中　$p_{j\max}$、$p_{j\min}$——分别为基础宽度方向的最大、最小净反力，kPa；
　　　e_b——荷载合力在基础宽度方向的偏心距，m。

（2）按斜截面抗剪能力确定翼板的厚度，并将翼板作为悬臂按下式计算弯矩和剪力：

$$M = \left(\frac{p_{j1}}{3} + \frac{p_{j2}}{2}\right) l_1^2 \quad (3\text{-}49)$$

$$V = \left(\frac{p_{j1}}{2} + p_{j2}\right) l_1 \quad (3\text{-}50)$$

式中，M、V 分别为柱或墙边的弯矩和剪力，p_{j1}、p_{j2}、l_1 如图 3-34 所示。

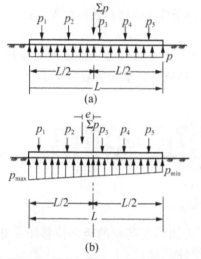

图 3-33　简化计算法的基底反力分布

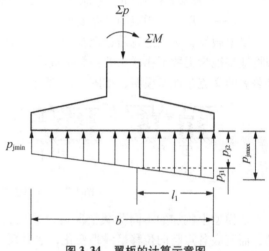

图 3-34　翼板的计算示意图

3. 基础梁内力分析

（1）倒梁法。倒梁法是一种简化的内力计算方法，它假定柱下条形基础的基底反力为直线分布，以柱子作为固定铰支座，基底净反力作为荷载，然后将基础视为倒置的连续梁从而计算得到内力值。计算简图如图 3-35 所示。

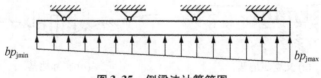

图 3-35　倒梁法计算简图

在比较均匀的地基上，上部结构刚度较好，荷载分布较均匀，且条形基础梁的高度不小于 1/6 柱距时，地基反力可按直线分布，条形基础梁的内力可按连续梁计算，此时边跨跨中弯矩及第一内支座的弯矩值宜乘以 1.2 的系数。

当基础或上部结构的刚度较大,柱距不大且接近等间距,相邻柱荷载相差不大时,用倒梁法计算内力比较接近实际。但按这种方法计算的支座反力一般不等于柱荷载,因为没有考虑土与基础以及上部结构的共同作用,地基反力并非按直线分布。为取得较理想的结果,可用逐次渐近的方法,将支座处的不平衡力均匀分布在该支座附近1/3跨度范围内。调整后的地基反力呈阶梯形分布,然后再进行连续梁分析,可反复多次,直到支座反力接近柱荷载为止。

(2)弹性地基梁法。当上部结构刚度不大,荷载分布不均匀,且条形基础梁的高度小于1/6柱距时,地基反力不按直线分布,此时宜按弹性地基梁计算内力。

比较典型的有文克尔(Winkler)地基梁解析法,它采用文克尔线弹性地基模型求解地基反力,其基本假定是地基上任一点所受的压力强度 p 与该点地基变形量 s 成正比,该点地基变形量与其他各点压强无关,即:

$$p = ks \tag{3-51}$$

式中　p ——地基上任意一点的压力强度;

　　　k ——基床系数,kN/cm^3;k 值的大小与地基土土性、基础底面尺寸大小和形状以及基础荷载和刚度等因素有关,宜根据实际条件由现场荷载试验确定;

　　　s ——压力作用点的地基变形量。

以上假设,实质上就是把地基看作是无数小土柱组成,并假设各土柱之间无摩擦力,即将地基视为无数不相联系的弹簧组成的体系。对某一种地基,基床系数为一定值,这就是著名的文克尔地基模型,如图3-36所示。

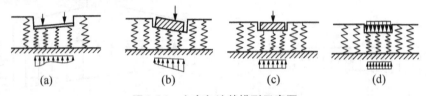

图 3-36　文克尔地基模型示意图

从模型上施加的不同荷载情况可以看出,基底压力图形与基础的竖向位移图是相似的,而基底各点竖向位移呈线性变化,故其反力亦呈线性分布。

文克尔地基模型忽略了地基中的剪应力,认为地基沉降只发生在基底范围以内,这与工程实际情况不符,如图3-37所示。实际上,由于剪应力的存在,地基中的附加应力 σ_z 向周围扩散,使基底以外的地表发生沉降。因此,文克尔地基模型一般适用于抗剪强度很低的半液态土(如淤泥、软黏土等)地基,或基底下塑性区相对较大的情况以及厚度不超过梁或板的短边宽度之半的薄压缩层地基。

(a) 文克尔地基　　　　　　　　(b) 实际地基

图 3-37　文克尔地基变形与实际地基变形比较

关于文克尔地基上梁的计算方法比较复杂,工作量较大,可参考有关书籍中的公式及图表进行计算,或运用计算机软件解决。

总之，弹性地基梁法考虑了基础与地基的相互作用，其计算模型可较好地模拟地基土在荷载作用下实际的应力-应变关系，相比倒梁法而言比较精确，所以得到了较好地应用；但该方法未考虑上部结构的影响，所以计算结果偏于保守。

3.11 筏形基础

当柱子或墙传来的荷载很大，地基土较软弱，用单独基础或条形基础都不能满足地基承载力要求时，往往需要把整个房屋底面（或地下室部分）做成一片连续的钢筋混凝土板，作为建筑物的基础，称为筏形基础。筏形基础分为梁板式和平板式两种类型，其选型应根据地基土质、上部结构体系、柱距、荷载大小、使用要求以及施工条件等因素确定。框架-核心筒结构和筒中筒结构宜采用平板式筏形基础。

筏形基础的设计内容包括：①根据地基承载力和结构柱网布置情况确定底板尺寸；②由抗冲切和抗剪强度验算确定底板厚度；③进行筏形基础的内力计算，确定配筋。

3.11.1 筏形基础的构造要求

（1）筏形基础的混凝土强度等级不应低于C30，当有地下室时应采用防水混凝土，防水混凝土的抗渗等级应按表3-15选用。对重要建筑，宜采用自防水并设置架空排水层。

表 3-15 无筋扩展基础台阶宽高比的允许值

埋置深度 d/m	设计抗渗等级	埋置深度 d/m	设计抗渗等级
$d<10$	P6	$20 \leqslant d < 30$	P10
$10 \leqslant d < 20$	P8	$30 \leqslant d$	P12

（2）采用筏形基础的地下室，地下室钢筋混凝土外墙厚度不应小于250mm，内墙厚度不应小于200mm。墙的截面设计除满足承载力要求外，尚应考虑变形、抗裂及防渗等要求。墙体内应设置双面钢筋，钢筋不宜采用光面圆钢筋，水平钢筋的直径不应小于12mm，竖向钢筋的直径不应小于10mm，间距不应大于200mm。

（3）地下室底层柱、剪力墙与梁板式筏基的基础梁连接的构造应符合下列要求：
① 柱、墙的边缘至基础梁边缘的距离不应小于50mm。
② 当交叉基础梁的宽度小于柱截面的边长时，交叉基础梁连接处应设置八字角，柱角与八字角之间的净距不宜小于50mm，如图3-38（a）所示。
③ 单向基础梁与柱的连接，可按图3-38（b）和图3-38（c）采用。
④ 基础梁与剪力墙的连接，可按图3-38（d）采用。

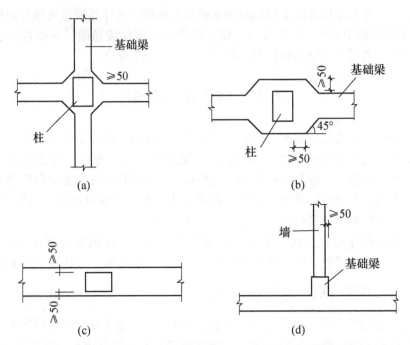

图 3-38　地下室底层柱或剪力墙与梁板式筏基的基础梁连接的构造要求

（4）高层建筑筏形基础与裙房基础之间的构造应符合下列要求。

① 当高层建筑与相连的裙房之间设置沉降缝时，高层建筑的基础埋深应大于裙房基础埋深至少 2m。当不满足要求时必须采取有效措施，沉降缝地面以下处应用粗砂填实（如图 3-39 所示）。

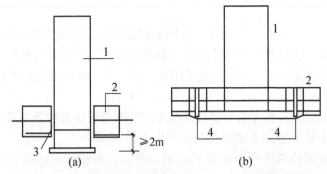

图 3-39　层建筑与裙房间的沉降缝、后浇带处理示意图
1—高层建筑；2—裙房及地下室；3—室外地坪以下用粗砂填实；4—后浇带

② 当高层建筑与相连的裙房之间不设置沉降缝时，宜在裙房一侧设置用于控制沉降差的后浇带，后浇带混凝土宜根据实测沉降值计算后期沉降差能满足设计要求后方可进行浇筑。当高层建筑基础面积满足地基承载力和变形要求时，后浇带宜设在与高层建筑相邻裙房的第一跨内。当需要满足高层建筑地基承载力、降低高层建筑沉降量、减小高层建筑与裙房间的沉降差而增大高层建筑基础面积时，后浇带可设在距主楼边柱的第二跨内，此时应满足：地基土质较均匀；裙房结构刚度较好且基础以上的地下室和裙房结构层数不少于两层；后浇带一侧与主楼连接的裙房基础底板厚度与高层建筑的基础底板厚度相同。

③ 当高层建筑与相连的裙房之间不设置沉降缝和后浇带时，高层建筑及其紧邻一跨裙房的筏板应采用相同厚度，裙房筏板的厚度宜从第二跨裙房开始逐渐变化，应同时满足主、裙楼基础整体性及基础板的变形要求；应进行地基变形和基础内力验算，验算时应分析地基与结构间变形的相互影响并采取有效措施防止产生有不利影响的差异沉降。

（5）采用大面积整体筏形基础时，与主楼连接的外扩地下室其角隅处的楼板板角，除配置两个垂直方向的上部钢筋外，尚应布置斜向上部构造钢筋，钢筋直径不应小于10mm、间距不应大于200mm，该钢筋伸入板内的长度不宜小于1/4的短边跨度；与基础整体弯曲方向一致的垂直于外墙的楼板上部钢筋以及主裙楼交界处的楼板上部钢筋，钢筋直径不应小于10mm、间距不应大于200mm，且钢筋的面积不应小于现行国家标准《混凝土结构设计规范》（GB50010—2010）中受弯构件的最小配筋率，钢筋的锚固长度不应小于$30d$。

另外，为尽量减小基础所受的偏心力矩，基础平面应大致对称，且基础一般为等厚。基础底板厚度不应小于300，且板厚与板格的最小跨度之比不宜小于1/20。钢筋混凝土保护层厚度不宜小于40mm。

3.11.2　筏形基础的设计计算

1. 筏形基础底板厚度的确定

（1）梁板式筏形基础底板厚度的确定。梁板式筏形基础底板除计算正截面受弯承载力外，其厚度尚应满足受冲切承载力、受剪切承载力的要求，如图3-40所示。

① 底板受冲切承载力按下式计算：

$$F_l \leq 0.7\beta_{hp}f_t u_m h_0 \tag{3-52}$$

式中　F_l——作用的基本组合时，图3-40中阴影部分面积上的地基土平均净反力设计值；

u_m——距基础梁边$h_0/2$处冲切临界截面的周长。

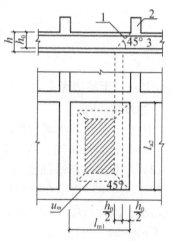

图 3-40　底板的冲切计算示意图
1—冲切破坏锥体的斜截面；2—梁；3—底板

当底板区格为矩形双向板时，底板受冲切所需的厚度h_0按下式计算，其底板厚度与最大双向板格的短边净跨之比不应小于1/14，且板厚不应小于400mm。

$$h_0 = \frac{(l_{n1}+l_{n2}) - \sqrt{(l_{n1}+l_{n2})^2 - \frac{4p_n l_{n1} l_{n2}}{p_n + 0.7\beta_{hp}f_t}}}{4} \tag{3-53}$$

式中　l_{n1}、l_{n2}——计算板格的短边和长边的净长度；

p_n——扣除底板及其上填土自重后，相应于作用的基本组合时的基底平均净反力设计值。

② 底板斜截面受剪承载力（如图3-41所示）应符合下式要求：

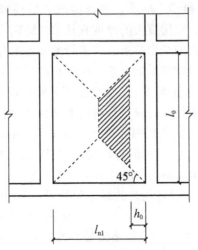

图 3-41 底板的剪切计算示意图

$$V_s \leqslant 0.7\beta_{hs} f_t (l_{n2} - 2h_0) h_0 \quad (3-54)$$

$$\beta_{hs} = \left(\frac{800}{h_0}\right)^{0.25} \quad (3-55)$$

式中 V_s——距梁边缘 h_0 处,作用在图 3-41 中阴影部分面积上的基底平均净反力产生的剪力设计值;

β_{hs}——受剪切承载力截面高度影响系数,当按式(3-55)计算时,板的有效高度 h_0 小于 800mm 时,取 800mm;h_0 大于 2 000mm 时,取 2 000mm。

(2) 平板式筏形基础底板厚度的确定。平板式筏基的板厚应满足受冲切承载力的要求。计算时应考虑作用在冲切临界面重心上的不平衡弯矩产生的附加剪力。距柱边 $h_0/2$ 处冲切临界截面的最大剪应力 τ_{max} 应按下列公式计算(如图 3-42 所示)。板的最小厚度不应小于 400mm。

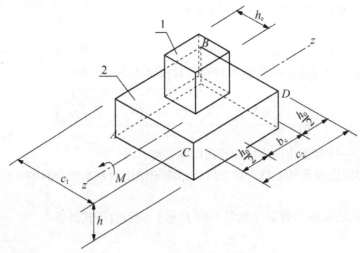

图 3-42 内柱冲切临界截面示意图
1—筏板;2—柱

$$\tau_{\max} = \frac{F_l}{u_m h_0} + a_s M_{unb} \frac{c_{AB}}{I_s} \tag{3-56}$$

$$\tau_{\max} \leqslant 0.7\ (0.4 + 1.2/\beta_s)\ \beta_{hp} f_t \tag{3-57}$$

$$a_s = 1 - \frac{1}{1 + \frac{2}{3}\sqrt{\frac{c_1}{c_2}}} \tag{3-58}$$

式中　F_l——相应于作用的基本组合时的冲切力,对内柱取轴力设计值减去筏板冲切破坏锥体内的基底净反力设计值;对边柱和角柱,取轴力设计值减去筏板冲切临界截面范围内的基底净反力设计值;

　　　u_m——距柱边不小于 $h_0/2$ 处冲切临界截面的最小周长,按《建筑地基基础设计规范》附录 P 计算;

　　　h_0——筏板的有效高度;

　　　M_{unb}——作用在冲切临界截面重心上的不平衡弯矩设计值;

　　　c_{AB}——沿弯矩作用方向,冲切临界截面重心至冲切临界截面最大剪应力点的距离;

　　　I_s——冲切临界截面对其重心的极惯性矩,按《建筑地基基础设计规范》附录 P 计算;

　　　β_s——柱截面长边与短边的比值,当 $\beta_s<2$ 时, β_s 取 2,当 $\beta_s>4$ 时, β_s 取 4;

　　　c_1——与弯矩作用方向一致的冲切临界截面的边长;

　　　c_2——垂直于 c_1 的冲切临界截面的边长;

　　　a_s——不平衡弯矩通过冲切临界截面上的偏心剪力传递的分配系数;

　　　β_{hp}——受冲切承载力截面高度影响系数,当 $h \leqslant 800\text{mm}$ 时, β_{hp} 取 1.0;当 $h \geqslant 2\,000\text{mm}$ 时, β_{hp} 取 0.9;其间按线性内插法取用。

当柱荷载较大,等厚度筏板的受冲切承载力不能满足要求时,可在筏板上面增设柱墩或在筏板下局部增加板厚或采用抗冲切箍筋来提高受冲切承载能力。

2. 筏形基础的内力计算

影响筏板内力的因素很多,包括上部结构刚度、荷载大小及分布状况、板的刚度、地基土的压缩性以及相应的地基反力等。

筏形基础的内力计算大致分为三类:考虑地基、基础与土上部结构共同作用;仅考虑地基与基础相互作用,如弹性地基梁板法;不考虑共同作用,如刚性板法。

工程中,经常采用刚性板法或弹性地基梁板法来简化计算筏基内力。当地基土比较均匀、上部结构刚度较好、梁板式筏基梁的高跨比或平板式筏基板的厚跨比不小于 1/6,且相邻柱荷载及柱间距变化不超过 20% 时,筏形基础可仅考虑局部弯曲作用。筏形基础的内力,可按基底反力直线分布进行计算,此时可采用刚性板法做近似计算,计算时基底反力应扣除底板自重及其上填土的自重;当不能满足上述要求时,筏形基础内力应按弹性地基梁板方法进行分析计算。

(1) 刚性板法。刚性板法是假定筏基的刚度与地基刚度比较,可认为是绝对刚性的,基础承受荷载后基底产生变形,但仍保持为一平面,基底反力为线性分布。当地基土比较均匀、上部结构刚度较好、梁板式筏基梁的高跨比或平板式筏基板的厚跨比不小于 1/6,且相邻柱荷载比较均匀(变化不超过 20%),柱间距变化不大(不大于 20%)且小于 1.75λ (λ 为柔度特征系数)时,筏基可以被看作是刚性的。

按基底反力线性分布计算的梁板式筏基，其基础梁的内力可按连续梁分析，边跨跨中弯矩以及第一内支座的弯矩值宜乘以 1.2 的系数。梁板式筏基的底板和基础梁的配筋除满足计算要求外，纵横方向的底部钢筋尚应有 1/2～1/3 贯通全跨，且其配筋率不应小于 0.15%，顶部钢筋按计算配筋全部连通。

按基底反力线性分布计算的平板式筏基，可按柱下板带和跨中板带分别进行内力分析。柱下板带中，柱宽及其两侧各 0.5 倍板厚且不大于 1/4 板跨的有效宽度范围内，其钢筋配置量不应小于柱下板带钢筋数量的一半，且应能承受部分不平衡弯矩 $a_m M_{unb}$。M_{unb} 为作用在冲切临界截面重心上的不平衡弯矩，a_m 可按下式计算：

$$a_m = 1 - a_s \qquad (3\text{-}59)$$

式中　a_m——不平衡弯矩通过弯曲来传递的分配系数；

　　　a_s——按式 3-58 计算。

刚性板法又可分为板带法和倒楼盖法。

① 板带法。首先求荷载合力作用点和筏板的形心，当两者重合时，筏板的形心作为 x、y 座标系的原点，基底反力按下式计算：

$$p(x,y) = \frac{\sum P + G}{A} \pm \frac{M_x}{I_x} y \pm \frac{M_y}{I_y} x \qquad (3\text{-}60)$$

式中　$\sum P$——作用于筏板基础上竖向荷载总和；

　　　G——筏板基础自重；

　　　A——筏板基础面积；

　　　M_x、M_y——分别为竖向荷载对通过基底形心的 x 轴和 y 轴的力矩；

　　　I_x、I_y——分别为基底面积对 x 轴和 y 轴的惯性矩；

　　　x、y——分别为计算点的 x 轴和 y 轴的坐标。

在已知地基反力后，可按互相垂直两个方向作整体分析。根据静力平衡条件，在板任一截面上总剪力等于一边全部荷载和地基反力的代数和；总弯矩等于作用于截面一边的力矩和。将筏板划分为如图 3-43 所示的互相垂直的板带，各板带的分界线就是相邻柱间的中线。假定各板带为互不影响的独立基础梁，按 3.11 节方法可求得整个板截面上的剪力和弯矩。

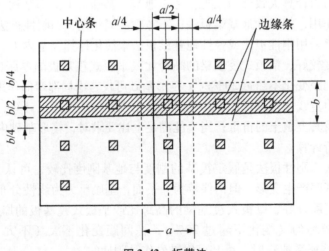

图 3-43　板带法

由于板带法没有考虑条带之间的剪力，因而梁上荷载与地基反力常常不满足静力平衡条件，必须进行调整；另外，由于筏板实际存在的空间作用，各板带横截面上的弯矩并非沿横截面均匀分布，而是比较集中于柱下中心区域，因而可采用弯矩分配法将计算板带宽度 b（或 a）的弯矩按宽度分为三部分（图3-43所示），把整个宽度 b 上的 2/3 弯矩值作用于中间 $b/2$ 部分，边缘 $b/4$ 部分各承担 1/6 弯矩。

② 倒楼盖法。对柱下肋梁式筏板基础，如果框架柱网在两个方向的尺寸比小于2，且柱网单元内未布置小肋梁时，可将筏形基础视为一倒置的楼盖，以地基净反力作为外荷载，筏板按双向多跨连续板、肋梁按多跨连续梁计算内力，梁上荷载按沿板角45°线所划分的范围，分别由纵梁和横梁承担。当 $l_y/l_x > 1$ 时，纵梁上荷载分布形式为三角形，横梁上荷载分布形式为梯形，如图3-44所示。

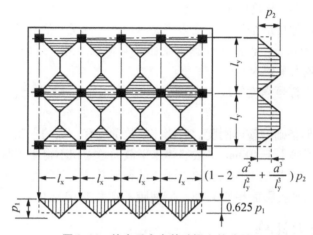

图 3-44　筏底反力在基础梁上的分配

若柱网单元内布置有小肋梁时，则把底板分割成长短边之比大于2的矩形格板，底板可按单向板计算，主、次肋仍按连续梁计算。

(2) 弹性地基梁板法。当筏基的刚度较弱，为简化计算，仅考虑地基与基础相互作用，则可采用弹性地基梁板法计算筏板内力。最常用的是文克尔地基上筏板基础的计算方法，可参见有关参考书籍和本书3.10节内容。

3.12　箱形基础

随着建筑物高度的增加，荷载增大，为了增加基础板的刚度，以减小不均匀沉降，高层建筑往往把地下室的底板、顶板、侧墙及一定数量的内隔墙一起构成一个整体刚度很强的单层或多层钢筋混凝土箱形结构，称为箱形基础。箱形基础是高层建筑常用的基础型式之一，它具有以下几方面特点：

第一，箱形基础的整体性好、刚度大、基础整体弯曲变形小，能较好的抵抗由于局部地基不均匀或受力不均匀引起的地基不均匀沉降；第二，由于箱基埋深大，周围土体对其有嵌固作用，所以可以增加建筑物的整体稳定性，并有利于抗震，同时，大的埋深和大的底面积也可以提高地基承载力（设计值）；第三，箱基的埋深大，挖除的土方多，可通过所挖除的土重来减小或抵消上部结构传来的附加压力，成为补偿性基础，从而减少地基变形。箱基的缺点是纵横墙多，有碍地下室空间的利用。

箱基设计包括确定埋置深度；初步确定箱基各部分尺寸；进行地基验算（包括地基承载力、地基变形、整体倾斜及地基稳定性验算）；箱基内力分析计算；箱基的构件计算；绘制箱基施工图等内容。

3.12.1 构造要求

（1）为避免箱形基础出现过度倾斜，在平面布置上应尽可能对称，以减少荷载的偏心距，偏心距一般不宜大于与其方向一致的基础底面抵抗矩和基础底面积之比的0.1倍。

（2）箱形基础高度指基底底面到顶板顶面的外包尺寸，其高度应满足结构承载力和刚度的要求，其值不宜小于长度的1/20，且不宜小于3m。

（3）底、顶板的厚度应根据实际受力情况通过计算确定。底板厚度不应小于300mm，顶板厚度不应小于200mm；底板除计算正截面受弯承载力外，还应满足斜截面受剪承载力、底板受冲切承载力等要求。

（4）基础混凝土标号强度等级不应低于C20，若采用防水混凝土，其抗渗等级不应低于0.6Mpa。

（5）为保证箱形基础的整体刚度，对墙体的数量应有一定的限制，即平均每平方米基础面积上墙体长度不得小于400mm，或墙体水平截面总面积不得小于基础外墙外包尺寸水平投影面积的1/10；对基础平面长宽比大于4的箱形基础，其纵墙水平截面面积不得小于箱基外墙外包尺寸水平投影面积的1/18，墙间距不宜大于10m。

3.12.2 内力计算

箱形基础的内力计算方法通常有以下两种：

（1）第一种方法：把箱形基础当作绝对刚性板，不考虑上部结构的共同工作。地基反力按《高层建筑箱形与筏形基础技术规范》（JGJ6—2011）附录C的反力系数分区表或其他有效方法确定。计算箱形基础内力时，尤其是顶板和底板的内力应是整体受弯与局部受弯两种作用的合理叠加。整体弯曲计算可参见该规范。当上部结构为框架体系时，一般按这种方法进行计算。

（2）第二种方法：把上部结构看成绝对刚性体系，不考虑箱形基础整体受弯作用，只按局部弯曲来计算底板内力。上部结构为现浇剪力墙体系时，一般按这种方法计算，整体弯曲则由构造要求来满足。

当箱形基础埋置于地下水位以下时，要重视施工阶段中的抗浮稳定性。一般采用井点降水法，使地下水位维持在基底以下以利施工。在箱形基础封底让地下水位回升前，上部结构应有足够的重量，保证抗浮稳定系数不小于1.2，否则应另拟抗浮措施。此外，底板及外墙要采取可靠的防渗措施。

习　题

1. 条形基础底面处的平均压力为170kPa，基础宽度$b=3m$，在偏心荷载作用下，基础边缘处的最大压力值为 280 kPa。该基础合力偏心距最接近（　　）的数值。

  A. 0.5m   B. 0.33m   C. 0.25m   D. 0.2m

 2. 假定修正后的地基承载力特征值为 145kPa，$F_k = 200$kN，$H_k = 70$kN，在此条件下满足承载力要求的基础底面边长 $b = 2.4$m。试问，基础底面边缘处的最大压力标准值 $p_{k\max}$（　　）数值最为接近。

  A. 140kPa   B. 150kPa   C. 160kPa   D. 170kPa

 3. 假定实验测得的地基压力扩散角 $\theta = 8°$，试问，软弱下卧层顶面处，相应于荷载效应标准组合时的附加压力值 p_z，与（　　）数值最为接近。

  A. 250kPa   B. 280kPa   C. 310kPa   D. 540kPa

 4. 某独立柱基，上部轴向荷载 $F_k = 526$kN，弯矩 $M_k = 72$kN·m，基础埋深 1.2m，地基为粉土，黏粒含量 $\rho_c < 10\%$，$\gamma = 18$kN/m³，地基承载力特征值 $f_{ak} = 145$kPa，试确定基础宽度。

 5. 某基础底面尺寸为 2.5m×2.0m，基础顶面所受荷载为 $F_k = 500$kN，$H_k = 14$kN，$M_k = 100$kN·m，土性参数如图 3-45 所示，试验算下卧层的承载力。

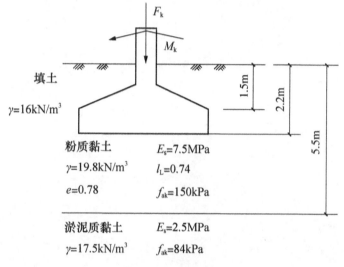

图 3-45　习题 5 图

 6. 某柱下独立基础，底面宽度为 1.5m，埋深 1.6m，基底反力的偏心距 $e = 0.01$m。地基土为粉土，重度 $\gamma = 17.8$kN/m³，粘聚力标准值 $c_k = 1.2$kPa，内摩擦角 $\varphi_k = 22°$。试计算该地基承载力特征值。

 7. 某柱下钢筋混凝土独立基础，底面尺寸为 2.4m×2.0m，基础埋深为 2m，上部结构传至基础顶面的竖向荷载 $F = 700$kN，基础及其上土的平均重度为 20 kN/m³，作用于基础底面的顺时针力矩 $M = 260$kN·m，距基底 1m 处作用向右的水平荷载 $H = 190$kN，该基础底面的最大压力约为多少？

 8. 下面列出了四项刚性基础台阶宽高比的允许值，错误的是（　　）。

  A. C10 混凝土基础台阶宽高比允许值均采用 1:1.00，当基底处平均压力 $p_k > 300$kPa，也无需进行抗剪验算

B. 毛石混凝土（C7.5～C10 混凝土），当基底处平均压力 $p_k \leqslant 100\text{kPa}$ 时，其台阶宽高比允许值为 1:1.00

C. 毛石基础（M5 砂浆），当基底处平均压力 $p_k = 150\text{kPa}$ 时，其台阶宽高比允许值为 1:1.50

D. 砖基础（砖 MU10、砂浆 M5），当基底处平均压力 $p_k \leqslant 300\text{kPa}$ 时，其台阶宽高比允许值为 1:1.50

9. 某砖墙厚 240mm，相应于荷载效应标准组合及基本组合时作用在基础顶面的轴心荷载分别为 175kN/m 和 235kN/m，基础埋深为 1m，深度修正后的地基承载力特征值 f_a = 110kPa，试设计该基础。

第 4 章 桩 基 础

天然地基中的浅基础一般施工简易，造价较低，工期较短，在工业与民用建筑中应尽量优先采用。如果建筑场地浅层地基土不能满足建筑物对地基承载力和变形的要求，就要考虑埋深较大、以下部坚实土层或岩层作为持力层的深基础方案了，其作用是把所承受的荷载相对集中地传递到地基的土层中。深基础主要有桩基础、沉井、沉箱、墩基础和地下连续墙等几种类型，其中桩基础应用最为广泛。桩基础已成为土质软弱地区修造建筑物，特别是高层建筑、重型厂房和各种具有特殊要求的构筑物所广泛采用的基础形式。本章主要讨论桩基础的理论和实践，其他类型的深基础将在下章单独介绍。

4.1 桩基础及其应用

4.1.1 桩基础的概念

桩基础，简称桩基，通常由设置于土中的桩和承接上部结构的承台组成（如图 4-1 所示）。承台的作用是将上部结构的荷载传递到桩上，桩的作用是把分配到的荷载传递到深层坚实的土层和桩周的土层上。当承台底面位于地面以下，桩身全部埋于土中，称为低承台桩基，如图 4-1（a）所示；当承台底面高于地面以上，桩身上部露出于地面，称为高承台桩基，如图 4-1（b）所示。在工业与民用建筑中，大多采用低承台桩基，且大量采用竖直桩，很少采用斜桩。桥梁、港口及码头工程中常用高承台桩基，且较多采用斜桩，以承受水平荷载。

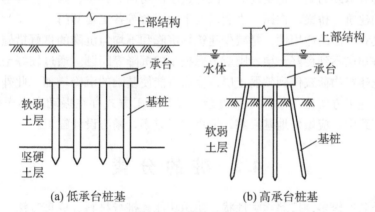

图 4-1 桩基础示意图

4.1.2 桩基础的适用范围

一般说来，下列情况可考虑采用桩基础方案：

（1）在地基沉降和不均匀沉降方面有严格限制的高层建筑、重型工业厂房、荷载过大的建筑或其他重要的和有纪念性的建筑物。

（2）作用有较大水平荷载和上拔力的烟囱、输电塔等高耸构筑物，或需以桩承受水平力或上拔力的其他情况。

（3）需要减小基础振幅、减弱基础振动对结构的影响，或者应该控制基础沉降和沉降速率的大型精密机械设备的基础。

（4）软弱地基或某些特殊性土地基上的永久性建筑物，考虑到地基可能存在的湿陷性、膨胀性或冻胀性不良土层，应采用桩基础穿越这些土层，将荷载传递到地层深部相对坚实的土层或岩层。

（5）以桩基作为抗震措施的地震区建筑，考虑到地基持力层范围内可能存在液化土层，应将建筑物支持于不液化的土层上。

（6）受经济条件、施工方法或工期等因素的限制不适于进行软土地基处理，也不适于采用其他形式的深基础时，采用桩基础通常是较为适宜的方案。

（7）需要穿越水体和软弱地层的港湾与海洋构筑物基础，如栈桥、码头、海上采油平台及输油、输气管道支架等。

（8）流动水域中，地基土可能被水流冲刷而影响其稳定性的桥梁基础。

4.1.3 桩基础的应用

我国在桩基础应用方面有着悠久的历史。例如，隋朝的郑州超化寺，在淤泥中打进木桩形成塔基；五代的杭州湾大海塘工程也采用了木桩和石承台；南京的石头城和上海的龙华塔等，也是我国古代桩基础的典范。

随着近代工业技术和科学技术的发展，无论是在桩基础设计理论，还是在桩的效用上，都产生了许多实质性的变化，桩基础的应用及成桩工艺比过去更为多样化和复杂化了。在很多情况下，桩基础与其他基础形式或工艺联合应用，扩展了桩基础的应用范围。由于桩基础具有承载力高、稳定性好、沉降量小而均匀等特点，因此，桩基础已广泛应用于工业与民用建筑、桥梁、铁路、水利以及采油平台等各工程部门。

桩基础具有广泛的适用性，是减少建筑物沉降和不均匀沉降的良好措施。但是当软弱土层很厚，桩端达不到良好土层，则应考虑桩基的沉降等问题。通过较好土层而达到软弱土层的桩，把建筑物荷载传到软弱土层，反而可能使基础的沉降增加。此外，桩基础的造价一般较高，施工方法比一般浅基础复杂，某些施工方式存在振动和噪声等环境污染问题。在工程实践中，应做好地基勘察，慎重选择方案，精心设计施工。

4.2 桩的分类

桩的分类名目繁多，按照承载性状、使用功能、桩身材料、成桩方法、桩径大小和施工方法可分类如下。

4.2.1 按承载性状分类

桩在竖向荷载作用下，桩顶荷载由桩侧阻力和桩端阻力共同承受。由于桩的尺寸、施工方法与地基土的物理力学性质等因素的不同，桩侧和桩端所分担荷载的比例是不同的，根据分担比例的不同可把桩分为摩擦型桩和端承型桩。

1. 摩擦型桩

（1）摩擦桩。在极限承载力状态下，桩顶荷载由桩侧阻力承受，桩端阻力可忽略不计，如图 4-2（a）所示。以下桩可按摩擦桩考虑：桩的长径比很大，桩顶荷载只通过桩身压缩产生的桩侧阻力传递给桩周土，桩端土层分担荷载很小；桩端下无较坚实的持力层；桩底残留虚土或残渣较厚的灌注桩；打入邻桩使先前设置的桩上抬、甚至桩端脱空等情况。

（2）端承摩擦桩。在极限承载力状态下，桩顶荷载主要由桩侧阻力承受，桩端阻力占少量比例，但不能忽略不计，如图 4-2（b）所示。这类桩的长径比不是很大，桩端持力层为较坚实的黏性土、粉土或砂类土。

2. 端承型桩

（1）端承桩。在极限承载力状态下，桩顶荷载由桩端阻力承受，桩侧阻力可忽略不计，如图 4-2（c）所示。当桩端设置在密实砂类、碎石类土层中或位于微风化或中等风化岩石时的桩可认为是端承桩。

（2）摩擦端承桩。在极限承载力状态下，桩顶荷载主要由桩端阻力承受，桩侧阻力占少量比例，如图 4-2（d）所示。这类桩的桩端通常进入中密以上的砂层、碎石类土层中或位于中、微风化及新鲜基岩顶面。

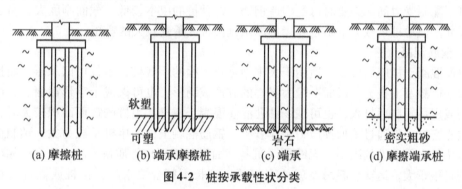

(a) 摩擦桩　　(b) 端承摩擦桩　　(c) 端承　　(d) 摩擦端承桩

图 4-2　桩按承载性状分类

4.2.2　按桩的使用功能分类

1. 竖向抗压桩

竖向抗压桩是指承受轴向压力荷载的桩。一般工业与民用建筑的桩基，在正常工作条件下（不考虑地震作用），主要承受的就是上部结构传来的竖向荷载。摩擦型桩和端承型桩都属于抗压桩。

2. 竖向抗拔桩

竖向抗拔桩是指承受竖向上拔力的桩。工程中多用于高层建筑在水平荷载作用下抵抗倾覆而设置于桩群外缘的桩；又如位于地势较高的高压输电塔的桩基础，受大风荷载时也为抗拔桩。

3. 水平受荷桩

水平受荷桩主要用于承受水平荷载。工程中多用于高层建筑在水平荷载作用下抵抗水平滑移而设置的桩，又如深基坑护坡桩，承受水平方向土压力作用时，也为水平受荷桩。

4. 复合受荷桩

复合受荷桩承受的竖向和水平荷载均较大。在桥梁工程中,桩除了要承受较大的竖向荷载外,往往由于波浪、风、船舶的撞击力以及车辆荷载的制动力等使桩承受较大的水平荷载,从而导致桩的受力条件更为复杂,尤其是大跨径桥梁更是如此。

4.2.3 按桩身材料分类

1. 木桩

木桩使用历史悠久,常用松木、杉木、柏木和橡木制成,桩长一般为 4～10m,直径为 18～26cm。木材自重小,具有一定的弹性和韧性,又便于加工、运输和设置。木桩在淡水下是耐久的,但在干湿交替的环境中极易腐烂,故应打入最低地下水位以下 0.5m。木桩的桩顶应锯平修整并加设铁箍,以保证桩顶在打桩时不被打坏。桩尖应削成棱锥形,桩尖长度一般为直径的 1～2 倍,便于将桩打入地基中。由于木桩承载力较低,且使用寿命一般较短,现在已很少使用,仅在木材产地和某些应急工程中使用。

2. 混凝土桩

混凝土桩一般用作中小工程承压桩及深基坑护坡桩,是当前使用较为广泛的桩。常用桩径为 30～50cm,长度一般不超过 25m,混凝土强度等级一般采用 C15、C20 和 C25。混凝土桩不配制受力筋,必要时可配构造钢筋。这种桩的成本较低,截面刚度大,易于制作各种尺寸。但单桩承载力不是很高,不能做抗拔桩或承受较大的弯矩。

3. 钢筋混凝土桩

钢筋混凝土桩应用较广,适用于大中型建筑工程的承载桩,不仅可以承压,而且可以承受水平荷载及上拔力。截面一般为实心的方形或圆形,也可做成十字形截面。它可在工厂预制或现场预制后打入,也可现场钻孔灌注混凝土成桩。当桩的截面面积较大时,也可做成空心管桩,常通过施加预应力制作管桩。钢筋混凝土桩的单桩承载力大,预制桩不受地下水位与土质条件的限制,无缩颈(桩身截面局部缩小)等质量事故,安全可靠。但预制桩的自重较大,运输、起吊及就位不方便;桩长不符合要求时,接桩或截桩的费用较高、工期较长。

4. 钢桩

钢桩一般为预制桩,包括型钢和钢管两大类,主要有钢管桩、钢板桩和 H 型钢桩。钢桩的穿透力强,自重轻,锤击沉降效果好,承载能力高,无论起吊运输或是沉桩接桩都很方便。但耗钢量大,成本高,易腐蚀,一般在特殊、重要的建筑物中才使用。

5. 组合材料桩

组合材料桩是按不同入土深度分段用不同材料或用两种不同材料组合的桩。例如,钢管桩内充填混凝土,或上部为钢管桩、下部为混凝土等形式的组合桩。这类桩造价相对较高,只在特殊地质情况下使用。

4.2.4 按成桩方法分类

不同的成桩方法对桩周土层的扰动程度不同,将影响到桩的承载力的发挥和计算参数的选用。根据成桩过程中的挤土效应,将桩分为非挤土桩、部分挤土桩和挤土桩三类。

1. 非挤土桩

成桩过程对桩周土层无挤压作用的桩称为非挤土桩,成桩方法有干作业法、泥浆护壁法和套管护壁法等。由于在成桩过程中，将与桩体积相同的土挖出，因而桩周土受到较轻的扰动，不会受到排挤作用。成桩中，还可能发生桩周土向桩孔内移动而产生应力松弛的现象，故非挤土桩的桩侧摩阻力常有所减小。

2. 部分挤土桩

成桩过程对周围土产生部分挤压作用的桩称为部分挤土桩，其分为部分挤土灌注桩、预钻孔打入式预制桩和打入式敞口桩三类。成桩时桩对桩周土稍有排挤作用，但土的强度和变形性质改变不大。由原来土测得的土的物理力学性质指标一般仍可用作估算桩基承载力和沉降量。

3. 挤土桩

成桩过程中，桩孔中的土未取出，全部挤压到桩的四周，这类桩称为挤土桩，其分为挤土灌注桩和挤土预制桩。桩周土受到严重扰动，土的原状结构遭到破坏，土的工程性质有很大改变。黏性土由于重塑作用而降低了抗剪强度；而非密实的无黏性土则由于振动挤密而使抗剪强度提高。

4.2.5 按桩径大小分类

按照桩径的大小，桩可分为小桩、中等直径桩和大直径桩。桩径大小直接影响桩的承载性能、使用功能、施工成桩方法和工艺。

1. 小桩

小桩是指桩身设计直径 $d \leqslant 250\text{mm}$ 的桩。小桩多用于中小型工程和基础加固，小桩的施工机械和施工方法都比较简单。

2. 中等直径桩

中等直径桩是指桩径 $250\text{mm} < d < 800\text{mm}$ 的桩。此类桩的成桩方法和施工工艺种类很多，在建筑物中大量使用。

3. 大直径桩

大直径桩是指桩径 $d \geqslant 800\text{mm}$ 的桩。此类桩通常用于高层建筑、重型设备基础，并可实现柱下单桩的优良结构型式。

4.2.6 按桩的施工方法分类

根据施工方法的不同，可分为预制桩和灌注桩两大类。

1. 预制桩

预制桩可以在工厂预制后运送至施工现场，也可以在施工现场预制，但预制场地必须平整、坚实。根据所用材料的不同，预制桩可分为钢筋混凝土预制桩、钢桩和木桩三类。预制桩的沉桩方式主要包括锤击法、振动法和静压法等。

（1）锤击法沉桩。锤击法沉桩是用桩锤将桩击入地基中的施工方法，适用于地基土为松散的碎石土（不含大卵石或漂石）、砂土、粉土以及可塑黏性土的情况。锤击法沉桩伴有噪声、振动和地层扰动等问题，在城市建设中应考虑其对环境的影响。

（2）振动法沉桩。振动法沉桩是采用振动锤进行沉桩的施工方法，适用于可塑状的黏性土和砂土，对受振动时土的抗剪强度有较大降低的砂土地基和自重不大的钢桩，沉桩效果更好。这种方法不适用于一般的黏性土地基。

(3) 静压法沉桩。静压法沉桩是采用静力压桩机将预制桩压入地基中的施工方法，适用于均质软土地基。静压法沉桩具有无噪声、无振动、桩顶不易损坏和沉桩精度较高等特点，对周围的邻近建筑物无不良影响。但较长桩分节压入时，接头较多会影响压桩的效率。

预制桩沉桩深度一般应根据地质资料和结构设计要求估算。施工时以最后贯入度和桩尖设计标高两方面控制。最后贯入度是指桩沉至某标高时，每次锤击的沉入量，通常以最后每阵的平均贯入度表示。锤击法常以 10 次锤击为一阵，振动法以 1min 为一阵。最后贯入度一般根据计算或地区经验确定，可取最后两阵的平均贯入度为 10~50mm/阵。

2. 灌注桩

灌注桩是直接在所设计桩位处成孔，然后在孔内加放钢筋笼（也有直接插筋或省去钢筋的）再浇灌混凝土而成。灌注桩的横截面呈圆形，可以做成大直径和扩底桩，灌注桩可适用于各种类型的地基土。保证灌注桩承载力的关键在于桩身的成型和混凝土灌注质量。

灌注桩可分为沉管灌注桩、钻孔灌注桩、冲孔灌注桩、挖孔灌注桩和爆扩灌注桩几大类。同一类桩还可按施工机械和施工方法以及直径的不同予以细分。

(1) 沉管灌注桩。沉管灌注桩可采用锤击或振动等方法沉管开孔，其施工程序如图 4-3 所示：(a) 打桩机就位，钢管底端带有混凝土预制桩尖或钢桩尖；(b) 沉管；(c) 沉管至设计标高后，立即灌注混凝土，尽量减少间隔时间；(d) 边拔管边振动，使桩径扩大；(e) 安放钢筋笼继续浇灌混凝土；(f) 成桩。

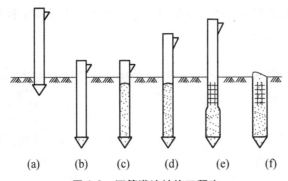

图 4-3 沉管灌注桩施工程序

锤击沉管灌注桩的直径按预制桩尖的直径考虑，多采用 300~500mm，桩长一般在 20m 以内，可打至硬塑黏土层或中、粗砂层。该桩的施工设备简单、打桩进度快、成本低，但可能产生缩颈、断桩、局部夹土、混凝土离析和强度不足等质量问题。

振动沉管灌注桩的钢管底端，常带有活瓣桩尖（沉管时桩尖闭合，拔管时活瓣张开以浇灌混凝土）或桩机就位时套上预制桩尖。常用的桩径为 400~500mm，常用的振动锤振动力为 70kN、100kN 和 160kN 等。在黏性土中，其沉管穿透能力比锤击沉管灌注桩稍差，承载力也比锤击沉管灌注桩低些。

为扩大桩径和防止缩颈，可对沉管灌注桩进行复打。所谓复打，就是在浇灌混凝土并拔出钢管后，立即在原位重新放置预制桩尖（或闭合管端活瓣）再次沉管，并浇灌混凝土。复打后的桩，其横截面面积增大，承载力提高，但其造价也相应增加。

内击式沉管灌注桩是另一类型的沉管灌注桩。施工时，先在地面竖起钢套筒，在筒底放进约1m高的混凝土或碎石,并用长圆柱形吊锤在套筒内锤打,以便形成套筒底端的"塞头"。以后锤打时,塞头带动套筒下沉。沉入深度达到要求后,吊住套筒,浇灌混凝土并继续锤击,使塞头脱出筒口,形成扩大的桩端,锤击成的扩大桩端直径可达桩身直径的2~3倍,当桩端不再扩大而使套筒上升时,开始浇灌桩身混凝土(吊下钢筋笼),同时边拔套筒边锤击,直至到达所需高度为止。此类桩在套筒内可用重锤加大冲击能量,以便采用干硬性混凝土,形成与桩周土紧密接触的密实桩身和扩大的桩端以提高桩的承载力。但施工时如不注意扩大头与桩身交接处的混凝土质量可能较差,这种桩穿过厚砂层的能力较低,打入深度难以掌握,但条件合适时也可达到强风化岩。

(2)钻孔灌注桩。钻孔灌注桩是用钻机钻土成孔,取出桩孔位置处的土,然后清除孔底残渣,安放钢筋笼,最后浇灌混凝土。这种方法的优点是可以避免锤打的噪声和振动。

(3)冲孔灌注桩。冲孔灌注桩是用冲击钻头成孔。孔径大小与冲击能量有关,为450~1 200mm不等,孔深可达50m。采用泥浆护壁,适合地下水位以上的各类土。

(4)挖孔灌注桩。挖孔灌注桩可采用人工或机械挖掘成孔,逐段边开挖边支护,达到所需深度后再进行扩孔、安装钢筋笼及浇灌混凝土。挖孔桩可直接观察地层情况,孔底易清除干净,设备简单,噪声小,场地内各桩可同时施工;但在流砂层及软土层中难以成孔,甚至无法成孔。

(5)爆扩灌注桩。对于各类灌注桩,都可在孔底预先放置适量的炸药,在灌注混凝土后引爆,使桩底扩大成球形,以增加桩底支承面积而提高桩的承载力。

国内常用的各种灌注桩,其适用范围见表4-1。

表4-1 常用灌注桩的适用范围

成孔方法		适用范围
泥浆护壁成孔	冲抓冲击回转钻	碎石土、砂土、粉土、黏性土及风化岩
	潜水钻	黏性土、淤泥、淤泥质土及砂土
干作业成孔	螺旋钻	地下水位以上黏性土、粉土、砂土及人工填土
	钻孔扩底	地下水位以上的坚硬、硬塑的黏性土及中密以上的砂土
	机动洛阳铲	地下水位以上的黏性土、粉土、黄土及人工填土
沉管成孔	锤击	硬塑黏性土,粉土及砂土
	振动	可塑黏性土、中细砂
人工挖孔		地下水位以上的黏性土、粉土及人工填土
爆扩成孔		地下水位以上的黏性土、黄土、碎石土及风化岩

4.3 单桩竖向承载力

单桩承载力是指单桩在桩顶荷载(竖向荷载、水平荷载和力矩)的作用下,不丧失稳定性、不产生过大变形时的承载能力,确定单桩承载力是桩基设计的基本内容。本节主要讨论单桩竖向承载力。

4.3.1 单桩竖向荷载的传递机理

1. 静力平衡方程

根据静力平衡条件，作用于桩顶的竖向荷载 Q 由桩侧阻力 Q_s 和桩端阻力 Q_p 共同承担（如图 4-4 所示），表示为

$$Q = Q_s + Q_p \tag{4-1}$$

当桩端荷载增加到极限值时，式（4-1）改写为

$$Q_u = Q_{su} + Q_{pu} \tag{4-2}$$

这时，Q_u 为单桩竖向抗压极限承载力；Q_{su} 为单桩极限桩侧阻力；Q_{pu} 为单桩极限桩端阻力。

2. 桩土间的荷载传递

桩顶受竖向荷载后，桩身受压而产生相对于土的向下位移，进而土对桩身产生向上的桩侧摩阻力。如果桩侧摩阻力不足以抵抗竖向荷载，一部分竖向荷载会传递到桩底，桩底持力层也会产生压缩变形，桩底土也会对桩端产生阻力。通过桩侧阻力和桩端阻力，桩将荷载传递给土体，如图 4-5 所示。对桩的荷载传递过程的研究表明，桩与土之间发生不大的相对位移时，摩擦阻力就可充分发挥出来。靠近桩身上部土层的桩侧阻力先于下部土层的发挥，而桩侧阻力先于桩端阻力发挥出来。

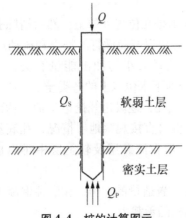

图 4-4 桩的计算图示

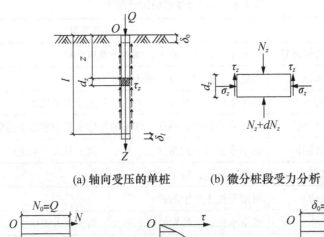

(a) 轴向受压的单桩　　(b) 微分桩段受力分析

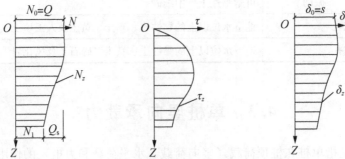

(c) 桩身轴力分布曲线　(d) 桩侧摩阻力分布曲线　(e) 桩身截面位移分布曲线

图 4-5 单桩竖向荷载传递

在图 4-5（a）中，设桩的长度为 l，横截面面积为 A，在桩身深度 z 处一微分段 dz，受力情况如 4-5（b）所示，根据竖向荷载静力平衡条件（忽略桩身自重），可得

$$N_z - \tau_z \cdot u \cdot dz - (N_z + dN_z) = 0 \tag{4-3}$$

$$\tau_z = -\frac{1}{u}\frac{dN_z}{dz} \tag{4-4}$$

式中　N_z——桩身轴力；
　　　τ_z——桩侧阻力；
　　　u——桩身截面周长。

式（4-4）表明，任意深度处单位桩侧阻力 τ_z 的大小与该处轴力 N_z 的变化率成正比；负号表示当 τ_z 方向向上时，N_z 将随深度的增加而减少。一般称式（4-4）为桩的荷载传递基本微分方程。只要测得轴力 N_z 的分布曲线，即可利用该式求得桩侧摩阻力的分布曲线。

轴力 N_z 可以通过桩的静载试验，利用埋设于桩身内的应力计测得，从而可算出各截面轴力 N_z 沿桩身深度 z 的分布曲线，如图 4-5（c）所示。利用荷载传递基本微分方程，可求得桩侧阻力 τ_z 的分布曲线，如 4-5（d）所示。

当桩顶作用有竖向荷载时，其桩顶截面位移 δ_0（即桩顶沉降 s）一般由两部分组成，一部分为桩端下沉量 δ_l；另一部分为桩身材料在轴力 N_z 作用下产生的压缩变形 δ_s，可表示为 $\delta_0 = \delta_l + \delta_s$，如图 4-5（e）所示。

在进行单桩静载试验时，可同时测出桩顶沉降 s，利用上述已测得的轴力分布曲线，根据材料力学公式，可求得任意深度处的桩身截面位移 δ_z 和桩端位移 δ_l，即

$$\delta_z = s - \frac{1}{EA}\int_0^z N_z dz \tag{4-5}$$

$$\delta_l = s - \frac{1}{EA}\int_0^l N_z dz \tag{4-6}$$

式中　E——桩身材料的弹性模量；
　　　A——桩的横截面面积。

3. 影响荷载传递的因素

单桩在竖向荷载作用下，桩侧阻力和桩端阻力的发挥程度与多种因素有关，并且两者也是相互影响的。大量的理论与试验研究结果表明，影响单桩荷载传递的因素主要有：

（1）随着桩的长径比的增大，传递到桩端的荷载减小，桩身下部桩侧阻力的发挥值相应降低。

（2）随着桩端土与桩周土的刚度之比减小，桩身轴力沿深度衰减越快，即传递到桩端的荷载越小。

（3）随着桩端扩底直径与桩身直径之比增大，桩端阻力分担的荷载越大。

（4）随着桩身刚度与桩周土刚度之比增大，传递到桩端的荷载越大，但当该比值超过 1 000 后，对桩端阻力分担荷载的影响不大。

4.3.2　桩侧负摩擦力

1. 正摩擦力和负摩擦力的概念

前面讨论的是在正常情况下桩和周围土体之间的荷载传递情况，即在桩顶荷载作用下，桩相对于桩侧土产生向下的位移，因而土对桩侧产生向上的摩擦力，构成了桩承载力

的一部分，称为正摩擦力。

但有时会发生相反的情况，即桩周围的土体由于某些原因发生下沉，且变形量大于相应深度处的桩的下沉量，则土体对桩产生向下的摩擦力。这种摩擦力相当于在桩上施加了下拉荷载，称为负摩擦力。

产生负摩擦力的情况有多种，如位于桩周的欠固结黏土或松散填土在重力作用下产生固结；大面积堆载或桩侧地面局部较大的长期荷载使桩周高压缩土层压密；由于地下水位全面下降，致使土层有效应力增加，因而引起大面积沉降；自重湿陷性黄土浸水后产生湿陷；打桩时使已设置的邻桩抬升等。在这些情况下，土的自重和地面荷载将通过负摩擦力传递给桩。

2. 负摩擦力的分布特点

（1）中性点。桩侧负摩擦力并不一定分布于整个桩身范围内，而是在桩侧土相对桩产生下沉的范围内。在地面发生沉降的地基中，长桩的上部为负摩擦力而下部往往仍为正摩擦力。由负摩擦力过渡到正摩擦力，存在摩擦力为零的断面，这个位置称为中性点。

图4-6（a）表示一根承受竖向荷载的桩，桩身穿过正在固结中的土层而到达坚实土层。在图4-6（b）中，曲线1表示不同深度土层的位移，曲线2表示桩的截面位移曲线。曲线1和曲线2间的位移差（图中画横线部分）为桩土之间的相对位移。交点O_l为桩土之间没有产生相对位移的截面位置，即中性点。图4-6（c）、（d）分别为桩侧摩擦力和桩身轴力的分布曲线。

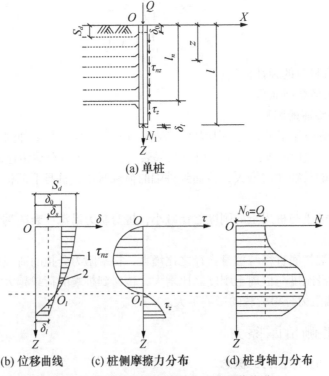

图4-6 单桩在产生负摩擦力时的荷载传递

中性点是摩擦力、轴力及桩土相对位移沿桩身变化的特征点。中性点以上桩侧阻力方向向下,轴力随深度的增加而变大,桩的位移小于桩侧土的位移;中性点以下桩侧阻力方向向上,轴力随深度的增加而变小,桩的位移则大于桩侧土的位移。

中性点位置一般可根据桩的沉降与桩侧土沉降相等的条件确定。影响中性点深度 l_n(地面到中性点的距离)的因素主要有桩端持力层的刚度、桩侧土体的变形性质和应力历史等。实际应用中,一般根据现场试验所得的经验数据近似确定中性点的位置。《建筑桩基技术规范》(JGJ 94—94)(以下简称《桩基规范》)给出了中性点深度 l_n 与桩长 l 的经验值见表 4-2,可供设计时参考。

表 4-2 中性点深度比 l_n/l

持力层性质	黏性土、粉土	中密以上砂	砾石、卵石	基岩
中性点深度比 l_n/l	0.5~0.6	0.7~0.8	0.9	1.0

(2)时间效应。由于负摩擦力是由桩侧土层的固结沉降所引起,所以负摩擦力的产生和发展要经历一段时间才能完成。这段时间的长短取决于桩侧土体固结完成的时间和桩体沉降完成的时间。当桩的沉降完成先于桩侧土固结完成时,则负摩擦力达到最大值后稳定不变;反之则负摩擦力达到最大值后又会有所降低。固结土层越厚、渗透性越低,负摩擦力达到最大值所需时间越长。

3. 负摩擦力的计算

由于桩的负摩擦力受到诸多因素的影响,所以计算桩的负摩擦力是一个非常复杂的问题,实践工程中比较多的是按现场条件进行分析和处理。确定桩侧负摩擦力的方法主要根据实测的方法和经验公式进行估算。

单桩负摩擦力标准值 q_{si}^n 可按下式确定

$$q_{si}^n = \zeta_n \sigma'_i \tag{4-7}$$

式中 ζ_n——桩侧土负摩擦力系数,按表 4-3 取值;

σ'_i——第 i 层土平均竖向有效应力,kPa。

表 4-3 负摩擦力系数 ζ_n

桩周土类	饱和软土	黏性土、粉土	砂土	自重湿陷性黄土
ζ_n	0.15~0.25	0.25~0.40	0.35~0.50	0.20~0.35

此外,对于砂类土,也可按下列经验公式计算

$$q_{si}^n = \frac{N_i}{5} + 3 \tag{4-8}$$

式中 N_i——桩侧第 i 层土经钻杆长度修正的平均标准贯入试验击数。

单桩桩侧总的负摩擦力 Q_n 为

$$Q_n = u \sum q_{si}^n \cdot l_i \tag{4-9}$$

式中 u——桩的周长;

l_i——中性点以上各土层的厚度。

4. 减少负摩擦力的工程措施

桩侧负摩擦力的产生，使桩的竖向承载力减小，而桩身轴力加大，故负摩擦力的存在对桩基础是极为不利的。对可能出现负摩擦力的桩基础，应根据工程具体情况采取相应措施来减小负摩擦力的影响。

（1）对于填土建筑场地，先填土并保证填土密实度，待填土地面沉降基本稳定后成桩。

（2）对于地面大面积堆载的建筑物，采用预压等处理措施，减少堆载引起的地面沉降。

（3）对于位于中性点以上的桩身进行处理（如在桩表面涂上一层沥青），以减少负摩阻力。

（4）对于自重湿陷性黄土地基，采用强夯、挤密土桩等先行处理，消除上部或全部土层的自重湿陷性。

【**例 4-1**】如图 4-7 所示，某端承桩单桩基础桩直径 $d = 600\text{mm}$，桩端嵌入基岩，桩顶以下 10m 为欠固结的淤泥质土，该土有效重度为 8.0kN/m^2，桩侧土的抗压极限侧阻力标准值为 20kPa，负摩阻力系数 ξ_n 为 0.25，按《建筑桩基技术规范》（JGJ 94—2008）计算，桩侧负摩阻力引起的下拉荷载最接近于下列哪一项？（ ）

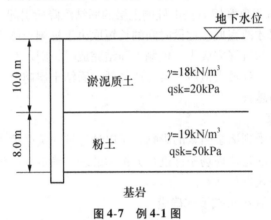

图 4-7 例 4-1 图

A. 150kN　　　　B. 190kN　　　　C. 250kN　　　　D. 300kN

解：答案为 B。

根据《建筑桩基技术规范》（JGJ 94—2008）第 5.4.3 条、第 5.4.4 条。

① 查表 5.4.4-2，桩端嵌入基岩，$l_n/l_0 = 1$，$l_n = l_0 = 10\text{m}$

② $\sigma'_{\gamma 1} = \dfrac{0 + \gamma' h}{2} = \dfrac{0 + 8.0 \times 10}{2} = 40\text{kPa}$

③ $q^n_{s_1} = \xi_{n_1} \sigma'_1 = \xi_{n_1} \sigma'_{\gamma 1} = 0.25 \times 40 = 10.0\text{kPa} < 20\text{kPa}$　取 $q^n_{s_1} = 10.0\text{kPa}$

④ $Q^n_g = \mu q^n_{s_1} l_1 = 3.14 \times 0.6 \times 10 \times 10 = 188.4\text{kN}$

4.3.3 单桩竖向承载力的确定

单桩竖向承载力的确定取决于桩身材料的强度和地基对桩的支承能力。一般来说，桩的承载力主要由后者决定。材料强度往往不能充分利用，只有对端承桩、超长桩以及桩身质量有缺陷的桩，桩身材料强度才起控制作用。

1. 按桩身材料强度确定

按材料强度确定单桩竖向承载力时，可将桩视为轴心受压杆件，根据桩的材料按相应的结构设计规范进行计算。

对于钢筋混凝土桩的竖向承载力设计值可按下式计算

$$R_a = \Phi (f_c A + f_y A_s) \tag{4-10}$$

式中 R_a——单桩竖向承载力设计值；

　　　f_c——桩身混凝土轴心抗压设计强度；

　　　A——桩身横截面面积；

　　　f_y——纵向钢筋的抗压设计强度；

　　　A_s——纵向钢筋横截面面积；

　　　Φ——混凝土构件稳定系数。对于低承台桩基，考虑土的侧向约束可取 1.0，但穿过很厚软黏土层和可液化土层的端承桩或高承台桩基，其值应小于 1.0。

2. 按静荷载试验确定

静荷载试验是评价单桩承载力最为直观可靠的一种方法，它除了考虑地基土的支承能力外，也考虑桩身强度对承载力的影响。静荷载试验又称为试桩法，是在施工现场对桩体分级施加荷载，并进行桩顶沉降的量测，直至土对桩体的阻力达到极限状态，从而确定单桩竖向极限承载力。

挤土桩在设置后，宜隔一段时间才开始进行静荷载试验。这是由于打桩时土中产生的孔隙水压力有待消散，且土体因打桩扰动而降低的强度也有待随时间而部分恢复。为了使试验能反映真实的承载力值，一般间歇时间是：在桩身强度达到设计要求的前提下，对于砂土不得少于 10 天；粉土和黏性土不得少于 15 天；饱和软黏土不得少于 25 天。在同一条件下，进行静荷载试验的桩数不宜少于总桩数的 1%，工程桩总桩数在 50 根以内时不应少于 2 根，其他情况不得少于 3 根。

试验装置主要包括加荷稳压、提供反力和沉降观测三部分。静荷载一般由安装在桩顶的油压千斤顶提供。千斤顶的反力可通过锚桩或压重平台的重物来平衡。量测桩顶沉降的仪表主要有百分表或电子位移计等。加载方式通常有慢速维持荷载法、快速维持荷载法、等贯入速率法、等时间间隔加载法及循环加载法等。

当试验出现下列情况之一时，即可终止加载。

（1）某级荷载作用下，桩的沉降量为前一级荷载作用下沉降量的 5 倍。

（2）某级荷载作用下，桩的沉降量大于前一级荷载作用下沉降量的 2 倍，且经 24h 尚未达到相对稳定。

（3）已达到锚桩最大抗拔力或压重平台的最大重量时。

根据静荷载试验记录，可绘制各种试验曲线，如荷载与桩顶沉降 $Q-s$ 曲线（如图 4-8 所示）和沉降与时间对数 $s-\lg t$ 曲线等，并由这些曲线的特征确定单桩竖向极限承载力 Q_u。对于图 4-8 单桩 $Q-s$ 曲线中的陡降型曲线 1，可取曲线发生明显陡降的起始点所对应的荷载为 Q_u。对于缓变型曲线 2，一般可取 $s = 40 \sim 60 \text{mm}$ 对应的荷载为 Q_u。对于大直径桩可取 $s = (0.03 \sim 0.06) d$（d 为桩端直径，大桩径取低值，小桩径取高值）所对应的荷载值；对于细长桩（$l/d > 80$）可取 $s = 60 \sim 80 \text{mm}$ 对应的荷载。

测出每根试桩的竖向极限承载力 Q_{ui} 后，可通过统计确定单桩竖向极限承载力标准值 Q_{uk}。首先，按下式计算 n 根桩的极限承载力平均值 Q_{um}，即

$$Q_{um} = \frac{1}{n} \sum_{i=1}^{n} Q_{ui} \tag{4-11}$$

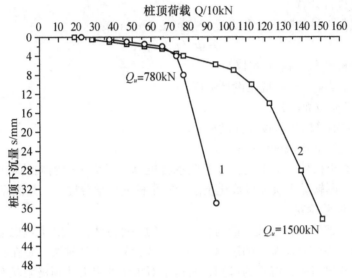

图 4-8 单桩 $Q-s$ 曲线

其次，按下式计算每根试桩的极限承载力实测值与平均值之比 α_i，即

$$\alpha_i = Q_{ui}/Q_{um} \tag{4-12}$$

然后再按下式计算出 α_i 的标准差 S_n，即

$$S_n = \sqrt{\sum_{i=1}^{n}(\alpha_i - 1)^2 / (n-1)} \tag{4-13}$$

当 $S_n \leq 0.15$，取 $Q_{uk} = Q_{um}$；当 $S_n > 0.15$，取 $Q_{uk} = \lambda Q_{um}$。λ 为折减系数，可通过查阅《桩基规范》确定。

3. 按静力触探法确定

静力触探是将圆锥形的金属探头，以静力方式均匀压入土中。借助探头的传感器，测出探头侧阻 f_s 及端阻 q_c。利用传感器测得的各土层数据，可算出单桩承载力。根据探头构造的不同，又可分为单桥探头和双桥探头两种。

静力触探与桩的静荷载试验虽有很大区别，但与桩打入土中的过程基本类似，所以可把静力触探近似看成是小尺寸打入桩的现场模拟试验。由于试验设备简单，自动化程度高等优点，静力触探被认为是一种很有发展前途的确定单桩承载力的方法，在国外应用极广。我国自 1975 年以来，已进行了大量相关研究，积累了丰富的静力触探和静荷载试验的对比资料，提出了不少反映地区经验的计算单桩竖向极限承载力标准值 Q_{uk} 的公式。

根据双桥探头（圆锥面积 $15 cm^2$，锥角 $60°$，摩擦套筒高 $218.5 cm$，侧面积 30×10^3 mm^2）测得的 f_s 和 q_c，结合《桩基规范》提出的经验算法，当按双桥探头静力触探资料确定混凝土预制桩单桩竖向极限承载力标准值时，对于黏性土、粉土和砂土，如无当地经验时可按下式计算

$$Q_{uk} = \alpha q_c A_p + u \sum l_i \beta_i f_{si} \tag{4-14}$$

式中 α——桩端阻力修正系数，对黏性土、粉土取 2/3，饱和砂土取 1/2；

q_c——桩端平面上、下探头阻力，取桩端平面以上 $4d$ 范围内探头阻力加权平均值，再与桩端平面以下 $1d$ 范围内的探头阻力进行平均；

A_p——桩身横截面面积；

u——桩身周长；

l_i——桩身穿越第 i 层土的厚度；

f_{si}——第 i 层土的探头平均侧阻力；

β_i——第 i 层土桩侧阻力综合修正系数，按下式计算。

黏性土和粉土
$$\beta_i = 10.04 (f_{si})^{-0.55} \tag{4-15}$$

砂类土
$$\beta_i = 5.05 (f_{si})^{-0.45} \tag{4-16}$$

4. 按土的抗剪强度指标确定

以土力学原理为基础的单桩极限承载力公式在国外广泛采用。这类公式在土的抗剪强度指标的取值上考虑了理论公式所无法概括的某些影响因素，如土的类别和排水条件、桩的类型和设置效应等，所以仍是带经验性的公式。

单桩承载力 Q_u 的一般表达式为

$$Q_u = Q_{su} + Q_{pu} - (G - \gamma A_p l) \tag{4-17}$$

式中 Q_{su}——桩侧总极限摩擦力；

Q_{pu}——桩端总极限摩擦力；

G——桩的自重；

$\gamma A_p l$——与桩同体积的土重。

在应用中，通常假设桩的自重和同体积的土重相同，故式（4-17）可简化为（4-2）。对于正常固结、弱超固结或灵敏黏性土中的桩，取不固结不排水抗剪强度估算其短期极限承载力，式（4-17）可换算为

$$Q_u = u \sum c_{ai} l_i + c_u N_c A_p \tag{4-18}$$

式中 c_{ai}——第 i 层土桩之间的附着力；

c_u——桩底以上 $3d$ 至桩底以下 $1d$ 范围内土的不排水抗剪强度平均值，可按试验结果取值；

N_c——地基承载力系数，当桩的长径比 $l/d > 5$ 时，$N_c = 9$。

其余符号同前。

5. 按经验公式确定

根据土的物理指标与承载力参数之间的经验关系，可建立如下单桩竖向极限承载力标准值的计算公式。

（1）当桩径 $d < 800$mm 时：

$$Q_{uk} = Q_{sk} + Q_{pk} = u \sum q_{sik} l_i + q_{pk} A_p \tag{4-19}$$

式中 Q_{sk}——单桩总极限侧阻力标准值；

Q_{pk}——单桩总极限端阻力标准值；

q_{sik}——桩侧第 i 层土的极限侧阻力标准值，当无当地经验值时，按表4-4取值；

q_{pk}——极限端阻力标准值，当无当地经验值时，按表4-6取值。

表 4-4 桩的极限侧阻力标准值 q_{sik}

kPa

土的名称	土的状态	混凝土预制桩	水下钻（冲）孔桩	沉管灌注桩	干作业钻孔桩
填土		20~80	18~26	15~22	18~26
淤泥		11~17	10~16	9~13	10~16
淤泥质土		20~28	18~26	15~22	18~26
黏性土	$I_L > 1$	21~36	20~34	16~28	20~34
	$0.75 < I_L \leq 1$	36~50	34~48	28~40	34~48
	$0.50 < I_L \leq 0.75$	50~66	48~64	40~52	48~62
	$0.25 < I_L \leq 0.5$	66~82	64~78	52~63	62~76
	$0 < I_L \leq 0.25$	82~91	78~88	63~72	76~86
	$I_L \leq 0$	91~101	88~98	72~80	86~96
红黏土	$0.7 < a_w \leq 1$	13~32	12~30	10~25	12~30
	$0.5 < a_w \leq 0.7$	32~74	30~70	25~68	30~70
粉土	$e > 0.9$	22~42	22~40	16~32	20~40
	$0.75 \leq e \leq 0.9$	42~64	40~60	32~50	40~60
	$e < 0.75$	64~85	60~80	50~67	60~80
粉细砂	稍密	22~42	22~40	16~32	20~40
	中密	42~63	40~60	32~50	40~60
	密实	63~85	60~80	50~67	60~80
中砂	中密	54~74	50~72	42~58	50~70
	密实	74~95	72~90	58~75	70~90
粗砂	中密	74~95	74~95	58~75	70~90
	密实	95~116	95~116	75~92	90~110
砾砂	中密、密实	116~138	116~135	92~110	110~130

注： ①对于尚未完成自重固结的填土和以生活垃圾为主的杂填土，不计算其侧阻力；②a_w 为含水比，$a_w = w/w_L$；③对于预制桩，根据土层埋深 h，将 q_{sik} 乘以表 4-5 中的修正系数。

表 4-5 修正系数

土层埋深 h/m	≤5	10	20	≥30
修正系数	0.8	1.0	1.1	1.2

(2) 当桩径 $d \geq 800$mm 时：

$$Q_{uk} = Q_{sk} + Q_{pk} = u \sum \psi_{si} q_{sik} l_i + \psi_p q_{pk} A_P \tag{4-20}$$

式中 q_{sik}——桩侧第 i 层土的极限侧阻力标准值，无当地经验值时，可按表 4-4 取值，对于扩底桩变截面以下不计侧阻力；

q_{pk}——桩径为 800mm 时的极限端阻力标准值，可采用深层荷载板试验确定；当不能进行深层荷载板试验时，可采用当地经验值或按表 4-6 取值，对于干作业可按表 4-7 取值；

ψ_{si}、ψ_p——大直径桩侧阻、端阻尺寸效应系数，按表 4-8 取值。

表 4-6 桩的极限端阻力标准值 q_{pk} (kPa)

土的名称	土的状态	预制桩入土深度/m				水下钻(冲)孔桩入土深度/m			
		$h\leq 9$	$9<h\leq 16$	$16<h\leq 30$	$h>30$	5	10	15	$h>30$
黏性土	$0.75<I_L\leq 1$	210~840	630~1 300	1 100~1 700	1 300~1 900	100~150	150~250	250~300	300~450
	$0.50<I_L\leq 0.75$	840~1 700	1 500~2 100	1 900~2 500	2 300~3 200	200~300	350~450	450~550	550~750
	$0.25<I_L\leq 0.5$	1 500~2 300	2 300~3 000	2 700~3 600	3 600~4 400	400~500	700~800	800~900	900~1 000
	$0<I_L\leq 0.25$	2 500~3 800	3 800~5 100	5 100~5 900	5 900~6 800	750~850	1 000~1 200	1 200~1 400	1 400~1 600
粉土	$0.75<e\leq 0.9$	840~1 700	1 300~2 100	1 900~2 700	2 500~3 400	250~350	300~500	450~650	650~850
	$e\leq 0.75$	1 500~2 300	2 100~3 000	2 700~3 600	3 400~4 400	550~800	650~900	750~1 000	850~1 000
粉砂	稍密	800~1 600	2 100~3 000	1 900~2 500	2 100~3 000	200~400	350~500	450~600	600~700
	中密、密实	1 400~2 200	2 100~3 000	3 000~3 800	3 800~4 600	400~500	700~800	800~900	900~1 000
细砂	中密、密实	2 500~3 800	3 600~4 800	4 400~5 700	5 300~6 800	550~650	900~1 000	1 000~1 200	1 200~1 500
中砂	中密、密实	3 600~5 100	5 100~6 300	6 300~7 500	7 000~8 000	850~950	1 300~1 400	1 600~1 700	1 700~1 900
粗砂	中密、密实	5 700~7 400	7 400~8 400	8 400~9 500	9 500~10 300	1 400~1 500	2 000~2 200	2 300~2 400	2 300~2 500
砾砂	中密、密实		6 300~10 500			1 500~2 500			
角砾、圆砾			7 400~11 600			1 800~2 800			
碎石、卵石			8 400~12 700			2 000~3 000			
黏性土	$0.75<I_L\leq 1$	400~600	600~750	750~1 000	1 000~1 400	200~400	400~700	700~950	—
	$0.50<I_L\leq 0.75$	670~1 100	1 200~1 500	1 500~1 800	1 800~2 000	420~630	740~950	950~1 200	—
	$0.25<I_L\leq 0.5$	1 300~2 200	1 500~2 700	2 700~3 500	3 000~3 500	850~1 100	1 500~1 700	1 700~1 900	—
	$0<I_L\leq 0.25$	2 500~2 900	3 500~3 900	4 000~4 500	4 200~5 000	1 600~1 800	2 200~2 400	2 600~2 800	—
粉土	$0.75<e\leq 0.9$	1 200~1 600	1 600~1 800	1 800~2 100	2 100~2 600	600~1 000	1 000~1 400	1 400~1 600	—
	$e\leq 0.75$	1 800~2 200	2 200~2 500	2 500~3 000	3 000~3 500	500~900	1 400~1 900	1 600~2 100	—
粉砂	稍密	800~1 300	1 300~1 800	1 800~2 400	2 000~2 400	500~900	1 000~1 400	1 500~1 700	—
	中密、密实	1 300~1 700	1 800~2 400	2 400~3 200	2 800~3 600	850~1 000	1 500~1 700	1 700~1 900	—
细砂	中密、密实	1 900~3 200	3 000~3 900	3 500~4 900	4 000~4 900	1 200~1 400	1 900~2 100	2 200~2 400	—
中砂	中密、密实	2 800~3 200	4 400~5 500	5 200~5 500	5 500~7 000	1 800~2 000	2 800~3 000	3 300~3 500	—
粗砂	中密、密实	4 500~5 000	6 700~7 500	7 700~8 200	8 400~9 000	2 900~3 200	4 200~4 600	4 900~5 200	—
砾砂	中密、密实		5 000~8 400			3 200~5 300			
角砾、圆砾			5 900~9 200						
碎石、卵石			6 700~10 000						

注：① 对于砂土和碎石类土，要综合考虑土的密实度、桩端进入持力层的深度比 h_b/d，土越密实，h_b/d 越大，取值越高；
② 表中沉管灌注桩是指预制桩尖沉管灌注桩。

表 4-7　干作业桩（清底干净，$D=800$ mm）极限端阻力标准值 q_{pk}

(kPa)

土的名称		土的状态		
黏性土		$0.25 < I_L \leq 0.75$	$0 < I_L \leq 0.25$	$I_L \leq 0$
		800～1 800	1 800～2 400	2 400～3 000
粉土		$0.75 < e \leq 0.9$	$e \leq 0.75$	
		1 000～1 500	1 500～2 000	
砂土和碎石土类		稍密	中密	密实
	粉砂	500～700	800～1 100	1 200～2 000
	细砂	700～1 100	1 200～1 800	2 000～2 500
	中砂	1 000～2 000	2 200～3 200	3 500～5 000
	粗砂	1 200～2 200	2 500～3 500	4 000～5 500
	砾砂	1 400～2 400	2 600～4 000	5 000～7 000
	角砾、圆砾	1 600～3 000	3 200～5 000	6 000～9 000
	碎石、卵石	2 000～3 000	3 300～5 000	7 000～11 000

注：① 表中 D 为桩端扩底直径；
② q_{pk} 取值宜考虑桩端持力层土的状态及桩进入持力层的深度效应，当进入持力层深度 h_b 为：$h_b \leq D$，$D < h_b < 4D$，$h_b \geq 4D$ 时，q_{pk} 可分别取较低值、中值、较高值；
③ 砂土密实度可根据标贯击数 N 判定，当 $N \leq 10$ 为松散，$10 < N \leq 15$ 为稍密，$15 < N \leq 30$ 为中密，$N > 30$ 为密实；
④ 当对沉降要求不严时，可适当提高 q_{pk} 值。

表 4-8　大直径桩侧阻力尺寸效应系数 ψ_{si}、端阻力尺寸效应系数 ψ_p

土类别	黏性土、粉土	砂土、碎石类土
ψ_{si}	1	$(0.8/d)^{1/3}$
ψ_p	$(0.8/D)^{1/4}$	$(0.8/D)^{1/3}$

注：表中 D 为桩端直径。

(3) 嵌岩桩。这里所说的嵌岩桩是指下端嵌入中等风化、微风化或新鲜基岩中的桩。对于桩端置于强风化岩中的嵌岩桩，其承载力的确定可根据岩体的风化程度按砂土、碎石类土取值。

嵌岩桩单桩竖向极限承载力标准值，由桩周土总侧阻、嵌岩段总侧阻和总端阻三部分组成。当根据室内试验结果确定单桩竖向极限承载力标准值时，可按下式计算：

$$Q_{uk} = Q_{sk} + Q_{\gamma k} + Q_{pk}$$
$$= u \sum_{i=1}^{n} \zeta_{si} q_{sik} l_i + u \zeta_f f_{\gamma c} h_\gamma + \zeta_p f_{\gamma c} A_p \quad (4-21)$$

式中　Q_{sk}、$Q_{\gamma k}$、Q_{pk}——分别为土的总极限侧阻力、嵌岩段总极限侧阻力、总极限端阻力标准值；

　　　ζ_{si}——覆盖层第 i 层土的侧阻力发挥系数，当桩的长径比不大（$l/d < 30$），桩端置于新鲜或微风化硬质岩中，且桩低无沉碴时，对于黏性土、粉土，取 $\zeta_{si} = 0.8$，砂土及碎石类土，取 $\zeta_{si} = 0.7$，其他情况 $\zeta_{si} = 1.0$；

q_{sik}——桩周第 i 层土的极限侧阻力标准值,按表 4-4 取值;

f_{rc}——岩石饱和单轴抗压强度标准值;

h_r——桩身嵌岩(中等风化、微风化、新鲜基岩)深度,超过 $5d$ 时,取 $5d$,当岩层表面倾斜时,以坡下方的嵌岩深度为准;

ζ_s、ζ_p——嵌岩段侧阻力和端阻力修正系数,与嵌岩深度比 h_r/d 有关,按表 4-9 采用。

表 4-9 嵌岩段侧阻力和端阻力修正系数

嵌岩深度比 h_r/d	0	0.5	1	2	3	4	≥5
侧阻修正系数 ζ_s	0	0.025	0.055	0.070	0.065	0.062	0.050
端阻修正系数 ζ_p	0.50	0.50	0.40	0.30	0.20	0.10	0

注:当嵌岩段为中等风化岩时,表中数值乘以 0.9 折减。

6. 按动力试桩法确定

动力试桩法是应用物体振动和应力波的传播理论来确定单桩竖向承载力以及检验桩身完整性的一种方法。它与传统的静荷载试验相比,无论在试验设备、测试效率、工作条件以及试验费用等方面,均具有明显的优越性。

动力试桩法种类繁多,一般可分为高应变和低应变动力检测两大类。我国约有 90% 的检测单位采用低应变法,每年检测的桩数在 4 万根以上。

【**例 4-2**】某减沉复合疏桩基础,荷载效应标准组合下,作用于承台顶面的竖向力为 1 200kN,承台及其上土的自重标准值为 400kN,承台底地基承载力特征值为 80kPa,承台面积控制系数为 0.60,承台下均匀布置 3 根摩擦型桩,基桩承台效应系数为 0.40,按《建筑桩基技术规范》(JGJ 94—2008)计算,单桩竖向承载力特征值最接近下列哪一个选项?( )

A. 350kN B. 375kN C. 390kN D. 405kN

解:答案为 D。

根据《建筑桩基技术规范》(JGJ 94—2008)第 5.6.1 条规定,计算如下:

$$A_c = \xi \frac{F_k + G_k}{f_{ak}} = 0.60 \times \frac{1\,200 + 400}{80} = 12\,m^2$$

$$n = 3 \geqslant \frac{F_k + G_k - \eta_a f_{ak} A_c}{R_a} = \frac{1\,200 + 400 - 0.40 \times 80 \times 12}{R_a}$$

解此式得:$R_a \geqslant 405.333\,kN$

4.3.4 桩的抗拔承载力

某些建筑物,如高耸的烟囱、高压输电铁塔、受巨大浮力的地下建筑物等,它们承受的荷载往往会使其下的桩基部分或全部受到上拔力的作用,这时需要验算桩的抗拔承载力。

桩的抗拔承载力主要由桩侧负摩擦力组成,取决于桩身材料强度、桩土之间的侧阻力和桩身自重等。桩基受拔可能会出现单桩基础受拔、群桩基础的部分基桩受拔和所有基桩受拔三种情况。按照《桩基规范》提供的经验公式,单桩或群桩基础呈非整体性破坏时,抗拔承载力标准值可按下式计算:

$$T_k = \sum \lambda_i q_{sik} u_i l_i \tag{4-22}$$

式中 T_k——单桩抗拔极限承载力标准值；

λ_i——抗拔系数，可按表 4-10 取值。

表 4-10 抗拔系数 λ_i

土类	λ_i
砂土	0.50 ~ 0.70
黏性土、粉土	0.70 ~ 0.80

注：桩的长径比小于 20 时，λ_i 取小值。

当群桩基础呈整体性破坏时，基桩的抗拔极限承载力标准值 T_{gk} 按下式计算：

$$T_{gk} = \frac{1}{n} u_1 \sum \lambda_i q_{sik} l_i \tag{4-23}$$

式中 u_1——群桩外围周长；

n——群桩基础的基桩数。

【例 4-3】 某抗拔基桩桩顶拔力为 800kN，地基土为单一的黏土，桩侧土的抗压极限侧阻力标准值为 50kPa，抗拔系数 λ 取为 0.8，桩身直径为 0.5m，桩顶位于地下水位以下，桩身 $R_a \geqslant 405.333$ 混凝土重度为 25 kN/m³，按《建筑桩基技术规范》（JGJ 94—2008）计算，群桩基础呈非整体破坏情况下，基桩桩长至少不小于下列哪一选项？（　　）

A. 15m 　　B. 18m 　　C. 21m　　 D. 24m

解：答案为 D。

根据《建筑桩基技术规范》（JGJ 94—2008）第 5.4.5 条。

① $G_p = \dfrac{(\gamma - \gamma_w) l \pi d^2}{4} = \dfrac{151 \times 3.14 \times 0.5^2}{4} = 2.941$

② $T_{uk} = \Sigma \lambda_i q_{sik} u_i l_i = 0.8 \times 50 \times 3.14 \times 0.5 l = 62.8 l$

　　$N_k \leqslant T_{uk}/2 + G_p$，$800 \leqslant 62.8 l/2 + 2.941$，$800 \leqslant 34.34 l$，$l \geqslant 23.3\text{m}$

4.4　桩的水平承载力

桩的水平承载力是指桩具有的抵抗垂直于桩轴方向荷载的能力。在工业与民用建筑的桩基础中，一般以承受竖向荷载为主，但在风荷载、地震荷载、土压力或水压力的作用下，桩基础就会受到较大的水平荷载，此时就要对桩的水平承载力进行验算。

桩的水平承载力主要取决于桩的材料强度、截面刚度、入土深度、桩侧土质条件、桩顶水平位移允许值和桩顶嵌固情况等因素。

4.4.1　水平荷载下单桩的工作特点

在水平荷载作用下，桩产生变形并挤压桩周土，促使桩周土发生相应的变形而产生水平抗力。水平荷载较小时，桩周土的变形是弹性的，水平抗力主要由靠近地面的表层土提供；随着水平荷载的增大，桩的变形加大，表层土逐渐产生塑性屈服，水平荷载将向更深的土层传递；当桩周土失去稳定、桩体发生断裂破坏或桩的变形超过建筑物的允许值时，水平荷载也就达到极限。

短桩由于入土浅，表层土的性质一般较差，桩的刚度远远大于桩周土的刚度，在水平荷载作用下整个桩身易被推倒或发生倾斜（如图4-9（a）所示），桩的水平承载力较低。长桩在水平荷载下，桩将形成一段嵌固的地基梁，桩的变形呈波浪型（如图4-9（b）所示），并沿桩身向深处逐渐消失。如果水平荷载过大，桩将会在土中的某处折断。

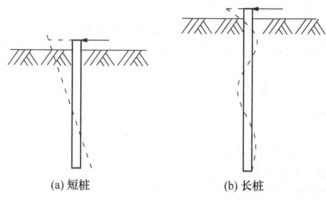

图4-9 竖直桩受水平力的变形

4.4.2 单桩水平承载力

确定单桩水平承载力的方法，主要有水平静荷载试验、理论计算或参照地区经验得到，其中以前者最为可靠。

1. 单桩水平静荷载试验

桩的水平静荷载试验是在现场条件下进行的，由此得到的承载力值和地基土水平抗力系数最符合实际情况。如果预先在桩身中埋设测量元件，则试验资料还能反映出加荷过程中桩身截面的应力和位移，并可由此求出桩身弯矩，据以检验理论分析结果。

进行单桩水平静荷载试验时，常采用一台水平放置的千斤顶同时对两根桩进行加荷。桩的水平位移宜用大量程百分表量测，若需测定地面以上桩身转角时，在水平力作用线以上500mm处还应对称设置一对百分表，以便从上、下百分表的位移差求出地面以上的桩身转角。固定百分表的基准桩与试桩净距不应少于一倍的试桩桩径。

对于承受反复作用水平荷载的桩基，其单桩试验宜采用多循环加卸载方式。每级荷载的增量为预估水平极限承载力的1/10~1/15，或取2.5~20kN（当桩径为300~1 000mm时）。每级各加卸载5次，即每次施加不变的水平荷载4min（用千斤顶加荷时，达到预计的荷载值所需要的时间很短，不另外计算），卸载2min；或者加载、卸载各10min，并按上述时间间隔记录百分表读数，每次卸载都将该级荷载全部卸除。承受长期作用的水平荷载的桩基，宜采用分级连续的加载方式，各级荷载的增量同上，各级荷载维持10min并记录百分表读数后即进行下一级荷载的试验。如在加载过程中观测到10min时的水平位移还未稳定，则应延长该级荷载的维持时间，直至稳定为止。

当出现桩身断裂、桩侧地表出现明显裂缝或隆起、桩顶水平位移超过30~40mm（软土取40mm）等情况之一时，即可终止试验。由试验记录可绘制桩顶水平荷载-时间-桩顶水平位移曲线及水平荷载-位移梯度曲线，当具有桩身应力测量资料时，还可绘制桩身应力分布图以及水平荷载与最大弯矩截面钢筋应力曲线。根据上述试验成果，可确定单桩水平承载力设计值。

2. 理论计算

当桩入土较深，桩的刚度较小时，桩的工作状态如同一个埋设在弹性介质里的弹性杆件，其水平承载力的理论计算方法主要有地基反力系数法、弹性理论法和有限元法等，这里只介绍国内目前常用的地基反力系数法。

地基反力系数法是应用文克勒地基模型，把承受水平荷载的单桩视作弹性地基（由水平向弹簧组成）中的竖直梁，通过求解梁的挠曲微分方程来计算桩身的弯矩、剪力以及桩的水平承载力。

根据文克勒假定，桩的水平抗力可按下式计算（忽略桩土之间的摩擦力对水平抗力的影响以及邻桩的影响）。

$$\sigma_x = k_x x \tag{4-24}$$

式中 σ_x——土层某深度处桩的水平抗力；

k_x——该点的水平抗力系数；

x——该点的水平位移。

地基水平抗力系数的分布和大小，将直接影响挠曲微分方程的求解和桩身截面内力的变化。图 4-10 表示地基反力系数法所假定的四种较为常用的 k_x 分布图式。

（1）常数法：假定地基水平抗力系数沿深度为均匀分布，即 $k_x = k_h$，这是我国学者张有龄在 20 世纪 30 年代提出的方法。

（2）k 法：假定桩身第一挠曲零点（深度 t 处）以上按抛物线变化，以下为常数。

（3）m 法：假定 k_x 随深度成正比增加，即 $k_x = mz$。

（4）c 法：假定 k_x 随深度按 $cz^{0.5}$ 的规律分布，即 $k_x = cz^{0.5}$（c 为比例常数，随土类不同而异）。

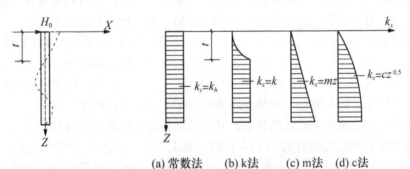

(a) 常数法　(b) k 法　(c) m 法　(d) c 法

图 4-10　地基水平抗力系数的分布图式

实测资料表明，m 法（当桩的水平位移较大时）和 c 法（当桩的水平位移较小时）比较接近实际。这里只简单介绍 m 法。

单桩在水平荷载作用下所引起的桩周土的抗力不仅分布于荷载作用平面内，而且，桩的截面形状对抗力也有影响。计算时简化为平面受力，因此，取桩的截面计算宽度 b_0（单位为 m）如下：

方形截面桩：当实际宽度 $b > 1\text{m}$ 时，$b_0 = b + 1$；当 $b \leqslant 1\text{m}$ 时，$b_0 = 1.5b + 0.5$。

圆形截面桩：当桩径 $d > 1\text{m}$ 时，$b_0 = 0.9(d+1)$；当 $d \leqslant 1\text{m}$，$b_0 = 0.9(1.5d+0.5)$。

计算桩身抗弯刚度 EI 时，对于混凝土桩，桩身的弹性模量 E 采用混凝土的弹性模量 E_c 的 0.85 倍。

按 m 法计算时，地基水平抗力系数的比例常数 m，如无试验资料，可参考表 4-11 所列数值。

表 4-11 地基土水平抗力系数的比例常数 m

序号	地基土类别	预制桩、钢桩		灌注桩	
		m (MN/m⁴)	相应单桩在地面处水平位移/mm	m (MN/m⁴)	相应单桩在地面处水平位移/mm
1	淤泥，淤泥质土，饱和湿陷性黄土	2～4.5	10	2.5～6	6～12
2	流塑（$I_L > 1$）、软塑（$0.75 < I_L \leq 1$）状黏性土，$e > 0.9$ 粉土，松散粉细砂，松散、稍密填土	4.5～6.0	10	6～14	4～8
3	可塑（$0.25 < I_L \leq 0.75$）状黏性土，$e = 0.75 \sim 0.9$ 粉土，湿陷性黄土，中密填土，稍密细砂	6.0～10	10	14～35	3～6
4	硬塑（$0 < I_L \leq 0.25$）、坚硬（$I_L \leq 0$）状黏性土，湿陷性黄土，$e < 0.75$ 粉土，中密的中粗砂，密实老填土	10～22	10	35～100	2～5
5	中密、密实的砾砂，碎石类土			100～300	1.5～3

注：① 当桩顶水平位移大于表列数值或当灌注桩配筋率较高（≥0.65%）时，m 值应适当降低；当预制桩的水平位移小于 10mm 时，m 值可适当提高；
② 当水平荷载为长期或经常出现的荷载，应将表列数值乘以 0.4 降低采用。

单桩在水平力 H_0、弯矩 M_0 和地基水平抗力 σ_x 作用下产生挠曲，根据材料力学中梁的挠曲微分方程得到桩的弹性曲线微分方程

$$\frac{d^4 x}{dz^4} + \frac{mb_0}{EI} zx = 0 \tag{4-25}$$

令

$$\alpha = \sqrt[5]{\frac{mb_0}{EI}} \tag{4-26}$$

α 称为桩的水平变形系数，其量纲是 m^{-1}。将式（4-26）代入式（4-27），可得：

$$\frac{d^4 x}{dz^4} + \alpha^5 zx = 0 \tag{4-27}$$

利用幂级数积分后得到微分方程式（4-33）的解答，并利用梁的挠度、弯矩、剪力和

转角的微分关系可得到沿桩身深度 z 处的内力和位移如下：

位移
$$x_z = \frac{H_0}{\alpha^3 EI} A_x + \frac{M_0}{\alpha^2 EI} B_x \qquad (4-28)$$

转角
$$\varphi_z = \frac{H_0}{\alpha^2 EI} A_\varphi + \frac{M_0}{\alpha EI} B_\varphi \qquad (4-29)$$

弯矩
$$M_z = \frac{H_0}{\alpha} A_M + M_0 B_M \qquad (4-30)$$

剪力
$$Q_z = H_0 A_Q + \alpha M_0 B_Q \qquad (4-31)$$

式中，系数 A_x、B_x、A_φ、B_φ、A_M、B_M、A_Q、B_Q 可查表 4-12。

设计承受水平荷载的单桩时，为了计算截面配筋，设计者最关心桩身的最大弯矩值及其截面位置。根据桩顶荷载 H_0、M_0 及桩的变形系数 α 计算如下系数

$$C_I = \alpha \frac{M_0}{H_0} \qquad (4-32)$$

由系数 C_I 从表 4-13 查得相应的换算深度 $\bar{h}$，则桩身最大弯矩的深度 z_{max} 为

$$z_{max} = \frac{\bar{h}}{\alpha} \qquad (4-33)$$

同时，由系数 C_I 或换算深度 $\bar{h}$ 从表 4-13 查得相应的系数 C_{II}，则桩身最大弯矩 M_{max} 为

$$M_{max} = C_{II} M_0 \qquad (4-34)$$

表 4-13 是按桩长 $l \geq 4.0/\alpha$ 编制的，当 $l < 4.0/\alpha$ 时，可另查有关规范表格。

桩顶刚接于承台的桩，其桩身所产生的弯矩和剪力的有效深度为 $z = 4.0/\alpha$，对桩周为中等强度的土，直径为 400mm 左右的桩来说，此值约为 4.5~5m。在这个深度以下，桩身的内力实际上可忽略不计，只需要按构造配筋或不配筋。

表 4-12　A_x、B_x、A_φ、B_φ、A_M、B_M、A_Q、B_Q 值

αz	A_x	B_x	A_φ	B_φ	A_M	B_M	A_Q	B_Q
0.0	2.440 7	1.621 0	-1.621 0	-1.750 6	0.000 0	1.000 0	1.000 0	1.000 0
0.1	2.278 7	1.450 9	-1.616 0	-1.650 7	0.099 6	0.999 7	0.988 3	-0.007 5
0.2	2.117 8	1.290 9	-1.601 2	-1.550 7	0.197 0	0.998 1	0.955 5	-0.028 0
0.3	1.958 8	1.140 8	-1.576 8	-1.451 1	0.290 1	0.993 8	0.904 7	-0.058 2
0.4	1.802 7	1.000 6	-1.543 3	-1.352 0	0.377 4	0.986 2	0.839 0	-0.095 5
0.5	1.650 4	0.870 4	-1.501 5	-1.253 9	0.457 5	0.974 6	0.761 5	-0.137 5
0.6	1.502 7	0.749 8	-1.460 1	-1.157 3	0.529 4	0.958 6	0.674 9	-0.181 9
0.7	1.360 2	0.638 9	-1.395 9	-1.062 4	0.592 3	0.938 2	0.582 0	-0.226 9
0.8	1.223 7	0.537 3	-1.334 0	-0.969 8	0.645 6	0.913 2	0.485 2	-0.270 9
0.9	1.093 6	0.444 8	-1.267 1	-0.879 9	0.689 3	0.884 1	0.386 9	-0.312 5
1.0	0.970 4	0.361 2	-1.196 5	-0.793 1	0.723 1	0.850 9	0.289 0	-0.350 6

续表

αz	A_x	B_x	A_φ	B_φ	A_M	B_M	A_Q	B_Q
1.2	0.745 9	0.219 1	-1.047 3	-0.630 4	0.761 8	0.774 2	0.101 5	-0.413 4
1.4	0.551 8	0.107 9	-0.894 1	-0.484 1	0.765 0	0.686 9	-0.065 9	-0.454 9
1.6	0.388 1	0.024 2	-0.743 4	-0.356 0	0.737 3	0.593 7	-0.205 6	-0.473 8
1.8	0.259 3	-0.035 7	-0.600 8	-0.246 7	0.684 9	0.498 9	-0.313 5	-0.471 0
2.0	0.147 0	-0.075 7	-0.470 6	-0.156 2	0.614 1	0.406 6	-0.388 4	-0.449 1
3.0	-0.087 4	-0.094 7	-0.069 9	-0.063 0	0.193 1	0.076 0	-0.360 7	-0.190 5
4.0	-0.107 9	-0.014 9	-0.003 4	-0.085 1	0.000 1	0.000 1	0.000 0	-0.050 5

表 4-13 计算桩身最大弯矩位置和最大弯矩的系数 C_I 和 C_{II}

$\bar{h}=\alpha z$	C_I	C_{II}	$\bar{h}=\alpha z$	C_I	C_{II}	$\bar{h}=\alpha z$	C_I	C_{II}
0.0	∞	1.000 00	1.0	0.824 35	1.728 00			
0.1	131.252 4	1.000 50	1.1	0.503 03	2.299 39	2.0	-0.864 74	-0.303 61
0.2	34.186 40	1.003 82	1.2	0.245 63	3.875 72	2.2	-1.048 45	-0.186 78
0.3	15.544 33	1.012 48	1.3	0.033 81	23.437 69	2.4	-1.229 54	-0.117 95
0.4	8.781 45	1.029 14	1.4	-0.144 79	-4.596 37	2.6	-1.420 38	-0.074 18
0.5	5.539 03	1.057 18	1.5	-0.298 66	-1.875 85	2.8	-1.635 25	-0.045 30
0.6	3.708 96	1.101 30	1.6	-0.433 85	-1.128 38	3.0	-1.892 98	-0.026 03
0.7	2.565 62	1.169 02	1.7	-0.554 97	-0.739 96	3.5	-2.993 86	-0.003 43
0.8	1.791 34	1.273 65	1.8	-0.665 46	-0.530 30	4.0	-0.044 50	-0.011 34
0.9	1.238 25	1.440 71	1.9	-0.767 97	-0.396 00			

4.4.3 群桩水平承载力

群桩在水平荷载的作用下也存在群桩效应。通过荷载在土体中的传递，桩与桩的相互影响主要表现在桩侧土水平抗力系数的降低。群桩中各个桩若理想地嵌固于承台中，当承台不发生偏转，同桩顶自由（单桩静荷载试验时的状态）时相比，在相同荷载下，其桩顶位移明显减小。

在一般工业与民用建筑中，当外荷载合力与竖直线的夹角不超过 5°时，经验认为桩的水平承载力能够满足设计要求，可用竖直桩承受水平荷载。若假定承台为绝对刚性，群桩中各桩顶水平位移与承台的水平位移相同，则当各桩的截面相等时，可近似认为各桩所受的水平力相同，即

$$H_i = \frac{H}{n} \tag{4-35}$$

式中 H_i——群桩中单桩的水平荷载；

H——作用于群桩承台底面的水平荷载设计值；

n——群桩中的桩数。

进行群桩水平荷载设计时，H_i 需满足下式要求

$$\gamma_0 H_i < R_{Hd} \tag{4-36}$$

式中 γ_0——建筑物重要性系数，对于一、二、三级建筑物，分别取 $\gamma_0 = 1.1$、1.0、0.9，对于柱下单桩按提高一级考虑，一级建筑物取 1.2；

R_{Hd}——群桩中单桩的水平承载力设计值，$R_{Hd} = \eta_H R_H$，η_H 为群桩效应综合系数，其值与桩径、桩距、桩数、土的水平抗力系数、桩顶位移等因素有关，按《桩基规范》取值。

4.5 桩基础设计

与浅基础一样，桩基础的设计也应符合安全、合理和经济的要求。对桩和承台来说，应有足够的强度、刚度和耐久性；对地基（主要是桩端持力层）来说要有足够的承载力和不致产生过量的变形。大多数桩基设计的首要问题在于控制沉降量，即桩基设计应按桩基变形控制设计。

4.5.1 桩基设计原则

桩基设计采用以概率理论为基础的极限状态设计法，以可靠指标度量桩基的可靠度，并按极限状态设计表达式进行计算。

桩基的极限状态分为两类：①承载能力极限状态：对应于桩基受荷达到最大承载能力或发生不适于继续承载的变形；②正常使用极限状态：对应于桩基变形不致影响正常使用所规定的地基变形限值，或达到未能满足对桩基耐久性要求的某项限值。

根据桩基损坏造成建筑物的破坏后果（危及人的生命、造成经济损失、产生社会影响）的严重性，桩基设计时应根据表 4-14 确定适当的安全等级。

表 4-14 建筑桩基安全等级

安全等级	破坏后果	建筑物类型
一级	很严重	重要的工业与民用建筑物；对桩基变形有特殊要求的工业建筑物
二级	严重	一般的工业与民用建筑物
三级	不严重	次要的建筑物

根据上述极限状态的要求，桩基础需进行下列计算和验算：

（1）所有桩基均应进行承载能力极限状态的计算，内容包括：

① 根据桩基的使用功能和受力特征进行桩基的竖向承载力计算和水平承载力计算。

② 对桩身及承台强度进行计算，对于桩身露出地面或桩侧为液化土、极限承载力小于 50kPa 或不排水抗剪强度小于 10kPa 土层中的细长桩身进行压屈验算，对混凝土预制桩尚应按施工阶段的吊装、运输和锤击作用进行强度验算。

③ 当桩端平面以下存在软弱下卧层时，应验算软弱下卧层的承载力。

④ 对位于坡地、岸边的桩基应验算整体稳定性。

⑤ 按现行《建筑抗震设计规范》（GB50011—2001）规定进行抗震验算的桩基，应验算抗震承载力。

(2) 下列建筑桩基应验算变形：

① 桩端持力层为软弱土的一、二级建筑桩基以及桩端持力层为黏性土、粉土或存在软弱下卧层的一级建筑桩基，应验算沉降。

② 受水平荷载较大或对水平变位要求严格的一级建筑桩基，应验算水平变位。

(3) 下列建筑桩基应进行桩身和承台抗裂与裂缝宽度验算：

① 根据使用条件不允许混凝土出现裂缝的桩基应进行抗裂验算。

② 对使用上需限制裂缝宽度的桩基应进行裂缝宽度验算。

桩基承载能力极限状态的计算应采用作用效应的基本组合和地震作用效应组合。当进行桩基的抗震承载力计算时，荷载设计值和地震作用设计值应符合现行规范的规定。

按正常使用极限状态验算桩基沉降时，应采用荷载的长期效应组合；验算桩基的水平变位、抗裂、裂缝宽度时，根据使用要求和裂缝控制等级，应分别采用作用效应的短期效应组合或短期效应组合考虑长期荷载的影响。

建于黏性土、粉土上的一级建筑桩基及软土地区的一、二级建筑桩基，在其施工过程及建成后使用期间，必须进行系统的沉降观测直至沉降稳定。

此外，对于软土地区、湿陷性黄土地区、季节性冻土和膨胀土地区、岩溶地区、抗震设防地区和其他可能产生桩侧负摩擦力情况的桩基设计，还应考虑各种特殊条件下的设计原则。

4.5.2　桩基设计内容与步骤

桩基设计可按下列内容和步骤进行：

(1) 调查研究，场地勘察，收集有关资料。

(2) 选择桩的材料，确定桩的类型、几何尺寸和构造。

(3) 确定单桩竖向和水平承载力设计值。

(4) 确定桩的数量、间距和平面布置方式。

(5) 验算桩基承载力和沉降。

(6) 桩身结构设计。

(7) 承台设计。

(8) 绘制桩基施工图。

4.5.3　桩基设计基本资料

桩基设计之前必须具备各种基本资料，其中包括建筑物类型及其规模、岩土工程勘察资料、施工设备和技术条件、环境条件、检测条件以及当地桩基工程的实践经验。其中，岩土工程勘察资料是桩基设计的主要依据。

对桩基的详细勘察，除应满足现行勘察规范有关要求外尚应满足以下要求：

1. 勘探点间距

(1) 对于端承桩和嵌岩桩：主要根据桩端持力层顶面坡度决定，一般间距为12~24m。当相邻两个勘探点揭露出的层面坡度大于10%时，应根据具体工程条件适当加密勘探点。

(2) 对于摩擦桩：一般按间距为20~30m布置勘探点，但遇到土层的性质或状态在水平方向分布变化较大，或存在可能影响成桩的土层时，应适当加密勘探点。

(3) 复杂地质条件下的柱下单桩基础应按桩列线布置勘探点，并宜每桩设一勘探点。

2. 勘探深度

（1）布置 1/3～1/2 的勘探孔为控制性孔，且安全等级为一级的建筑桩基，场地至少应布置三个控制性孔，安全等级为二级的建筑桩基应不少于两个控制性孔。控制性孔深度应穿透桩端平面以下压缩层厚度，一般性勘探孔应深入桩端平面以下 3～5m。

（2）嵌岩桩钻孔应深入持力岩层不小于 3～5 倍的桩径；当持力层较薄时，应有部分钻孔钻穿持力层。岩溶地区，应查明溶洞、溶沟、溶槽、石笋等的分布情况。

在勘察深度范围内的每一地层，均应进行室内试验或原位测试，提供设计所需参数。

4.5.4 桩型选择与布置

1. 桩型、桩长和截面尺寸选择

桩基设计时，应根据建筑物的结构类型、荷载情况、地层条件、施工能力及环境限制等因素，从满足建筑物对桩基承载力与变形允许值要求出发，合理选择桩型、桩长和截面尺寸，并确定桩端持力层。

对不同规模、不同安全等级的建筑物，可分别考虑采用不同桩径的灌注桩、预制桩或预应力管桩。当土中存在大孤石、废金属以及花岗岩残积层中未风化的石英脉时，预制桩将难以穿越；当土层分布很不均匀时，混凝土预制桩的预制长度较难掌握；在场地土层分布比较均匀的条件下，采用质量易于保证的预应力高强混凝土管桩比较合理。

桩的长度主要取决于桩端持力层的选择。桩端宜进入坚硬土层或岩层，采用端承型桩或嵌岩桩；当坚硬土层埋深很大时，则宜采用摩擦型桩，桩端应尽量达到低压缩性、中等强度的土层上。桩端进入持力层的深度，对黏性土、粉土，不宜小于 $2d$（d 为桩的直径）；对砂土，不宜小于 $1.5d$，对碎石类土，不宜小于 d。当存在软弱下卧层时，桩端以下硬持力层厚度不宜小于 $4d$，嵌岩灌注桩的周边嵌入微风化或中等风化岩体的最小深度不宜小于 0.5m，以确保桩端与岩体接触。此外，嵌岩灌注桩、端承桩，尤其是荷载很大的大直径灌注桩，在桩底下 $3d$ 范围内应无软弱夹层、断裂带、洞穴和空隙分布。当硬持力层较厚且施工条件许可时，桩端进入持力层的深度应尽可能达到桩端阻力的临界深度，以提高桩端阻力。该临界深度值，对于砂、砾土为 $3～6d$，对黏性土、粉土为 $5～10d$。

桩长确定以后，施工时的设置深度必须满足设计要求。如果土层比较均匀，层面比较平整，桩的实际长度通常等于设计长度；当场地土层复杂，或者桩端持力层层面起伏不平时，桩的实际长度常与设计长度不一致。打入的桩入土深度应按所设计的桩端标高和最后贯入度两方面控制。

桩型与桩长初步确定后，即可根据单桩或基桩承载力大小的要求，定出桩的截面尺寸，并初步确定承台底面标高。一般情况下，承台埋深的选择主要从结构要求和方便施工的角度来考虑，并且不得小于 600mm。季节性冻土上的承台埋深，应根据地基土的冻胀性确定，并应考虑是否需要采取相应的防冻害措施。膨胀土上的承台，其埋深选择也应考虑土的膨胀性影响。

2. 桩数及桩位布置

（1）桩的根数。初步确定桩的根数时，可不考虑群桩效应和承台底面处地基土的承载力。当桩基为轴心受压时，根据单桩竖向承载力设计值 R，桩数 n 可按下式估算：

$$n \geqslant \frac{F+G}{R} \tag{4-37}$$

式中 F——作用在承台上的轴向压力设计值;

G——承台及其上方填土的重力。

偏心受压时,对于偏心距固定的桩基,如果桩的布置使群桩横截面形心与荷载合力作用点重合,则仍可按上式确定桩数。否则,桩的根数应按上式确定的根数增加 10% ~ 20%。所选的桩数是否合适,可通过验算各桩的受力状况后确定。

承受水平荷载的桩基,桩数的确定还应满足对桩水平承载力的要求。此时,可近似以各单桩水平承载力之和作为桩基的水平承载力,这样处理是偏于安全的。

在层厚较大的高灵敏度流塑黏土中,不宜采用间距小而桩数多的打入式桩基。否则,土体结构破坏严重,强度明显降低;加上相邻各桩的相互影响,桩基的沉降和不均匀沉降都将显著增加。

(2) 桩的间距。桩的间距一般采用 3 ~ 4 倍的桩径。间距过大会增加承台的体积和用料;间距过小则将使桩基的沉降量增加,且给施工造成困难。《桩基规范》规定,一般桩的最小中心距应满足表 4-15 的要求。对于大面积桩群,尤其是挤土桩,桩的最小中心距宜按表中值适当加大。

表 4-15 桩的最小中心距

土类与成桩工艺		排数不少于 3 排且桩数不少于 9 根的摩擦型桩基	其他情况
非挤土和部分挤土灌注桩		3.0d	2.5d
挤土灌注桩	穿越非饱和土	3.5d	3.0d
	穿越饱和土	4.0d	3.5d
挤土预制桩		3.5d	3.0d
打入式敞口管桩和 H 型钢桩		3.5d	3.0d
钻、挖孔扩底灌注桩		1.5D 或 $D+1m$（当 $D>2m$ 时）	
沉管夯扩灌注桩		2.0d	

注：D 为桩扩大端的直径。

(3) 桩位布置。桩在平面内可以布置成方形或矩形、三角形和梅花形（如图 4-11 (a) 所示）,条形基础下的桩,可采用单排或双排布置（如图 4-11 (b) 所示）,也可采用不等距布置。

为了使桩基中各桩受力比较均匀,布置时应尽可能使上部荷载的中心与桩群横截面形心重合或接近。当作用在承台底面的弯矩较大时,宜尽量将桩布置在离承台形心较远处,采用外密内疏的布置方式,以增大基桩对承台形心或合力作用点的惯性矩,提高桩基的抗弯能力。

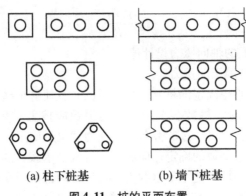

(a) 柱下桩基　　　　　(b) 墙下桩基

图 4-11　桩的平面布置

4.5.5　桩的设计与验算

1. 桩基中基桩受力的计算

（1）桩顶荷载计算。以承受竖向荷载为主的群桩基础中基桩的桩顶荷载效应可按下列公式计算：

轴心竖向荷载作用下

$$Q_k = \frac{F_k + G_k}{n} \tag{4-38}$$

式中　Q_k——轴心竖向力作用下任一基桩的竖向力设计值；

　　　F_k——作用于桩基承台顶面的竖向力设计值；

　　　G_k——承台及其上方土的自重设计值。

偏心竖向荷载作用下

$$Q_{ik} = \frac{F_k + G_k}{n} \pm \frac{M_{xk} y_i}{\sum y_i^2} \pm \frac{M_{yk} x_i}{\sum x_i^2} \tag{4-39}$$

式中　Q_{ik}——偏心竖向力作用下第 i 根桩的竖向力设计值；

　　　M_{xk}、M_{yk}——作用于承台底面通过桩群形心的 x、y 轴的力矩设计值；

　　　x_i、y_i——桩 i 至桩群形心的 y、x 轴线的距离。

水平力作用下，桩顶荷载可按式（4-41）计算。

（2）单桩承载力验算。承受轴心竖向力作用的桩基，相应于荷载效应标准组合时作用于单桩的竖向力 Q_k 应符合下式的要求：

$$Q_k \leqslant R \tag{4-40}$$

承受偏心竖向力作用的桩基，除应满足式（4-40）的要求外，相应于荷载效应标准组合时作用于单桩的最大竖向力 $Q_{ik\max}$ 尚应满足下式的要求：

$$Q_{ik\max} \leqslant 1.2R \tag{4-41}$$

承受水平力作用的桩基，单桩水平承载力应满足式（4-36）的要求。

此外，对于持力层下存在软弱下卧层的桩基，还要进行下卧层承载力的验算。

2. 桩身结构设计

（1）钢筋混凝土预制桩。预制桩的混凝土强度等级不应低于 C30，采用静压法沉桩时，可适当降低，但不宜低于 C20；预应力混凝土桩的混凝土强度等级不应低于 C40。预制桩的主筋（纵向）应按计算确定，并根据断面的大小及形状选用 4~8 根直径为 14~25mm 的钢筋。最小配筋率不宜小于 0.8%，一般可为 1% 左右，静压法沉桩时，其最小配筋率不宜小于 0.4%。箍筋直径可取 6~8mm，间距不大于 200mm，在桩顶和桩尖处应适当加密。用打入法沉桩时，直接受到锤击的桩顶应放置三层钢筋网。桩尖处所有主筋应焊接在一根圆钢上，或在桩尖处用钢板加强。主筋的混凝土保护层不宜小于 30mm。计算主筋配筋量时，除应满足工作条件下桩的承载力或抗裂性要求外，还应验算桩在起吊、运输、吊立和锤击打入时的应力。桩的混凝土强度必须达到设计强度的 70% 时才可起吊，达到 100% 时才可搬运。

锤击法沉桩时，冲击产生的应力以应力波的形式传到桩端，然后又反射回来。在周期性的拉压应力作用下，桩身上端常出现环向裂缝。设计时，一般要求锤击过程中产生的压应力小于桩身材料的抗压强度设计值；拉应力小于桩身材料的抗拉强度设计值。设计时常根据实测资料确定锤击拉压应力值。当无实测资料时，可按《桩基规范》建议的经验公式及表格取值。

(2) 灌注桩。灌注桩的混凝土强度等级一般不应低于 C15，水下浇灌时不应低于 C20，混凝土预制桩尖不应低于 C30。当桩顶轴向压力和水平力经计算满足《桩基规范》受力条件时，可按构造要求配制桩身的钢筋。对一级建筑桩基，配制 6~10 根直径 12~14mm 的主筋，最小配筋率不小于 0.2%，锚入承台 30 倍主筋直径，伸入桩身长度不小于 10 倍桩身直径，且不小于承台下软弱土层层底深度；对二级建筑桩基，可配制 4~8 根直径 10~12mm 的主筋，锚入承台至少 30 倍主筋直径，且伸入桩身长度不小于 5 倍桩身直径；对于沉管灌注桩，配筋长度不应小于承台下软弱土层层底深度；三级建筑桩基可不配构造钢筋。

4.5.6 承台设计

承台的作用是将桩连接成一个整体，并把建筑物的荷载传到桩上，因而承台应有足够的强度和刚度。桩基承台可分为柱下独立承台、柱下或墙下条形承台（梁式承台），以及筏板承台和箱形承台等。承台设计包括确定承台的材料、形状、高度、底面标高、平面尺寸，以及局部受压、受冲切、受剪及受弯承载力计算，并应符合相应构造要求。

1. 外形尺寸及构造要求

承台的平面尺寸一般由上部结构、桩数及布桩形式决定。通常，墙下桩基做成条形承台即梁式承台；柱下桩基宜做成板式承台（矩形或三角形），其剖面形状可做成锥形、台阶形或平板形。

条形承台和柱下独立承台的厚度不应小于 300mm，宽度不应小于 500mm，承台边缘至边桩中心距离不宜小于桩的直径或边长，且边缘挑出部分不应小于 150mm，对于条形承台梁边缘挑出部分不应小于 75mm。为保证群桩与承台之间连接的整体性，桩顶应嵌入承台一定长度，对大直径桩不宜小于 100mm；对中等直径桩不宜小于 50mm。混凝土桩的桩顶主筋应伸入承台内，其锚固长度不宜小于 30 倍主筋直径，对于抗拔桩基不应小于 40 倍主筋直径。

承台的混凝土强度等级不宜小于 C15，采用 II 级钢筋时，混凝土强度等级不宜小于 C20。承台的配筋按计算确定，对于矩形承台板配筋宜按双向均匀配置（如图 4-12 (a) 所示），钢筋直径不宜小于 10mm，间距应满足 100~200mm；对于三桩承台，应按三向板带均匀配置（如图 4-12 (b) 所示），最里面的三根钢筋相交围成的三角形应位于柱截面范围以内。承台梁的纵向主筋直径不应小于12mm。承台钢筋的混凝土保护层厚度不宜小于70mm。

筏形、箱形承台板的厚度应满足整体刚度、施工条件及防水要求。对于桩布置于墙下或基础梁的情况，承台板厚度不宜小于250mm，且板厚与计算区段最小跨度之比不宜小于1/20。筏形承台板的分布构造钢筋直径采用10~12mm，间距应为150~200mm，考虑到整体弯矩的影响，纵横两个方向的支座钢筋尚应有1/2~1/3，且配筋率不小于0.15%，贯通全跨配置；跨中钢筋应按计算配筋率全部连通。

两桩桩基的承台，宜在其短向设置连系梁。连系梁顶面宜与承台顶位于同一标高，梁宽度不宜小于200mm，其高度可取承台中心距的1/10~1/15，并配置不小于4根直径为12mm的钢筋。

承台埋深应不小于600mm，在季节性冻土、膨胀土地区，承台宜埋设在冰冻线、大气影响线以下，但当冰冻线、大气影响线深度不小于1m且承台高度较小时，则应视土的冻胀性、膨胀性等级，分别采取换填无黏性土垫层、预留空隙等隔胀措施。

2. 承台的内力计算

大量模型试验表明，柱下独立承台在配筋不足等情况下将产生弯曲破坏，其破坏特征呈梁式破坏。例如，四桩承台破坏时，挠曲裂缝在平行于柱边两个方向交替出现，承台在两个方向承担荷载（如图4-13所示），最大弯矩产生于屈服线处。

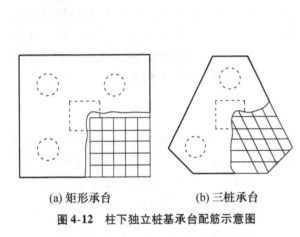

(a) 矩形承台　　　　(b) 三桩承台

图4-12　柱下独立桩基承台配筋示意图　　　　图4-13　四桩承台弯曲破坏屈服线

根据极限平衡原理，承台正截面弯矩计算如下：

(1) 柱下多桩矩形承台。计算截面应取在柱边和承台高度变化处（杯口外侧或台阶边缘），按下式计算：

$$M_x = \sum N_i y_i \tag{4-42}$$

$$M_y = \sum N_i x_i \tag{4-43}$$

式中　M_x、M_y——垂直于x轴和y轴方向计算截面处的弯矩设计值；

x_i、y_i——垂直于y轴和x轴自桩轴线到相应计算截面的距离（如图4-14所示）；

N_i——扣除承台和其上填土自重后第i桩竖向净反力设计值。

(2) 柱下三桩三角形承台。计算截面应取在柱边（如图4-15所示），并按下式计算：

$$M_y = N_x x \tag{4-44}$$

$$M_x = N_y y \tag{4-45}$$

当计算截面不与主筋方向正交时，须对主筋方向角进行换算。

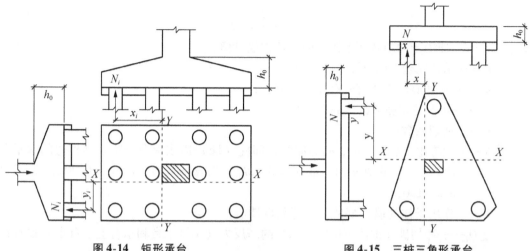

图 4-14 矩形承台　　　　　　图 4-15 三桩三角形承台

(3) 柱下或墙下条形承台梁。柱下条形承台的正截面弯矩设计值一般可按弹性地基梁进行分析,地基的计算模型应根据地基土层的特性选取。当桩端持力层较硬且桩轴线不重合时,可视柱为不动支座,按连续梁计算。墙下条形承台梁可按倒置的弹性地基梁计算弯矩和剪力。

3. 承台厚度及强度计算

承台厚度可按冲切及剪切条件确定。一般先估计承台厚度,再校核冲切和剪切强度,并进行调整。承台强度计算包括受冲切、受剪切、局部承压及受弯计算。

(1) 受冲切计算。当承台有效高度不足时,将产生冲切破坏。其破坏方式可分为沿柱(墙)边的冲切和单一基桩对承台的冲切两类。柱边冲切破坏锥体斜面与承台底面的夹角大于等于 45°,该斜面的上周边位于柱与承台交接处或承台变阶处,下周边位于相应的桩顶内边缘处(如图 4-16 所示)。

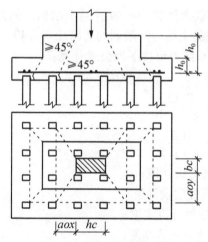

图 4-16　柱下承台的冲切

受冲切承载力可按下列公式计算:

$$\gamma_0 F_l \leqslant \alpha f_t u_m h_0 \tag{4-46}$$

$$F_l = F - \sum Q_i \tag{4-47}$$

$$\alpha = \frac{0.72}{\lambda + 0.72} \tag{4-48}$$

式中 F_l——作用于冲切破坏锥体上的冲切力设计值；

f_t——承台混凝土抗拉强度设计值；

u_m——冲切破坏锥体有效高度中线周长；

h_0——承台冲切破坏锥体的有效高度；

α——冲切系数；

λ——冲跨比，$\lambda = \alpha_0/h_0$，α_0 为冲跨，即柱（墙）边或承台变阶处到桩边的水平距离；当 $\alpha_0 < 0.20h_0$ 时，取 $\alpha_0 = 0.20h_0$；当 $\alpha_0 > h_0$ 时，取 $\alpha_0 = 0.20h_0$，λ 满足 $0.2 \sim 1.0$；

F——作用于柱（墙）底的竖向荷载设计值；

$\sum Q_i$——冲切破坏锥体范围内各基桩的净反力（不计承台和承台上土自重）设计值之和。

对于圆柱及圆桩，计算时应将截面换算成方柱或方桩，取换算柱或桩截面边宽 $b_p = 0.8d$。

柱下矩形独立承台受柱冲切时可按下列公式计算（如图 4-16 所示）：

$$\gamma_0 F_l \leq 2 \left[\alpha_{ox}(b_c + \alpha_{oy}) + \alpha_{oy}(h_c + \alpha_{ox}) \right] f_t h_0 \tag{4-49}$$

式中 h_c、b_c——柱截面长、短边尺寸；

α_{ox}、α_{oy}——自柱长边或短边到最近桩边的水平距离，$\lambda_{ox} = \alpha_{ox}/h_0$，$\lambda_{oy} = \alpha_{oy}/h_0$。

对位于柱（墙）冲切破坏锥体以外的基桩，尚应考虑单桩对承台的冲切作用，并按四桩承台、三桩承台等不同情况计算受冲切承载力。

（2）受剪切计算。桩基承台的剪切破坏面为一通过柱（墙）边与桩边连线所形成的斜截面（如图 4-17 所示）。当柱（墙）外有多排桩形成多个剪切斜截面时，对每一个斜截面都应进行受剪承载力计算。

桩基承台斜截面受剪承载力计算同一般混凝土结构，但由于桩基承台多属小剪跨比（$\lambda < 1.40$）情况，故需将混凝土结构所限制的剪跨比（$1.40 \sim 3.0$）延伸到 0.3 的范围。

等厚度承台斜截面受剪承载力可按下列公式计算：

$$\gamma_0 V \leq \beta f_c b_0 h_0 \tag{4-50}$$

当 $0.3 \leq \lambda < 1.4$ 时，$\beta = \dfrac{0.12}{\lambda + 0.3}$

当 $1.4 \leq \lambda \leq 3.0$ 时，$\beta = \dfrac{0.2}{\lambda + 1.5}$

式中 V——斜截面的最大剪力设计值；

f_c——混凝土轴心抗压强度设计值；

b_0——承台计算截面处的计算宽度；

h_0——承台计算截面处的有效高度；

β——剪切系数；

λ——计算截面的剪跨比，$\lambda_x = \alpha_x/h_0$，$\lambda_y = \alpha_y/h_0$，其中 α_x、α_y 为柱（墙）边或承台变阶处到 x、y 方向计算一排桩的桩边水平距离；当 $\lambda < 0.3$ 时，取 $\lambda = 0.3$；当 $\lambda > 3$ 时，取 $\lambda = 3$。

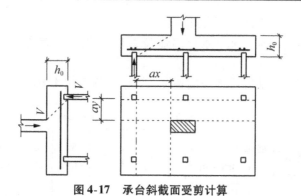

图 4-17 承台斜截面受剪计算

(3) 局部受压计算。对于柱下桩基，当承台混凝土强度等级低于柱的强度等级时，尚应验算承台的局部受压承载力。

当进行承台的抗震验算时，应根据现行《建筑抗震设计规范》的规定对承台的受弯、受剪切承载力进行抗震调整。

(4) 受弯计算。承台的受弯计算，可根据承台的类型按照上述方法求得承台内力，然后按照现行《混凝土结构设计规范》的相关规定验算其正截面受弯承载力。

4.5.7 设计案例

1. 设计资料

(1) 上部结构资料。某教学实验楼，上部结构为七层框架，其框架主梁、次梁、楼板均为现浇整体式，混凝土强度等级为 C30。底层层高 3.4m（局部 10m，内有 10t 桥式吊车），其余层高 3.3m，底层柱网平面布置及柱底荷载如图 4-18 所示。

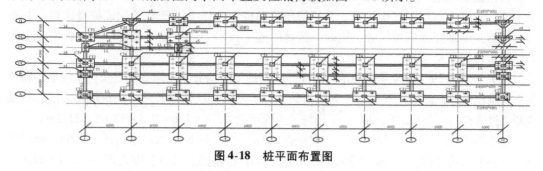

图 4-18 桩平面布置图

(2) 建筑物场地资料。拟建建筑物场地位于市区内，地势平坦，建筑物平面位置如图 4-19 所示。

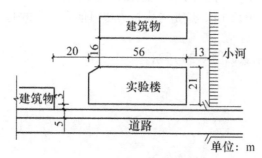

图 4-19 建筑物平面位置示意图

建筑物场地位于非地震区，不考虑地震影响。

场地地下水类型为潜水，地下水位离地表2.1m，根据已有资料，该场地地下水对混凝土没有腐蚀性。

建筑地基的土层分布情况及各土层物理、力学指标见表4-16。

表4-16 地基各土层物理，力学指标

土层编号	土层名称	层底埋深/m	层厚/m	γ /kN·m^{-3}	e	ω/%	I_L	c/kPa	φ/°	E_s/MPa	f_k/kPa	P_s/MPa
1	杂填土	1.8	1.8	17.5								
2	灰褐色粉质黏土	10.1	8.3	18.4	0.90	33	0.95	16.7	21.1	5.4	125	0.72
3	灰褐色泥质黏土	22.1	12.0	17.8	1.06	34	1.10	14.2	18.6	3.8	95	0.86
4	黄褐色粉土夹粉质黏土	27.4	5.3	19.1	0.88	30	0.70	18.4	23.3	11.5	140	3.44
5	灰-绿色粉质黏土	>27.4		19.7	0.72	26	0.46	36.5	26.8	8.6	210	2.82

2. 选择桩型、桩端持力层、承台埋深

（1）选择桩型。因为框架跨度大而且不均匀，柱底荷载大，不宜采用浅基础。

根据施工场地、地基条件以及场地周围环境条件，选择桩基础。因转孔灌注桩泥水排泄不便，为减少对周围环境污染，采用静压预制桩，这样可以较好的保证桩身质量，并在较短的施工工期完成沉桩任务，同时，当地的施工技术力量、施工设备以及材料供应也为采用静压桩提供可能性。

（2）选择桩的几何尺寸以及承台埋深。依据地基土的分布，第③层是灰色淤泥质的粉质黏土，且比较厚，而第④层是粉土夹粉质黏土，所以以第④层是比较适合的桩端持力层。桩端全断面进入持力层1.0m（>2d），工程桩入土深度为h，$h = 1.8 + 8.3 + 12 + 1 = 23.1m$

由于第①层后1.8m，地下水位为离地表2.1m，为了使地下水对承台没有影响，所以选择承台底进入第②层土0.3m，即承台埋深为2.1m，桩基的有效桩长即为23.1 – 2.1 = 21m。

桩截面尺寸选用：由于经验关系建议：楼层<10时，桩边长取300~400，350mm×350mm，由施工设备要求，桩分为两节，上段长11m，下段长11m（不包括桩尖长度在内），实际桩长比有效桩长长1m，这是考虑持力层可能有一定的起伏以及桩需要嵌入承台一定长度而留有的余地。

桩基以及土层分布示意如图4-20所示。

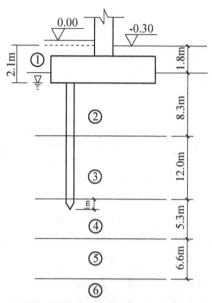

图 4-20 桩基及土层分布示意图

3. 确定单桩极限承载力标准值

本设计属于二级建筑桩基,采用经验参数法和静力触探法估算单桩极限承载力标准值。

根据单桥探头静力触探资料 P_s 按图 4-21 所示确定桩侧极限阻力标准及桩侧极限阻力分布如图 4-22 所示。

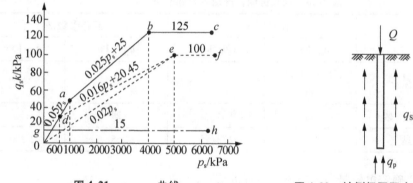

图 4-21 $p_s - q_{sk}$ 曲线　　　图 4-22 桩侧极限阻力分布示意图

由于除去杂土外,第②、③、④、⑤层土都是黏土,则采取图 4-21 中的折线 $oabc$ 来确定桩侧极限阻力的标准值:

即:$P_s < 1\,000$ kPa 时,$q_{sk} = 0.05 P_s$

$P_s > 1\,000$ kPa 时,$q_{sk} = 0.025 P_s + 25$

桩端的竖向极限承载力标准值的计算公式

$$Q_{uk} = Q_{sk} + Q_{pk} = u \sum q_s k_i l_{li} + \alpha P_{sk} A_p$$

式中　$P_{sk} = \dfrac{1}{2}(P_{sk1} + \beta P_{sk2})$

u——桩身截面周长,m。

l_i——桩穿过第 i 层土的厚度。

A_p——桩身横截面积,扩底桩为桩底水平投影面积,m^2,

α——桩端阻力修正系数,查表 4 – 17。

由于桩尖入土深度 $H = 23.1m$（$15 < H < 30$）,查表 4-17,由线性插值法求得修正系数 $\alpha = 0.83$。

表 4-17 桩端阻力修正系数 α 值

桩入土深度/m	$H < 15$	$15 < H \leq 30$	$30 < H \leq 60$
α	0.75	0.75 ~ 0.9	0.9

P_{sk1} 为桩端全断面以上 8 倍桩径范围内的比贯入阻力平均值,计算时,由于桩尖进入持力层深度较浅,仅 1m,并考虑持力层的可能起伏,所以这里不计持力层土的 P_{sk},P_{sk2} 为桩端全断面以下 4 倍桩径范围以内的比贯入阻力平均值,故 $P_{sk1} = 860kPa$,$P_{sk2} = 3440kPa$,β 为折减系数,因为 $P_{sk1}/P_{sk2} < 5$,取 $\beta = 1$。

根据静力触探法求 q_{sk},根据图 4-21 和表 4-16 的数据（各层土的 P_s 值）,有如下:

第二层：$h \leq 6m$,$q_{sk} = 15kPa$; $6 \leq h \leq 10.1m$,$q_{sk} = 0.05P_s = 0.05 \times 720 = 36kPa$;

第三层：$10.1 \leq h \leq 22.1m$,$q_{sk} = 0.05p_s = 0.05 \times 860 = 43kPa$;

第四层：$22.3 \leq h < 27.6m$,$q_{sk} = 0.025p_s + 25 = 0.025 \times 3440 + 25 = 111kPa$

依据静力触探比贯入阻力值和按照土层及其物理指标查表法估算的极限桩侧,桩端阻力标准值列于表 4-18。

表 4-18 极限桩侧、桩端阻力标准值

层序		静力触探法		经验参数法	
		q_{sk}/kPa	αq_{sk}/kPa	q_{sk}/kPa	q_{pk}/kPa
②	粉质黏土	15 ($h \leq 6$) 36		35	
③	淤泥质粉质黏土	43		29	
④	粉质黏土	111	1784.5	55	2 200

按静力触探法确定单桩竖向极限承载力标准值：

$Q_{uk} = Q_{sk} + Q_{pk} = u \sum q_{ski}l_i + \alpha P_s k A_p$

$= 4 \times 0.35 \times [15 \times (6 - 2.1) + 36 \times 4.1 + 43 \times 12 + 111 \times 1] + 0.35^2 \times 1784.5$

$= 1166.34 + 218.6$

$= 1385kN$

估算的单桩竖向承载力设计值（$\gamma_s = \gamma_p = 1.60$）

$$R_1 = \frac{Q_{sk}}{\gamma_s} + \frac{Q_{pk}}{\gamma_p} = \frac{1385}{1.6} = 865.6kN$$

按经验参数法确定单桩竖向承载力极限承载力标准值：

$$Q_{uk} = Q_{sk} + Q_{pk} = 4 \times 0.35 \times (35 \times 8 + \times 29 \times 12 + 55 \times 1) + 0.35^2 \times 2200$$
$$= 956.2 + 269.5$$
$$= 1\,226\text{kN}$$

估算的单桩竖向承载力设计值（$\gamma_s = \gamma_p = 1.65$）

$$R_2 = \frac{Q_{sk}}{\gamma_s} + \frac{Q_{pk}}{\gamma_p} = \frac{1\,226}{1.65} = 743\text{kN}$$

由于 $R_1 > R_2$，所以最终按经验参数法计算单桩承载力设计值，即采用 $R = R_2 = 743\text{kN}$，初步确定桩数。

4. 确定桩数和承台底面尺寸

下面以①—B，①—C 的荷载计算。

（1）B 柱桩数和承台的确定。

最大轴力组合的荷载 $F = 2\,294\text{kN}$，$M = 78\text{kN} \cdot \text{m}$，$Q = 47\text{kN}$

初步估算桩数，由于柱子是偏心受压，故考虑一定的系数，规范中建议取 1.1~1.2，现在取 1.1 的系数，即：

$$n \geq \frac{F}{R_2} \times 1.1 = \frac{2\,294}{743} \times 1.1 = 3.4 \text{（根）}$$

取 $n = 4$ 根，桩距 $S_a \geq 3d = 1.05\text{m}$，桩位平面布置如图 4-23 所示，承台底面尺寸为 $1.9\text{m} \times 1.9\text{m}$。

（2）C 柱桩数和承台的确定。

最大轴力组合的荷载 $F = 3\,254\text{kN}$，$M = 41\text{kN} \cdot \text{m}$，$Q = 56\text{kN}$

初步估算桩数 $n \geq \frac{F}{R} \times 1.1 = \frac{3\,254}{743} \times 1.1 = 4.6 \text{（根）}$

取 $n = 5$ 根，$S_a \geq 3d = 1.05\text{m}$，取 $S_a = 1.6\text{m}$，则承台底尺寸为 $2.3\text{m} \times 2.3\text{m}$。

桩位平面布置如图 4-24 所示（四个角上的桩与中间桩的 $d = 800\sqrt{2} = 1\,130\text{mm} > 1\,050\text{mm}$）

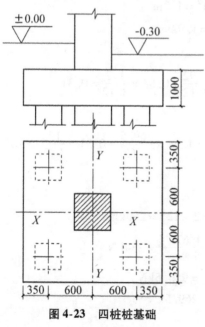

图 4-23 四桩桩基础

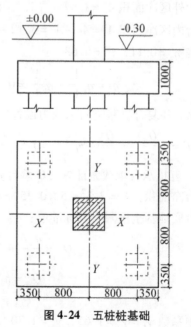

图 4-24 五桩桩基础

5. 确定复合基桩竖向承载力设计值

该桩基属于非端承桩，并 $n>3$，承台底面下并非欠固结土，新填土等，故承台底面不会与土脱离，所以宜考虑桩群、土、承台的相互作用效应，按复合基桩计算竖向承载力设计值。

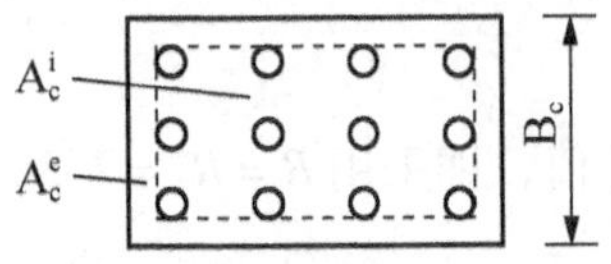

图 4-25 桩的布置示意图

目前，考虑桩基的群桩效应有两种方法。《地基规范》采用等代实体法，《桩基规范》采用群桩效应系数法。下面用群桩效应系数法计算 B, C 复合基桩的竖向承载力设计值

(1) 四桩承台承载力计算（B 承台）（如图 4-25 所示）。

承台净面积：$A_c = 1.9^2 - 4 \times 0.35^2 = 3.12 \text{m}^2$。

承台底地基土极限阻力标准值：$q_{ck} = 2f_k = 2 \times 125 = 250 \text{kPa}$

$$Q_{ck} = \frac{q_{ck} A_c}{n} = \frac{250 \times 3.2}{4} = 195 \text{kN}$$

$$Q_{sk} = u \sum q_{ski} l_i = 956.2 \text{kN}$$

$$Q_{pk} = A_p q_p = 269.5 \text{kN}$$

分项系数 $\gamma_s = \gamma_p = 1.65$，$\gamma_c = 1.70$

因为桩分布不规则，所以要对桩的距径比进行修正，修正如下：

$$\frac{S_a}{d} = 0.886 \frac{\sqrt{A_e}}{\sqrt{nb}} = 0.886 \frac{\sqrt{1.9 \times 1.9}}{\sqrt{4} \times 0.35} = 2.4$$

$$\frac{B_c}{l} = \frac{1.9}{21} = 0.09$$

群桩效应系数查表得：$\eta_s = 0.8$，$\eta_p = 1.64$

承台底土阻力群桩效应系数：$\eta_c = \eta_c^i \frac{A_c^i}{A_c} + \eta_c^e \frac{A_c^e}{A_c}$

承台外区净面积 $A_c^e = 1.9^2 - (1.9 - 0.35)^2 = 1.2 \text{m}^2$

承台内区净面积 $A_c^i = A_c - A_c^e = 3.12 - 1.2 = 1.92 \text{m}^2$

查表 $\eta_c^i = 0.11$，$\eta_c^e = 0.63$

$$\eta_c = \eta_c^i \frac{A_c^i}{A_c} + \eta_c^e \frac{A_c^e}{A_c} = 0.11 \times \frac{1.92}{3.12} + 0.63 \times \frac{1.2}{3.12} = 0.31$$

那么，B 复合桩基竖向承载力设计值 R：

$$R = \eta_s \frac{Q_{sk}}{\gamma_s} + \eta_p \frac{Q_{pk}}{\gamma_p} + \eta_c \frac{Q_{ck}}{\gamma_c} = 0.8 \times \frac{956.2}{1.65} + 1.64 \times \frac{269.5}{1.65} + 0.31 \times \frac{195}{1.70} = 767 \text{kN}$$

(2) 五桩承台承载力计算（C 承台）。

承台净面积：$A_c = 2.3^2 - 5 \times 0.35^2 = 4.6775 \text{m}^2$

承台底地基土极限阻力标准值：$q_{ck} = 2f_k = 2 \times 125 = 250 \text{kPa}$

$$Q_{ck} = \frac{q_{ck} A_c}{n} = \frac{250 \times 4.6775}{5} = 234 \text{kN}$$

$$Q_{sk} = u \sum q_{ski} l_i = 956.5 \text{kN}$$

$$Q_{pk} = A_p q_p = 269.5 \text{kN}$$

分项系数 $\gamma_s = \gamma_p = 1.65$，$\gamma_c = 1.70$

因为桩分布不规则,所以要对桩的距径比进行修正,修正如下:

$$\frac{S_a}{d} = 0.886 \frac{\sqrt{A_e}}{\sqrt{nb}} = 0.886 \frac{\sqrt{2.3 \times 2.3}}{\sqrt{5} \times 0.35} = 2.6$$

$$\frac{Bc}{l} = \frac{2.3}{21} = 0.1095$$

群桩效应系数查表得:$\eta_s = 0.8$,$\eta_p = 1.64$

承台底土阻力群桩效应系数:$\eta_c = \eta_c^i \frac{A_c^i}{A_c} + \eta_c^e \frac{A_c^e}{A_c}$

承台外区净面积 $A_c^e = 2.3^2 - (2.3 - 0.35)^2 = 1.4875 \text{m}^2$

承台内区净面积 $A_c^i = A_c - A_c^e = 4.6775 - 1.4875 = 3.19 \text{m}^2$

查表 $\eta_c^i = 0.11$,$\eta_c^e = 0.63$

$$\eta_c = \eta_c^i \frac{A_c^i}{A_c} + \eta_c^e \frac{A_c^e}{A_c} = 0.11 \times \frac{3.19}{4.6775} + 0.63 \times \frac{1.4875}{4.6775} = 0.275$$

那么,C 复合桩基竖向承载力设计值 R:

$$R = \eta_s \frac{Q_{sk}}{\gamma_s} + \eta_p \frac{Q_{pk}}{\gamma_p} + \eta_c \frac{Q_{ck}}{\gamma_c} = 0.8 \times \frac{956.2}{1.65} + 1.64 \times \frac{269.5}{1.65} + 0.275 \times \frac{234}{1.70} = 769 \text{kN}$$

6. 桩顶作用验算

(1) 四桩承台验算(B 承台)。

① 荷载取 B 柱的 N_{max} 组合:$F = 2294 \text{kN}$,$M = 78 \text{kN} \cdot \text{m}$,$Q = 47 \text{kN}$;承台高度设为 1m 等厚,荷载作用于承台顶面。

本工程安全等级为二级,建筑物的重要性系数 $\lambda_0 = 1.0$。

由于柱处于①轴线,它是建筑物的边柱,所以室内填土比室外高,设为 0.3m,即室内高至承台底 2.4m,所以承台的平均埋深 $d = \frac{1}{2}(2.1 + 2.4) = 2.25 \text{m}$。

作用在承台底形心处的竖向力有 F,G,但是 G 的分项系数取为 1.2。

$$F + G = 2294 + 1.9^2 \times 2.25 \times 20 \times 1.2 = 2294 + 195 = 2489 \text{kN}$$

作用在承台底形心处的弯矩 $\sum M = 78 + 47 \times 1 = 125 \text{kN}$

桩顶受力计算如下:

$$N_{max} = \frac{F + G}{n} + \frac{\sum M \times y_{max}}{\sum (y_i^2)} = \frac{2489}{4} + \frac{125 \times 0.6}{4 \times 0.6^2} = 674 \text{kN}$$

$$N_{min} = \frac{F + G}{n} - \frac{\sum M \times y_{max}}{\sum (y_i^2)} = \frac{2489}{4} - \frac{125 \times 0.6}{4 \times 0.6^2} = 570 \text{kN}$$

$$N = \frac{F + G}{n} = \frac{2489}{4} = 622 \text{kN}$$

$$\gamma_0 N_{max} = 674 \text{kN} < 1.2R$$

$$\gamma_0 N_{min} > 0$$

$\gamma_0 N = 622 \text{kN} < R = 767 \text{kN}$ 满足要求。

② 荷载取 M_{max} 组合:$F = 1977 \text{kN}$,$M = 254 \text{kN} \cdot \text{m}$,$Q = 38 \text{kN}$

$$F + G = 1977 + 195 = 2172 \text{kN}$$

$$\sum M = 254 + 38 \times 1 = 292 \text{kN}$$

桩顶受力计算如下：

$$N_{max} = \frac{F+G}{n} + \frac{\sum M \times y_{max}}{\sum (y_i^2)} = \frac{2\,172}{4} + \frac{292 \times 0.6}{4 \times 0.6^2} = 543 + 121.7 = 664.7\text{kN}$$

$$N_{min} = \frac{F+G}{n} - \frac{\sum M \times y_{max}}{\sum (y_i^2)} = \frac{2\,172}{4} - \frac{292 \times 0.6}{4 \times 0.6^2} = 543 - 121.7 = 421.3\text{kN}$$

$$N = \frac{F+G}{n} = \frac{2\,172}{4} = 543\text{kN}$$

$$\gamma_0 N_{max} = 664.7\text{kN} < 1.2R$$

$$\gamma_0 N_{min} > 0$$

$\gamma_0 N = 543\text{kN} < R = 767\text{kN}$ 满足要求。

(2) 五桩承台验算（C 承台）。

① 荷载取 B 柱的 N_{max} 组合：$F = 3\,254\text{kN}$，$M = 41\text{kN} \cdot \text{m}$，$Q = 56\text{kN}$；承台高度设为 1m 等厚，承台的平均埋深 $d = 2.25\text{m}$。

作用在承台底形心处的竖向力有 F，G，但是 G 的分项系数取为 1.2。

$$F + G = 3\,254 + 2.3^2 \times 2.25 \times 20 \times 1.2 = 3\,254 + 286 = 3\,540\text{kN}$$

作用在承台底形心处的弯矩 $\sum M = 41 + 56 \times 1 = 97\text{kN}$

桩顶受力计算如下：

$$N_{max} = \frac{F+G}{n} + \frac{\sum M \times y_{max}}{\sum (y_i^2)} = \frac{3\,540}{5} + \frac{97 \times 0.8}{4 \times 0.8^2} = 738.3\text{kN}$$

$$N_{min} = \frac{F+G}{n} - \frac{\sum M \times y_{max}}{\sum (y_i^2)} = \frac{3\,540}{5} - \frac{97 \times 0.8}{4 \times 0.8^2} = 677.7\text{kN}$$

$$N = \frac{F+G}{n} = \frac{3\,540}{5} = 708\text{kN}$$

$$\gamma_0 N_{max} = 738\text{kN} < 1.2R$$

$$\gamma_0 N_{min} > 0$$

$\gamma_0 N = 708\text{kN} < R = 769\text{kN}$ 满足要求。

② 荷载取 M_{max} 组合：$F = 3\,241\text{kN}$，$M = 185\text{kN} \cdot \text{m}$，$Q = 6\text{kN}$

$$F + G = 3\,241 + 286 = 3\,527\text{kN}$$

$$\sum M = 185 + 6 \times 1 = 191\text{kN}$$

桩顶受力计算如下：

$$N_{max} = \frac{F+G}{n} + \frac{\sum M \times y_{max}}{\sum (y_i^2)} = \frac{3\,527}{5} + \frac{191 \times 0.8}{4 \times 0.8^2} = 705.4 + 59.4 = 765\text{kN}$$

$$N_{min} = \frac{F+G}{n} - \frac{\sum M \times y_{max}}{\sum (y_i^2)} = \frac{3\,527}{5} - \frac{191 \times 0.8}{4 \times 0.8^2} = 705.4 - 59.4 = 645.8\text{kN}$$

$$N = \frac{F+G}{n} = \frac{3\,527}{5} = 705.4\text{kN}$$

$$\gamma_0 N_{max} = 765\text{kN} < 1.2R$$

$$\gamma_0 N_{min} > 0$$

$\gamma_0 N = 705.4\text{kN} < R = 769\text{kN}$ 满足要求。

7. 桩基础沉降验算

采用长期效应组合的荷载标准值进行桩基础的沉降计算。由于桩基础的桩中心距小于

$6d$，所以可以采用分层总和法计算最终沉降量。

（1）B柱沉降验算。竖向荷载标准值 $F = 1\,764\text{kN}$。

基底处压力 $p = \dfrac{F+G}{A} = \dfrac{1\,764 + 1.9 \times 1.9 \times 2.25 \times 20}{1.9 \times 1.9} = 533.7\text{kPa}$

基底自重压力 $\gamma_d = \dfrac{17.5 \times 1.8 + 18.4 \times 0.3}{2.1} \times 2.1 = 37\text{kPa}$

基底处的附加应力 $P_0 = P - \gamma_d = 533.7 - 37 = 496.7\text{kPa}$

桩端平面下的土的自重应力 σ_c 和附加应力 σ_z（$\sigma_z = 4\alpha p_0$）计算如下：

① 在 $z = 0$ 时：

$\sigma_c = \sum \gamma_i h_i = 17.5 \times 1.8 + 18.4 \times 0.3 + (18.4-10) \times 8 + (17.8-10) \times 12 + (19.1-10) \times 1 = 206.9\text{kPa}$

$l/b = 1$，$2z/b = 0$，$\alpha = 0.25$，$\sigma_s = 4\alpha p_0 = 4 \times 0.25 \times 496.7 = 496.7\text{kPa}$

② 在 $z = 2\text{m}$ 时：

$\sigma_c = \sum \gamma_i h_i = 206.9 + 2 \times 9.1 = 225.1\text{kPa}$

$l/b = 1$，$2z/b = 4/1.9 = 2.1$，$\alpha = 0.0786$，$\sigma_s = 4\alpha p_0 = 4 \times 0.0786 \times 496.7 = 156.16\text{kPa}$

③ 在 $z = 2.8\text{m}$ 时：

$\sigma_c = \sum \gamma_i h_i = 206.9 + 2.8 \times 9.1 = 232.38\text{kPa}$

$l/b = 1$，$2z/b = 5.6/1.9 = 3$，$\alpha = 0.0447$，$\sigma_s = 4\alpha p_0 = 4 \times 0.0447 \times 496.7 = 88.8\text{kPa}$

④ 在 $z = 4.3\text{m}$ 时

$\sigma_c = \sum \gamma_i h_i = 206.9 + 4.3 \times 9.1 = 246\text{kPa}$

$l/b = 1$，$2z/b = 8.6/1.9 = 4.5$，$\alpha = 0.0218$，$\sigma_s = 4\alpha p = 4 \times 0.0218 \times 496.7 = 43.5\text{kPa}$

将以上计算资料整理于表4-19。

表4-19 σ_c，σ_z 的计算结果（B柱）

Z/m	σ_c/kPa	l/b	$2z/b$	α	σ_z/kPa
0	206.9	1	0	0.25	496.7
2	225.1	1	2.1	0.0786	156.16
2.8	232.38	1	3	0.0447	88.8
4.3	246	1	4.5	0.0218	43.5

在 $z = 4.4\text{m}$ 处，$\sigma_z/\sigma_c = 43.5/246 = 0.176 < 0.2$，所以本基础取 $Z_n = 4.3\text{m}$ 计算沉降量。计算见表4-20。

表4-20 计算沉降量（B柱）

Z/mm	l/b	$2z/b$	α_i	$\alpha_i z_i$、mm	$\alpha_i z_i - \alpha_{i-1} z_{i-1}$	E_{si}/kPa	$\Delta S_i = 4p_0/E_i \times (\alpha_i z_i - \alpha_{i-1} z_{i-1})$
0	1	0	0.25	0			
2 000	1	2.1	0.1771	342.2	342.2	11 500	59.1
2 800	1	3	0.1369	383.3	41.1	11 500	7.1
4 300	1	4.5	0.1017	437.3	54	11 500	9.3

$S' = 59.1 + 7.1 + 9.3 = 75.5 \text{mm}$

桩基础持力层性能良好，去沉降经验系数 $\psi = 1.0$。

短边方向桩数 $nb = 2$，等效距径比 $\dfrac{S_a}{d} = 0.886 \dfrac{\sqrt{Ae}}{\sqrt{nb}} = 0.886 \dfrac{\sqrt{1.9 \times 1.9}}{\sqrt{4} \times 0.35} = 2.4$，长径比 $l/d = 21/0.35 = 60$，承台的长宽比 $Lc/Bc = 1.0$，查表：$C_0 = 0.031$，$C_1 = 1.9$，$C_2 = 17.59$

$$\psi_e = C_0 + \dfrac{n_b}{C_1 (n_b - 1) + C_2} = 0.31 + \dfrac{2-1}{1.9(2-1) + 17.59} = 0.082$$

所以，四桩桩基础最终沉降量 $S = \psi \psi_e S' = 1.0 \times 0.082 \times 75.5 = 6.21 \text{mm}$ 满足要求。

(2) C柱沉降验算。

竖向荷载标准值 $F = 2053 \text{kN}$

基底处压力 $p = \dfrac{F+G}{A} = \dfrac{2053 + 2.3 \times 2.3 \times 2.25 \times 20}{2.3 \times 2.3} = 518 \text{kPa}$

基底自重压力 $\gamma d = \dfrac{17.5 \times 1.8 + 18.4 \times 0.3}{2.1} \times 2.1 = 37 \text{kPa}$

基底处的附加应力 $P_0 = P - \gamma d = 518 - 37 = 481 \text{kPa}$

桩端平面下的土的自重应力 σ_c 和附加应力 σ_z（$\sigma_z = 4\alpha p_0$）计算见表4-21。

表4-21 σ_c，σ_z 的计算结果（C柱）

Z/m	σ_c/kPa	l/b	2z/b	α	σ_z/kPa
0	206.9	1	0	0.25	481
2.3	227.8	1	2	0.084	161.6
4.3	246	1	3.74	0.0305	58.7
5	252.8	1	4.35	0.0232	44.6

在 $z = 5\text{m}$ 处，$\sigma_z/\sigma_c = 44.6/252.8 = 0.177 < 0.2$，所以本基础取 $Z_n = 5\text{m}$ 计算沉降量计算见表4-22。

表4-22 计算沉降量（C柱）

Z/mm	l/b	2z/b	α_i	$\alpha_i z_i$/mm	$\alpha_i z_i - \alpha_{i-1} z_{i-1}$	Esi/kPa	$\Delta Si = 4\dfrac{p_0}{Ei} \times (\alpha_i z_i - \alpha_{i-1} z_{i-1})$
0	1	0	0.25	0			
2300	1	2	0.1764	4057	405.7	11500	67.88
4300	1	3.74	0.1160	498.8	93.1	11500	15.58
5000	1	4.35	0.1044	522	23.2	8600	5.20

$S' = 67.88 + 15.58 + 5.20 = 88.66 \text{mm}$

桩基础持力层性能良好，去沉降经验系数 $\psi = 1.0$。

短边方向桩数 $nb = \sqrt{\dfrac{nBc}{Lc}} = \sqrt{5} = 2.24$，等效距径 $\dfrac{Sa}{d} = 0.886\dfrac{\sqrt{Ae}}{\sqrt{nb}} = 0.886\dfrac{\sqrt{2.3 \times 2.3}}{\sqrt{5} \times 0.35} =$ 2.6，长径比 $\dfrac{l}{d} = \dfrac{21}{0.35} = 60$，承台的长宽比 $\dfrac{Lc}{Bc} = 1.0$。

查表：$C_0 = 0.031$，$C_1 = 1.88$，$C_2 = 16.4$

$$\psi_e = C_0 + \dfrac{n_b}{C_1(n_b - 1) + C_2} = 0.31 + \dfrac{2.24 - 1}{1.88(2.24 - 1) + 16.4} = 0.00972$$

所以，四桩桩基础最终沉降量 $S = \psi \psi_e S' = 1.0 \times 0.00972 \times 75.5 = 8.62\text{mm}$ 满足要求

两桩基的沉降差 $\Delta = 8.62 - 6.21 = 2.41\text{mm}$

两桩基的中心距 $l_0 = 3\,000\text{mm}$

变形允许值 $[\Delta] = 0.002 l_0 = 6\text{mm} > 2.41\text{mm}$ 满足要求。

8. 桩身结构设计计算

两端桩长各 11m，采用单点吊立的强度进行桩身配筋设计。吊立位置在距桩顶、桩端平面 0.2931（$L = 11\text{m}$），起吊时桩身最大正负弯矩 $M_{\max} = 0.0429 KqL^2$，其中 $K = 1.3$；$q = 0.35^2 \times 25 \times 1.2 = 3.675\text{kN/m}$。即为每延米桩的自重（1.2 为恒载分项系数）。桩身长采用混凝土强度 C30，II 级钢筋，所以：

$$M_{\max} = 0.0429 KqL^2 = 0.0429 \times 1.3 \times 3.675 \times 11^2 = 24.8\text{kN} \cdot \text{m}$$

桩身截面有效高度 $h_0 = 0.35 - 0.04 = 0.31\text{m}$

$$\alpha_s = \dfrac{M}{f_c b h_0^2} = \dfrac{24.8 \times 10^6}{14.3 \times 350 \times 310^2} = 0.05156$$

$$\gamma_s = \dfrac{1}{2}(1 + \sqrt{1 - 2\alpha s}) = \dfrac{1}{2}(1 + \sqrt{1 - 2 \times 0.05156}) = 0.9735$$

桩身受拉主筋 $A_s = \dfrac{M}{\gamma_s f_y h_0} = \dfrac{24.8 \times 10^6}{0.9735 \times 300 \times 310} = 274\text{mm}^2$

选用 $2\Phi 14$（$A_s = 308\text{mm}^2 > 274\text{mm}^2$），因此整个截面的主筋胃 $4\Phi 14$，$A_s = 615\text{mm}^2$，配筋率为 $\rho = \dfrac{615}{350 \times 310} = 0.566\% > \rho_{\min} = 0.4\%$。

桩身强度：

$$\varphi(\psi_a f_c A + f_y A_s) = 1.0 \times (1.0 \times 14.3 \times 350 \times 310 + 310 \times 615) = 1\,742.2\text{kN} > R \text{ 满足}$$
要求。

9. 承台设计

承台混凝土强度等级采用 C20。

（1）四桩承台设计（B 柱）。由于桩的受力可知，桩顶最大反力 $N_{\max} = 674\text{kN}$，平均反力 $N = 622\text{kN}$，桩顶净反力：

$$N_{j\max} = N_{\max} - \dfrac{G}{n} = 674 - \dfrac{195}{4} = 625.3\text{kN}$$

$$N_j = N - \dfrac{G}{n} = \dfrac{F}{n} = \dfrac{2\,294}{4} = 573.5\text{kN}$$

① 柱对承台的冲切。

由图 4-25 所示，$a_{ox} = a_{oy} = 175\text{mm}^2$，承台厚度 $H = 1.0\text{m}$，计算截面处的有效高度 $h_0 =$

$1\,000 - 80 = 920\text{mm}$,承台底保护层厚度取 80mm。

冲垮比 $\lambda_{ox} = \lambda_{oy} = \dfrac{a_{ox}}{h_0} = \dfrac{175}{920} = 0.19$

冲切系数 $d_{ox} = d_{oy} = \dfrac{0.72}{\lambda_{ox} + 0.2} = \dfrac{0.72}{0.19 + 0.2} = 1.846$

B 柱截面取 $500 \times 500\text{mm}^2$,混凝土的抗拉强度设计值 $f_t = 1\,100\text{kPa}$

冲切力设计值 $F_l = F - \sum Q_i = 2\,294 - 573.5 = 1\,720.5\text{kN}$

$$u_m = 4 \times (500 + 175) = 2\,700\text{mm} = 2.7\text{m}$$

$$\alpha f_t u_m h_0 = 1.846 \times 1\,100 \times 2.7 \times 0.92 = 5\,044\text{kN} > \gamma_0 F_l = 1\,720.5\text{kN}$$

② 角桩对承台的冲切。

由图 4-26 所示,$a_{1x} = a_{1y} = 175\text{mm}$, $c_1 = c_2 = 525\text{mm}$

角桩冲垮比 $\lambda_{1x} = \lambda_{1y} = \dfrac{a_{1x}}{h_0} = \dfrac{175}{920} = 0.19$

角桩的冲切系数 $\alpha_{1x} = \alpha_{1y} = \dfrac{0.48}{\lambda_{1x} + 0.2} = \dfrac{0.48}{0.19 + 0.2} = 1.23$

$$\left[\alpha_{1x}\left(c_2 + \dfrac{a_{1y}}{2}\right) + \alpha_{1y}\left(c_1 + \dfrac{a_{1x}}{2}\right) \right] f_t h_0$$

$$= 2 \times 1.23 \times \left(0.525 + \dfrac{0.175}{2}\right) \times 1\,100 \times 0.92$$

$$= 1\,524.8\text{kN} > \gamma_0 N_{j\max} = 625.3\text{kN} \text{ 满足要求}。$$

③ 斜截面抗剪验算。

计算截面为 I-I,截面有效高度 $h_0 = 0.92\text{m}$,截面的计算宽度 $b_0 = 1.9\text{m}$,混凝土的抗压强度 $f_c = 9.6\text{MPa} = 9\,600\text{kPa}$,该计算截面的最大剪力设计值 $V = 2N_{j\max} = 2 \times 674 = 1\,348\text{kN}$

$$a_x = a_y = 175\text{mm}$$

剪跨比 $\lambda_x = \lambda_y = \dfrac{a_x}{h_0} = \dfrac{175}{920} = 0.19$

剪切系数 $\beta = \dfrac{0.12}{\lambda_x + 0.3} = \dfrac{0.12}{0.19 + 0.3} = 0.244\,9$

$\beta f_c b_0 h_0 = 0.244\,9 \times 9\,600 \times 1.9 \times 0.92 = 4\,109\text{kN} > \gamma_0 V = 1\,348\text{kN}$ 满足要求。

④ 受弯计算。

承台 I-I 截面处最大弯矩 $M = 2N_{j\max} y = 1\,348 \times \left(0.175 + \dfrac{0.35}{2}\right) = 471.8\text{kN}\cdot\text{m}$

II 级钢筋 $f_y = 300\text{N/mm}^2$

$$A_s = \dfrac{M}{0.9 f_y h_0} = \dfrac{471.8 \times 10^6}{0.9 \times 300 \times 920} = 1\,900\text{mm}^2$$

每米宽度范围的配筋 $A_s = \dfrac{1\,900}{1.9} = 1\,000\text{mm}^2$,选用 $7\Phi 14$,$A_s = 1\,077\text{mm}^2 > 1\,000\text{mm}^2$

整个承台宽度范围内用筋 $7 \times 1.9 = 13.3$ 根,取 14 根,而且双向布置,即 $14\underline{\Phi}14$(双向布置)。

⑤ 承台局部受压验算。

B 柱截面面积 $A_t = 0.5 \times 0.5 = 0.25 \text{m}^2$,

局部受压净面积 $A_{1n} = A_t = 0.25 \text{m}^2$,

局部受压计算面积 A_b, $A_b = (3 \times 0.5) \times (3 \times 0.5) = 2.25 \text{m}^2$

混凝土的局部受压强度提高系数 β, $\beta = \sqrt{\dfrac{A_b}{A_t}} = \sqrt{\dfrac{2.25}{0.25}} = 3$

$1.35\beta f_c A_{1n} = 1.35 \times 3 \times 9\,600 \times 0.25 = 9\,720 \text{kN} > F_B = 2\,294 \text{kN}$ 满足条件。

(2) 五桩承台设计（C 柱）。由于桩的受力可知，桩顶最大反力 $N_{\max} = 765 \text{kN}$, 平均反力 $N = 705.4 \text{kN}$, 桩顶净反力：

$$N_{j\max} = N_{\max} - \dfrac{G}{n} = 765 - \dfrac{286}{5} = 707.8 \text{kN}$$

$$N_j = N - \dfrac{G}{n} = \dfrac{F}{n} = \dfrac{3\,254}{5} = 650.8 \text{kN}$$

① 柱对承台的冲切。由图 4-26, $a_{ox} = a_{oy} = 375 \text{mm}^2$, 承台厚度 $H = 1.0 \text{m}$, 计算截面处的有效高度 $h_0 = 1\,000 - 80 = 920 \text{mm}$, 承台底保护层厚度取 80mm。

冲垮比 $\lambda_{ox} = \lambda_{oy} = \dfrac{a_{ox}}{h_0} = \dfrac{375}{920} = 0.407\,6$

冲切系数 $d_{ox} = d_{oy} = \dfrac{0.72}{\lambda_{ox} + 0.2} = \dfrac{0.72}{0.407\,6 + 0.2} = 1.185$

B 柱截面取 $500 \times 500 \text{mm}^2$, 混凝土的抗拉强度设计值 $f_t = 1\,100 \text{kPa}$

冲切力设计值 $F_l = F - \sum Q_i = 3\,254 - 650.8 = 2\,603 \text{kN}$

$$u_m = 4 \times (500 + 375) = 3\,500 \text{mm} = 3.5 \text{m}$$

$\alpha f_t u_m h_0 = 1.185 \times 1\,100 \times 3.5 \times 0.92 = 4\,197 \text{kN} > \gamma_0 F_l = 2\,603 \text{kN}$

② 角桩对承台的冲切。

由图 4-27, $a_{1x} = a_{1y} = 375 \text{mm}$, $c_1 = c_2 = 525 \text{mm}$

角桩冲垮比 $\lambda_{1x} = \lambda_{1y} = \dfrac{a_{1x}}{h_0} = \dfrac{375}{920} = 0.407\,6$

角桩的冲切系数 $\alpha_{1x} = \alpha_{1y} = \dfrac{0.48}{\lambda_{1x} + 0.2} = \dfrac{0.48}{0.407\,6 + 0.2} = 0.79$

$$\left[\alpha_{1x}\left(c_2 + \dfrac{a_{1y}}{2}\right) + \alpha_{1y}\left(c_1 + \dfrac{a_{1x}}{2}\right)\right] f_t h_0$$

$$= 2 \times 0.79 \times \left(0.525 + \dfrac{0.375}{2}\right) \times 1\,100 \times 0.92$$

$$= 1\,139 \text{kN} > \gamma_0 N_{j\max} = 707.8 \text{kN}$$

③ 斜截面抗剪验算。

计算截面为 I-I, 截面有效高度 $h_0 = 0.92 \text{m}$, 截面的计算宽度 $b_0 = 1.9 \text{m}$, 混凝土的抗压强度 $f_c = 9.6 \text{MPa} = 9\,600 \text{kPa}$, 该计算截面的最大剪力设计值 $V = 2N_{j\max} = 2 \times 707.8 = 1\,415.6 \text{kN}$

$$a_x = a_y = 375 \text{mm}$$

剪跨比 $\lambda_x = \lambda_y = \dfrac{a_x}{h_0} = \dfrac{375}{920} = 0.407\,6$

剪切系数 $\beta = \dfrac{0.12}{\lambda_x + 0.3} = \dfrac{0.12}{0.407\,6 + 0.3} = 0.169\,6$

$\beta f_c b_0 h_0 = 0.1696 \times 9\,600 \times 2.3 \times 0.92 = 3\,445\text{kN} > \gamma_0 V = 1\,415.6\text{kN}$ 满足要求。

④ 受弯计算。承台 I—I 截面处最大弯矩

$$M = 2N_{j\max}y = 1\,415.6 \times \left(0.375 + \frac{0.35}{2}\right) = 778.6\text{kN}\cdot\text{m}$$

II 级钢筋 $f_y = 300\text{N}/\text{mm}^2$

$$A_s = \frac{M}{0.9 f_y h_0} = \frac{778.6 \times 10^6}{0.9 \times 300 \times 920} = 3\,134\text{mm}^2$$

每米宽度范围的配筋 $A_s = \dfrac{3\,134}{2.3} = 1\,363\text{mm}^2$，选用

$$7\Phi 16,\ A_s = 1\,407\text{mm}^2 > 1\,363\text{mm}^2$$

整个承台宽度范围内用筋 $7 \times 2.3 = 16$ 根，取 16 根，而且双向布置，即 $16\underline{\Phi}16$（双向布置）。

⑤ 承台局部受压验算。

B 柱截面面积 $A_t = 0.5 \times 0.5 = 0.25\text{m}^2$

局部受压净面积 $A_{1n} = A_t = 0.25\text{m}^2$

局部受压计算面积 A_b，$A_b = (3 \times 0.5) \times (3 \times 0.5) = 2.25\text{m}^2$

混凝土的局部受压强度提高系数 β，$\beta = \sqrt{\dfrac{A_b}{A_t}} = \sqrt{\dfrac{2.25}{0.25}} = 3$

$1.35 \beta f_c A_{1n} = 1.35 \times 3 \times 9\,600 \times 0.25 = 9\,720\text{kN} > F_B = 3\,254\text{kN}$ 满足条件。

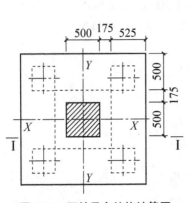

图 4-26 四桩承台结构计算图

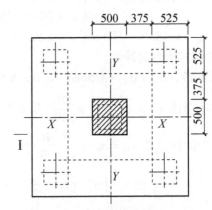

图 4-27 五桩承台结构计算图

习　题

1. 某工程为钢筋混凝土灌注桩，静载试验试桩数位为 3 根，$P-S$ 曲线略，经计算，3 根试桩的极限承载力 Q_{u1} 分别是：400kN、500kN、600kN。求单桩的极限承载力标准值 Q_{uk}？

2. 某工程为混凝土灌注桩。在建筑场地现场已进行的 3 根桩的静载荷试验（Φ377 的振动沉管灌注桩），其报告提供根据有关曲线确定桩的极限承载力标准值分别为 590kN、605kN、620kN。极限承载力设计值为多少？

3. 三根试桩竖向抗压静载试验结果如下：$Q_{u1}=400$，$Q_{u2}=450$，$Q_{u3}=470$。求该组试桩的单桩竖向极限承载力标准值Q_{uk}？

4. 有一钢筋混凝土预制方桩，边长为30cm，桩的入土深度L=13m。桩顶与底面齐平，地层第一层为杂填土，厚1m；第二层为淤泥质土，液性指数0.9，厚5m；第三层为黏土，厚2m，液性指数为0.50；第四层为粗砂，标准贯入击数为17击，该层厚度较大，未揭穿。确定单桩竖向极限承载力标准值？

5. 某膨胀土上的轻型建筑采用直径400mm，长6m的桩基础，该地大气影响急剧层厚3.5m，承台埋深2m，桩侧土的极限胀切力标准值为55kPa，作用于单桩上的土拔力为多少？

6. 某轻型建筑位于膨胀土场地，建筑物承台埋深1.5m，承台下设6m长Φ400mm桩，土的湿度系数为0.6，桩侧土的极限胀切力设计值为60kPa，作用于单桩上的上拔力为多少？

7. 某4m×4m承台下设4根Φ600mm灌注桩，桩长L=24m，桩端置于中密中砂层之上，桩距3m，分层总和法求出沉降$s'=50$mm，沉降计算经验系数为1.0，按桩基规范确定桩基沉降？

8. 直径为800mm的混凝土灌注桩，桩长$L=10$m，桩身混凝土为C25，其$E_c=28\,000$MPa，桩内配12Φ20配筋，保护层厚75mm，$E_s=200\,000$MPa，桩侧土的$m=20$MN/m^3，桩顶与承台固接，试确定在桩顶容许水平位移为6mm时的单桩水平承载力特征值？

9. 已知边长350mm，C30混凝土，内配8Φ18，HRB335钢筋，桩底支承在砂层，桩顶铰接$\alpha=0.52$，桩身承载力（按材料强度计算）为多少？

10. 厚1.5m的筏形承台板下，均匀布置边长400mm的方桩，桩间距2.5m，承台混凝土$f_t=1.27$，$h_0=1.35$m，确定承台板对单桩的抗冲切承载力是多少？

第 5 章　其他形式深基础

5.1　沉　　井

沉井的应用已有很长的历史，它是由古老的掘井作业发展而成的一种施工方法，至今采用较多，用沉井法修筑的基础叫做沉井基础。沉井是深基础和地下工程的一种无底无盖的井筒状结构形式，它主要利用自身重量，并采取各种方法从井内取土，辅以其他相关措施，克服井壁摩阻力，逐步下沉到预定的设计标高，再灌筑混凝土，最终形成桥梁墩台或其他建筑结构物的深基础。沉井的平面形状各种各样，有方形、矩形、圆形、椭圆形、多边形和多孔井字形等。沉井可以使用混凝土、钢筋混凝土、钢、砖、石或木材等材料组成。因此，沉井可以通过平面形状、组成材料和竖向剖面形状进行分类。

5.1.1　沉井的适用范围和优缺点

1. 适用范围

沉井的应用主要包括以下几种情况：

（1）岩层表面较为平坦，其覆盖层比较薄，河水比较深，扩大基础施工围堰难以实现时。

（2）地基表层土的允许承载力不能够满足上部结构荷载，扩大基础开挖工作量非常大且仍难以支撑，在一定深度存在较好的持力层，选用深井基础比其他深基础更为经济合理时。

（3）在山区河流中，土质好冲刷大或河中有较大卵石，严重影响到桩基础的施工时。

目前，新技术不断被引入沉井技术，沉井的应用范围越来越广泛，它既可以用于软土地基，也可以用于硬土、砂、砾石等地基。若采用特殊措施，深井还可以用于管线复杂、建筑群密集和环境保护要求高的地区的建筑工程。

2. 沉井施工的优点

（1）施工场地小，挖土量少，基础越深，优越性越大。

（2）结构刚度大，不需要地下连续墙或板桩围护，对邻近建筑物的影响小。

（3）操作简便，无需特殊的专业设备。

（4）沉井制作场地较为灵活，可就地制作，可在滑道、拼装船上制作，也可在水中制作。

（5）沉井可以兼顾临时挡土隔水构筑物和结构基础本身。

（6）沉井施工时对邻近建筑物尤其是软土中地下建筑物的基础影响一般较小。

3. 沉井施工的缺点

（1）施工周期较长。

（2）对粉细砂类土在井内抽水易发生流砂现象，造成沉井倾斜。

（3）沉井下沉过程中遇到的大孤石、树干或井底岩层表面倾斜过大，均会给施工带来一定困难。

5.1.2 沉井的分类与结构

沉井按下沉的方法可分为一般沉井和浮运沉井；按沉井材料分为混凝土、钢筋混凝土、砖石、竹筋混凝土、木材、钢板沉井等；按沉井的横截面形状分为圆形、矩形、长圆形、组合形等。

沉井主要由井壁、刃脚、隔墙或竖向框架、底板等组成，如图5-1所示。

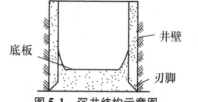

图 5-1 沉井结构示意图

1. 井壁

井壁是沉井的主要组成部分，由于要抵抗各种最不利的水土压力，因此，井壁必须有足够的厚度与强度。沉井要依靠自重作用下沉至设计标高，还必须具有足够的重量。

2. 刃脚

刃脚是井壁最下端刀刃状的部分，主要功用是减少下沉阻力，使沉井更好地穿越土层。为了避免在沉井施工过程中出现破损，刃脚必须具有一定的强度。

3. 隔墙

在沉井内设置隔墙，既可满足沉井对结构刚度的要求、减小井壁跨度，又可把整个沉井分隔成多个取土井、确保均衡挖土和均匀下沉。由于在沉井井筒内部设置隔墙，也称为内隔墙，因其不承受水土压力，其厚度较井壁薄。

4. 底板

当沉井工作结束时，沉井下沉至设计标高，经检验合格，再对井底进行清理整平，实施封底，封底混凝土厚度一般为1m。

5.1.3 沉井设计与计算

沉井的设计与计算内容包括沉井作为整体深基础的计算以及施工过程中沉井结构强度的计算。

沉井设计与计算前，必须掌握上部或下部结构尺寸要求和设计荷载；水文和地质资料；拟采用的施工方法等有关资料。

1. 沉井作为整体深基础的设计与计算

设计程序：沉井作为整体深基础设计主要是根据上部结构特点、荷载大小以及水文、地质情况，结合沉井的构造要求及施工方法，拟定出沉井的平面尺寸，埋置深度，然后进行沉井基础的计算。

沉井计算分为两种情况：

沉井基础埋置深度在局部冲刷线以下仅数米时：可按浅基础设计计算规定，不考虑沉井周围土体对沉井的约束作用，按浅基础设计计算。

当沉井埋置较深时：需要考虑基础井壁外侧土体横向弹性抗力的影响按刚性桩计算内力和土抗力，同时应考虑井壁外侧接触面摩阻力，进行地基基础的承载力、变形和稳定性分析与验算。

沉井基底的地基强度验算应满足：

$$F + G \leq R_j + R_f$$

式中，R_j为沉井底部地基土总反力，在数值上等于该处土的承载力容许值f_a与支承面积A的乘积，即：$R_j = f_a A$。

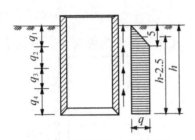

图 5-2 井侧摩阻力分布假定

R_f 为沉井侧壁与土接触面的摩阻力，可假定井壁外侧与土的摩阻力沿深度呈梯形分布，距地面 5m 范围内按三角形分布，5m 以下为常数，如图 5-2 所示，故总摩阻力为：

$$R_f = V(h-2.5)q$$

沉井基础作为整体深基础时，沉井深基础可以视为刚性桩柱，即相当于"m"法中刚性桩的条件，以此计算其内力和井壁外侧土抗力。具体计算过程本文不做详细展开。

2. 沉井施工过程中结构强度计算

施工及营运过程的不同阶段，沉井荷载作用不尽相同。沉井结构强度必须满足各阶段最不利情况荷载作用的要求。

沉井各部分设计时，必须了解和确定不同阶段最不利荷载作用状态，拟定出相应的计算图式，然后计算截面应力，进行配筋设计，以及结构抗力分析与验算，以保证沉井结构在施工各阶段中的强度和稳定。

5.1.4 沉井施工

沉井纵断面及沉井施工的工艺流程与要求如下（如图 5-3 和图 5-4 所示）：

（1）沉井制作。
① 铺垫木，制作前应先在刃角处对称的铺设承垫木或砂垫层。
② 立模板、绑扎钢筋，并灌注混凝土。
③ 拆除模板和垫木。

（2）沉井挖土下沉。
① 通过在井内挖土消除刃角下土的阻力，促使沉井在自重作用下逐渐下沉。
② 严格控制沉井速率，避免出现由高压缩性的软土层引发的沉井突然下沉现象。
③ 计算确保沉井稳定性的临界挖深，抑制基底隆起、管涌，防止发生承压水穿破不透水层。
④ 应对沉井下沉偏差进行过程控制检查；接高应对地基强度、沉井的稳定做检查；接高时施工缝应清除浮浆和凿毛。

（3）沉井接筑。当第一节沉井顶面下沉至离地面 0.5~1.0m 时，应停止挖土下沉，接筑第二节沉井，依前述工序不断接长沉井。

（4）沉井封底。
① 沉井达到设计标高且沉降量≤10mm/h 时可进行混凝土干封底。
② 干封底采用分格浇筑方法，浇筑顺序和浇筑格数，根据下沉终止时的刃脚高差及井格内涌土情况确定。
③ 封底前应整平井底，清除井格中的泥渣，凿毛洗净与封底混凝土接触的井壁、隔墙和刃脚。
④ 当底板混凝土强度达到设计要求时，可封堵或停止运转集水井。
⑤ 浇筑水下混凝土时，需确保连续不断地供应混凝土熟料。

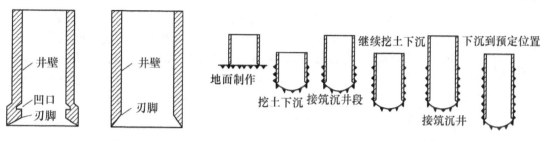

图 5-3 沉井纵断面　　　　图 5-4 沉井下沉过程示意图

5.1.5 沉井质量检验

沉井竣工后的验收内容包括沉井的平面位置、终端标高、结构完整性、渗水等进行综合检查。沉井的质量检验标准应符合表 5-1 的要求。

表 5-1 沉井的质量检验标准

项	序	检查项目	允许偏差或允许值		检查方法
			单位	数值	
主控项目	1	混凝土强度	满足设计要求（下沉前必须达到70%设计强度）		查试件记录或抽样记录
	2	封底前，沉井的下沉稳定	mm/8h	<10	水准仪
	3	封底结束后的位置： 刃脚平均标高（与设计标高比）	mm	<100	水准仪
		刃脚平面中心线位置	mm	<1%H	经纬仪，H 为下沉总深度，H<10m 时控制在100mm之内；
		四角中任何两角的底面高差	mm	<1%l	水准仪，l 为两角的距离，但不超过300mm，l<10m 时，控制在100mm之内
一般项目	1	钢材、对接钢筋、水泥、骨料等原材料检查	符合设计要求		查出厂质保书或抽样送检
	2	结构体外观	无裂缝、蜂窝及空洞，不露筋		直观
	3	平面尺寸：长与宽	%	±0.5	用钢尺量，最大不超100mm；
		曲线半径	%	±0.5	用钢尺量，最大不超50mm；
		两对角线差	%	1.0	用钢尺量；
		预埋件	mm	20	用钢尺量
	4	下沉过程中的偏差 高差	%	1.5~2.0	水准仪，但最大不超过1m
		平面轴线		<1.5%H	经纬仪，H 为下沉深度，最大应控制在300mm之内，此数值不包括高差引起的中线位移
	5	封底混凝土坍落度	cm	18~22	坍落度测定器

注：主控项目3的三项偏差可同时存在，下沉总深度，是指下沉前后刃脚之高差。

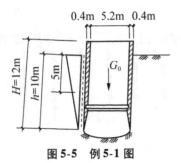

图 5-5 例 5-1 图

【例 5-1】 一圆形等截面沉井排水挖土下沉过程中处于如图 5-5 所示状态，刃角完全掏空，井底仍然悬在土中，假设井壁外侧摩阻力呈倒三角形分布，沉井自重 $G = 1\,800\text{kN}$，问地表下 5m 处井壁所受拉力最接近下列何值？（假定沉井自重沿深度均匀分布）。（2008）

A. 300kN B. 450kN
C. 600kN D. 800kN

解：答案为 B。
根据受力分析计算如下：
设地表处井壁外侧摩阻力为 P_{max}，则

$$10\pi d \times P_{max} \times \frac{1}{2} = 1\,800, \text{ 所以 } P_{max} = 19.1\text{kPa};$$

地面下 5m 处的摩擦力为：$P' = \frac{5}{10}P_{max} = 9.55\text{kPa}$；

地面下 5~10m 处的摩擦力合力为：$P = \frac{1}{2}P'\pi d \times 5 = 449.8\text{kN}$；

地表下 5m 以下沉井自重：$G' = \frac{5}{12}G = 750\text{kN}$；

井壁拉力为：$T = 750 - 449.8 = 300.2\text{kN}$。

5.2 沉　　箱

　　沉箱也是深基础的一种形式，简单地说，就是一个有顶无底的箱形结构，在其顶盖上装有气闸，便于人员、材料、土进出工作室，同时保持工作室的固定气压。施工时，借助输入工作室的压缩空气，以阻止地下水渗入，便于工人在室内挖土，使沉箱逐渐下沉，同时在上面加筑混凝土。当其沉到预定深度后，用混凝土填实工作室，作为重型构筑物（如桥墩、设备）的基础。

　　在 19 世纪 40 年代初，法国工程师麦·特里热首次将沉井加上气闸发展成为沉箱，还提出了运用管状沉箱建造水下基础的技术方案。在 19 世纪 50 年代期间，英国和法国先后采用管状沉箱和矩形沉箱技术进行大桥的建设，以后沉箱技术逐渐被广泛应用。在沉箱技术发展初期，其材质多为钢铁制造，后来逐渐出现石制、木制、钢筋混凝土制沉箱等。我国最先在京山铁路滦河桥的建造过程中采用了沉箱基础。20 世纪 30 年代，杭州钱塘江桥的成功建设也因为采用了沉箱下接桩基的联合基础。建国之后，沉箱技术鲜有使用，并逐渐为管柱及其他基础所替代，目前国内已应用较少。

5.2.1 适用范围和特点

1. 适用范围

（1）待建建（构）筑物基础的土层不稳定，无法进行下沉井或者挖槽沉埋水底隧道箱体时。

（2）待建建（构）筑物基础的土层中存在障碍物，无法下沉沉井或者基桩无法穿透时。

（3）待建建（构）筑物基础邻近有埋置较浅的建（构）筑物基础，必须保证邻近地基的稳定和建（构）筑物的安全时。

（4）地质条件非常复杂，必须对其进行直接检验和地基处理时。

沉箱又称为气压沉箱，工作环境恶劣，对工人健康有较大危害，且工序烦杂效率低下、成本较高。同时，沉箱入水深度受到气压室压力极限限制，一般要控制在35m内，致使基础埋深有限。

2．特点

沉箱法的主要优点是：在下沉过程中能处理任何障碍物；可以直接鉴定和处理基底，不用水下混凝土封底；基础质量较为可靠；因气压工作室的作用，可用作水下作业。其缺点是：工作效率较低，易引起沉箱病；需要许多复杂的施工设备，进较慢，造价较高。

5.2.2 沉箱的基本结构

沉箱基本结构主要包括气压室、顶盖、井筒刃脚、井管、气闸管道和箱顶圬工等，如图 5-6 所示。

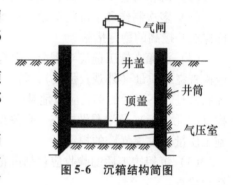

图 5-6 沉箱结构简图

（1）气压室。气压室又称工作室，是指由其顶盖和井筒刃脚所围成的工作空间，要求四周及顶部应密封良好，不漏气。

（2）顶盖。顶盖也就是气压室的顶板，在沉箱下沉期间能够承受高压空气向上的作用力，施工后期需要承受箱顶上圬工的荷重，必须保证盖顶具有一定的厚度。

（3）井筒刃脚。井筒刃脚也就常说的箱筒的刃脚，它的功能是保证沉箱更好地切入土层中去，另外，井筒刃脚作为工作室的外墙，不但要防止水和土进入气压室，而且要防止高压空气从室内逸出。

（4）井管。为了保障施工人员、施工器材和其他物资能够进入或运出气压室，必须在箱顶圬工和沉箱顶盖中设置垂直通道，安装连通工作室和气闸的井管，确保安全工作环境。

（5）气闸管路。在沉箱顶部一般设有电线管、水管、进排气管、风管、悬锤管以及其他备用管道等，气闸管道的设置完整才能够确保气压室内所需的空气、照明、通信和动力等建设必备条件。

（6）箱顶圬工。沉箱顶上的圬工，也是基础的主要组成部分。

5.2.3 沉箱施工

1．主要设备

（1）气闸。气闸是保障沉箱正常施工的关键设备，其位置在井管的顶端，主要包括一个人用变气闸、两个运料变气闸和一个中央气室等共同组成。

(2) 压缩空气机站。压缩空气机站是沉箱施工不可缺少的重要设备，它负责向沉箱气压室和气闸提供压缩空气。

(3) 水力机械。水力机械所包括水力冲泥机、水力吸泥机和高压水泵，其中冲泥机负责把土冲成泥浆，吸泥机则负责把泥浆从箱中排出。

(4) 通信、照明设备，如对讲机、点灯等。

2. 注意事项

(1) 沉箱是下沉结构，必须掌握确凿的地质资料，因此，钻孔应符合以下几点要求：

① 面积≤200m² 的沉箱，应有一个钻孔，可布置在中心位置。

② 面积＞200m² 的沉箱，在四角（圆形为相互垂直的两直径端点）应各布置一个钻孔。

③ 特大沉箱可根据实际情况增加钻孔。

④ 钻孔底标高应低于沉箱的终沉标高。

⑤ 每座沉箱应有一个钻孔提供土的各项物理力学指标、地下水位和地下水含量资料。

(2) 沉箱的施工应由具有专业施工经验的单位承担。

(3) 多次制作和下沉的沉箱，在每次制作接高时，应对下卧作稳定复核计划，并确定确保沉井接高的稳定措施。

(4) 沉箱在施工前应对钢筋、电焊条及焊接成形的钢筋半成品进行严格检验。拆模后应检查浇筑质量（外观及强度），符合要求后方可下沉。下沉过程中应对下沉偏差做过程控制检查。下沉后的接高应对地基强度、沉箱的稳定做检查。封底结束后，应对底板的结构（有无裂缝）及渗漏做检查。有关渗漏验收标准应符合现行国家标准《地下防水工程施工质量验收规范》的规定。

(5) 沉箱竣工后的验收应包括沉箱的平面位置、终端标高、结构完整性、渗水等进行综合检查。

3. 沉箱的施工工序

(1) 撤除垫土，支立箱顶圬工的模板。

(2) 安装井管和气闸。

(3) 挖土下沉，在沉箱开始下沉阶段，沉箱受到阻力相对较小，下沉的速度会很快，此时，应注意控制下沉速度，也就是每次挖土不宜过深。

(4) 随着沉箱的不断下沉，箱子顶圬工会不断上砌，当圬工顶部接近气闸时，应及时接长井管，保证气压室内正常工作。

(5) 在沉箱下沉到设计标高之后，应当对基底土质进行鉴定和及时采取措施处理地基。

(6) 填封工作室和升降孔，气压室内应填充不低于 C10 的混凝土或块石混凝土材料。

在沉箱工作室内的工作人员处于高气压的条件下工作，必须有一套严格的安全和劳动保护制度，包括对工作人员的体格检查，工作时间的规定（气压越高，每班工作时间越少），以及工作人员进出沉箱必须在人用变气闸内按规定时间逐渐变压的制度。如加压太快，会引起耳膛病；减压太快，则在高气压条件下血液中吸收的氮气来不及全部排出，形成气泡积聚、扩张、堵塞，会引起严重的沉箱病。

5.2.4 质量检验标准

1. 主控项目质量检验标准

（1）混凝土强度应满足设计要求，下沉前必须达到70%的设计强度。

（2）封底前，沉箱的下沉要趋于稳定，下沉量速度小于10mm/8h。

（3）封底结束后的位置控制，刃脚平均标高与设计标高的偏差应小于100mm；刃脚平面中心线位置应小于下沉总深度1%；四角中任何两角的底面高差应小于两角距离的1%。

2. 一般项目质量检验标准

（1）检查钢材、对接钢筋、水泥、骨料等原材料是否符合设计要求，是否有相关出厂质保书，并抽样送检。

（2）结构体外观应无裂缝、无风窝、空洞和不露筋。

（3）平面尺寸长、宽和曲线部分半径的偏差控制在±0.5%内；两对角线差控制在1%内；预埋件不超过20mm。

（4）下沉过程中，高差偏差不超过1.5%~2.0%；平面轴线偏差应小于最大下沉深度值的1.5%。

（5）封底混凝土坍落度应为18~22cm。

5.3 箱桩与墩基础

通常把位于天然地基上、埋置深度小于5m的一般基础（柱基或墙基）以及埋置深度虽超过5m，但小于基础宽度的大尺寸基础（如箱形基础），统称为天然地基上的浅基础。

而对于高大重型的土木建筑工程，为了将很大的集中荷载传递支承到较深的稳固的坚硬土层或岩层上；或因工艺使用要求设置地下构筑物（如地下水泵房，重型设备基础等）时，就不能再使用浅基础进行设计了，而应当选择深基础来满足上述需求。

所谓深基础一般可指位于地基深处承载力较高的土层上，埋置深度大于5m或大于基础宽度的基础，目前常用的几种深基础的形式有桩基、桩箱、墩基、地下连续墙和沉井等，此外还有目前已较少采用的沉箱基础。本节主要介绍箱桩与墩基础。

深基础与浅基础的区别主要在于施工方法的不同。浅基础只需一般的施工机械用敞坑开挖即可砌筑；而深基础的施工则需要特殊的施工机械和专门的施工方法，比浅基础要复杂得多，要求也高。而在设计计算方面也有不同之处，如深基础需要考虑基础侧壁的摩阻力，还应验算在各种不同的施工阶段的受力条件等情况。

5.3.1 箱桩

设计或施工中当遇到高层或重型建筑物，荷载较大，同时当地基浅层土质较差，持力土层埋藏较深时，为满足结构物对地基强度、变形和稳定性要求时，不致变形或沉降量过大，可考虑采用群桩与箱基础共同承受建筑荷载的方式，称这种基础为箱桩基础，它同时具有桩基础和箱基础两种基础的功能，是一种复合式深基础。此外，还有一种类似的筏桩基础指的是采用群桩与筏板基础共同工作承担荷载的方式，筏桩基础的工作原理及方式都类同于箱桩，本节不多述。但箱桩基础与筏桩基础相比，由于其上的箱型基础有更大的抗弯刚度，只能产生大致均匀的沉降或整体倾斜，从而基本上消除了因地基变形而使建筑物开裂的可能性。箱桩（筏桩）基础的断面形式如图 5-7 所示。

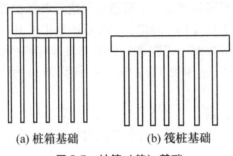

图 5-7　桩箱（筏）基础

箱桩基础采取的设计方式是下面为桩基础，上面是箱形基础，箱形基础是由钢筋混凝土的底板、顶板、外墙和内隔墙组成的有一定高度的整体空间结构。箱形基础埋深较大，基础中空，从而使开挖卸去的部分土重抵偿了上部结构传来的荷载，因此，与一般实体基础相比，它能显著减小基底压力，降低基础沉降量。此外，还有较好的抗震性能。

工程中，由于桩基础主要承担竖向荷载，一般按摩擦桩考虑。桩与箱基底板的嵌固连接，应符合桩与承台连接的要求。

箱桩基础的布桩方式可分为均匀布桩；在箱基的纵、横墙下布桩；根据基底压力图疏密不均布桩以及按复合地基的要求布桩等。

箱桩基础主要适用于软弱地基上的高层、重型或对不均匀沉降有严格要求的建筑物。

在箱桩施工时，应根据不同土层特性，考虑复合基础的受力。箱桩施工时的一些注意事项如下：

（1）桩应全部打入压缩性黏土层中，直至基岩（或硬黏土）。在基坑开挖时，由于卸载而使基坑膨胀，又由于打桩作用，将使基坑进一步隆起。在浇筑箱基混凝土之前，首先要清除隆起的基土，以后随着混凝土的浇筑和时间的推移，隆起土壤将有下塌的趋势。

（2）在含水的土层中，桩承受的净荷载，应是建筑物的总重量减去的基坑土重和地下水对底板的浮力。

（3）穿过软黏土而进入硬黏土的桩，由于硬黏土层的沉降量较小，软黏土层开始隆起，随着孔隙水应力的消散而沉降，将使基土离开底板而出现缝隙。

（4）在松砂中的桩，不会由于开挖引起基土的膨胀，在成桩过程松砂还会有一定下沉致密的作用，因此对底板的土压力会很小，主要是静水压力。

虎柏（Hooper）经测试得出的结论是，施工结束时大厦荷载的 60% 由桩支承，40% 由箱（或筏）基底板支承，经过 3 年后，又有 6% 的荷载传给桩，以后将缓慢的将荷载全部由桩承受，这是筏桩（或箱桩）基础的受力特性。

5.3.2　墩基础

1. 概述

墩基础是在地下以人工或机械成孔并现场浇灌混凝土而筑成的大直径的短粗柱形深基础，如图 5-8 所示，因此它实际上是一种大直径灌注桩，由于桩径粗大如墩，故名墩基础，墩基础和桩的功能一样，这两类基础间的主要区别在于施工方法不同。墩的断面形状一般为圆形，直径一般不小于0.8m，通常在0.8~2.5m，最大直径达8m以上。底部常做成扩大头以提高地基承载能力。墩基主要以混凝土及钢材作为建筑材料。墩基础一般采用一柱一墩，墩身比桩具有更大的强度和刚度，墩柱穿过深厚的软弱土层而直接支撑在岩石或密实土层上。据报道，国外设计的墩基础，每墩重8MN以上。这种形式的深基础常被用于桥梁和一些高层及荷载大的建筑工程。

随着现代城市高层建筑和大型立交桥梁等的大量兴建，一般的打入桩由于承载力较小对周围建筑的影响较大，已不能满足上述建筑发展的需要，能支撑嵌固于岩基内的墩基础在我国进一步得到推广应用。这种基础采取大直径桩和底面扩大的钟形，形成

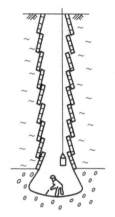

图5-8　扩大头桩墩基础

"大头墩"。深度一般在20~40m，最大可达60~80m。试验证明，支承于硬土层中的墩基础，其承载力可达1 000~4 000t；若支承于岩石中扩底后可承受高达6 000~7 000t的垂直荷载，而且沉降量很小。有时只需一个或几个墩基础，就可将集中而较大的荷载传递到坚硬土层或岩层上。

墩基础起源于美国，以后又于港澳地区得到广泛使用，近几年在深圳和广东地区不少高层建筑和大桥上使用大直径挖孔方法修建墩基础。上海市基础工程公司在深圳修筑墩基础时，改革过去常用混凝土作护环的挖孔工艺，采用打入钢套管进行挖孔成桩的新工艺，成功地穿越流砂及透水沙砾层，不到四个半月完成了桩径1.3~1.6m的数十根墩基础施工。

2. 墩基础的优缺点

(1) 墩基础的优点有以下几点：

① 由于墩基础直径大，承载力高，沉降量小，避免了采用桩基时群桩间相互影响而产生承载力降低及承台传力的复杂性，以及施工中造成的挤土现象。

② 在密实砂层及卵石层地基中，打桩十分困难，而做墩基较易于施工，可达到预期的持力层。由于墩身断面尺寸较大，施工时可下孔内直接检查孔的质量和侧面土质情况。

③ 墩基施工机具有简便，作业时无振动、无噪声，适应性强等特点。且不必进行大规模基坑开挖，浇灌混凝土质量容易保证，成本较低，且施工速度也较快。一柱一墩可省去承台。

④ 打桩时由于振动及土的隆起，会造成先打入桩的侧移或向上浮起，或造成邻近建筑物的损坏，而墩基施工没有该类问题。

⑤ 适宜于狭窄场地施工、邻近建筑密集的情形，对环境影响小。

(2) 墩基的缺点有以下几点：

① 当地下水存在时，给施工带来困难和产生流砂引起塌孔事故。

② 质量要求很高，由于在一柱一墩条件下，承担风险较大，一旦墩出现质量事故就会对整个建筑造成严重危害，故必须严格保证施工质量。

③ 墩的混凝土浇灌必须严格检查，有时会影响施工进度。

④ 同其他类型基础比较，墩基通常需对地基进行更为详细的勘察工作。

⑤ 墩基的深层开挖可能引起附近建筑物的损坏，挖土卸荷量较大，也会引起孔壁土的松动和扰动，从而降低了土的结构强度。

⑥ 墩基的荷载试验比较复杂和昂贵。

3. 墩基础的分类

墩的类型较多，按受力状况即传递上部荷载的方式可分为摩擦桩、端承桩二种，如图 5-9 所示，墩的传力方式与桩相似。

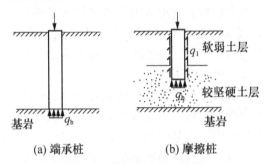

(a) 端承桩　　　　　(b) 摩擦桩

图 5-9　墩按受力状况分类

墩基按成孔方法分钻孔墩，挖孔墩和冲孔墩三种。钻孔墩是使用钻机在土（岩）层中钻孔而成的墩，应用较广泛。挖孔墩有人工挖孔与机械挖孔之分，一般成孔较大但较浅，应用也较多。冲孔墩是使用冲击钻成孔的墩，应用较少。

按施工方式的不同可分为人工挖孔墩基础或机械成孔墩基础。人工挖孔施工时，工人下到墩孔中进行操作，随时可能遇到流砂、塌孔、有害气体、缺氧、触电及上面掉重物的危险。因此，施工中应特别注意，严格安全生产规程。

按照墩基础的直径大小可分为一般墩基础或超大直径墩基础。一般来说，直径在 800~2 000mm 大小的，称为一般墩基础；直径超过 2 000mm 以上的，可称为超大直径墩基础。

4. 墩基的形状与尺寸

目前对于桩、大直径桩和墩柱基础尚缺乏明确界限，一般可认为，直径大于 150cm 即为墩柱式基础。桩墩基础的最大特点就是大直径桩及扩大型的底部，可有一处或数处扩大。

扩大头的形状与施工机具和方法有关，我国的钻孔扩底桩种类有 20 种以上，日本的大直径钻扩桩工法将近 30 种。扩孔的成型工艺除钻扩外，还有爆扩、冲扩、夯扩、振扩、锤扩、压扩、注扩、挤扩和挖扩等种类。常见的扩大头形状如图 5-10 所示。

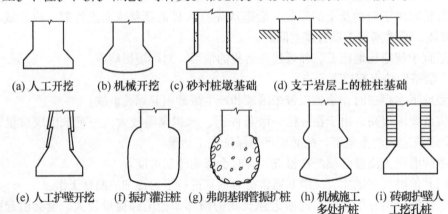

(a) 人工开挖　(b) 机械开挖　(c) 砂衬桩墩基础　(d) 支于岩层上的桩柱基础

(e) 人工护壁开挖　(f) 振扩灌注桩　(g) 弗朗基钢管振扩桩　(h) 机械施工多处扩桩　(i) 砖砌扩壁人工挖孔桩

图 5-10　扩大头的形状

5. 墩基的设计

墩基设计采用一柱一墩，无需承台。通常这类工程为甲级建筑物，单墩承载力应由墩的静荷载实验确定。但因墩的单墩承载力很大，难以进行载静荷实验，通常采用经验参数法计算。鉴于墩基础施工精细，通常每根墩成孔后，均需及时进行质量检验，合格后才能浇筑混凝土，这样墩的质量才能得到保证。墩基础的设计与一般桩基础的设计有相似之处，应符合《建筑地基基础设计规范》（GB50007—2011）中的有关规定。

大直径桩墩基础设计工作的主要内容包括：

（1）详细了解和取得地质勘探资料，了解地下水对施工的影响以及地基土的承载力等。

（2）了解结构物的性能、材料、结构自重、荷载、建筑物的容许沉降量和沉降差。

（3）选择基础类型，确定基础埋深、尺寸以及基础所用的材料。

（4）比较不同的设计方案，选择经济、合理、安全可靠的方案。

（5）按照材料强度和土阻力分别计算单桩承载力，并根据桩基受力检验其承载力。

（6）验算墩基础的沉降量。

（7）考虑施工中可能遇到的各类问题，如塌孔、缩颈、施工时对周围建筑物的影响，施工时要根据实际情况修正设计方案。在砂土等不稳定土层中开挖时，要注意安全措施、开挖到坑底时要检查是否有古墓、洞穴、古井、土洞、软弱土等异常现象。

（8）桩墩基础穿过软土、填土地层时，应考虑产生的负摩擦力等因素。

墩基的设计应符合下列规定：

（1）单墩承载力特征值或墩底面积计算不考虑墩身侧摩阻力，墩底端阻力特征值采用修正后的持力层承载力特征值或按抗剪强度指标确定的承载力特征值。岩石持力层承载力特征值不进行深宽修正。

（2）持力层承载力特征值的确定应符合国家标准《建筑地基基础设计规范》（GB50007—2011）的相关规定。甲级设计等级建筑物的墩底承载力特征值可通过孔内墩底平板荷载试验、深层平板荷载试验、螺旋板荷载试验等方法确定。荷载不大的墩，也可直接进行单墩竖向荷载试验，按单桩竖向荷载试验方法直接确定单墩承载力特征值。墩埋深度超过5m且墩周土强度较高时，当采用公式计算、室内试验、查表或其他原位测试方法（载荷试验除外）确定墩底持力层承载力特征值时，可乘以1.1的调整系数，岩石地基不予调整。

（3）墩身混凝土强度验算、墩底压力的计算、墩底软弱下卧层验算及单墩沉降验算均应符合国家标准《建筑地基基础设计规范》（GB50007—2011）中的相关规定。

6. 桩墩基础的施工

墩式基础采用人工或机械方法挖（钻）孔，接着再进行扩底成型，然后在大直径孔中浇筑混凝土或钢筋混凝土而成。墩基施工过程包括施工机具设备、墩基构造组成及施工工艺流程等项内容。

（1）施工机具，主要包括电动葫芦和提土桶；潜水泵，鼓风机和输风管，锹、镐、土筐等挖土工具，照明灯、对讲机、电铃等。

（2）施工工艺，主要包括按设计图纸放线，定桩位，开挖土方，支设护壁模板，在模板顶放置操作平台，浇筑护壁混凝土，拆除模板继续下一段的施工，排除孔底积水，浇筑桩身混凝土。

（3）墩基础施工应具备下列资料：

① 施工区域内建筑基地的工程地质勘察报告。勘察报告中，要有土壤的常规物理力学指标，必须提供土的固结块剪内摩擦角 F、内聚力 C、渗透系数 K 等数据和有关建议。

② 地基与基础工程施工图。

③ 场地内和邻近地区地下管线图及有关资料，如位置、深度、直径、构造及埋设年份等。

（4）墩基的构造及施工尚应符合下列规定：

① 墩身混凝土强度等级不宜低于 C20。

② 墩身采用构造配筋时，纵向钢筋不小于 $8\Phi12mm$，且配筋率不小于 0.15%，纵筋长度不小于三分之一墩高，箍筋 $\Phi8@250mm$。

③ 对于一柱一墩的墩基，柱与墩的连接以及墩帽（或称为承台）的构造，应视设计等级、荷载大小、连系梁布置情况等综合确定，可设置承台或将墩与柱直接连接。当墩与柱直接连接时，柱边至墩周边之间最小间距应满足国家标准《建筑地基基础设计规范》（GB50007—2011）中的有关要求，并进行局部承压验算。当柱与墩的连接不能满足固接要求时，则应在两个方向设置连系梁，连系梁的截面和配筋应由计算确定。

墙下墩基多用于多层砖混结构建筑物，设计不考虑水平力，墙下基础梁与墩顶的连接只需考虑构造要求，采取插筋连接即可。可设置与墩顶截面一致的墩帽，墩帽底可与基础梁底标高一致，并与基础梁一次浇筑。在墩顶设置墩帽可保证墩与基础梁的整体连接，其钢筋构造可参照框架顶层的梁柱连接，并应满足钢筋锚固长度的要求。

④ 墩基成孔宜采用人工挖孔、机械钻孔的方法施工。墩底扩底直径不宜大于墩身直径的 2.5 倍。

⑤ 相邻墩底标高一致时，墩位按上部结构要求及施工条件布置，墩中心距可不受限制。持力层起伏很大时，应综合考虑相邻墩底高差与墩中心距之间的关系，进行持力层稳定性验算，不满足时可调整墩距或墩底标高。

⑥ 墩底进入持力层的深度不宜小于 300mm。当持力层为中风化、微风化、未风化岩石时，在保证墩基稳定性的条件下，墩底可直接置于岩石面上，岩石面不平整时，应整平或凿成台阶状。

5.4 地下连续墙

地下连续墙技术起源于欧洲，是根据钻井中膨润土泥浆护壁以及水下浇灌混凝土的施工技术而建立和发展起来的一种方法。这种方法最初应用于意大利和法国。

1950 年在意大利米兰的水库大坝工程中首先使用地下连续墙技术，20 世纪 50—60 年代该项技术在西方发达国家及前苏联得到推广，成为地下工程和深基础施工中有效的技术。1958 年我国引进了此项技术并应用于北京密云水库及青岛丹子口水库的施工中。20 世纪 70 年代中期，这项技术开始推广应用到建筑、煤矿、市政等部门。至今这种施工方法应用得非常广泛，随着大中城市地面建筑的高度密集，地下连续墙显示了它独特地优越性。

地下连续墙可以定义为采用专门机械设备沿着深基础或地下构筑周边在泥浆护壁条件下开挖出一条具有一定宽度与深度的沟槽；清槽后，在槽内设置钢筋笼；采用导管法在泥浆中浇筑混凝土，筑成一单元墙段；依次顺序施工，以某种接头方法连接成的一道连续的地下钢筋混凝土墙。依据需要可以起到防渗、挡土和承重的功能。

在工程应用中，地下连续墙主要有三种类型：作为地下工程基坑的挡土防渗墙，是一种临时结构；前期作为挡土防渗结构方便基坑开挖施工，后期作为主体结构侧墙的一部分或单独作为主体结构侧墙使用；直接作为建筑物的承重基础、地下防渗墙、隔振墙等。

目前，地下连续墙已经并且正在代替很多传统的施工方法，而被用于基础或地下工程的很多方面。应用的主要领域包括水利水电、露天矿山及尾矿坝和环保工程的防渗墙，建筑物基坑与地下室，地下构筑物如地下铁道、地下通道、地下停车场和地下街、以及地下厂房、电站等，市政管沟和涵洞、码头、护岸和干船坞、泵站、水池，各种深基础和桩基等。如图 5-11 所示为施工中的地下连续墙图片。

图 5-11　地下连续墙钢筋笼的绑扎与吊放

5.4.1　地下连续墙分类

虽然地下连续墙已经有了 60 多年的历史，但是要严格分类，仍是很困难的。一般可按照以下几种形式进行分类。

（1）按成墙方式可分为桩排式、壁板式、桩壁组合式。其中，壁板式地下连续墙按支护结构方式又可分为自立式地下墙挡土结构、锚定式地下墙挡土结构、支撑式地下墙挡土结构及逆筑法地下墙挡土结构。

（2）按墙的用途可分为防渗墙、临时挡土墙、永久挡土（承重）墙、作为基础用的地下连续墙。

（3）按墙体材料可分为钢筋混凝土墙（含现浇及预制）、塑性混凝土墙、土质墙（如灰浆墙、泥浆墙、三合土墙等），组合墙。

（4）按开挖情况可分为地下连续墙（开挖）、地下防渗墙（不开挖）。

5.4.2 地下连续墙的优缺点

地下连续墙的优点有很多,主要有以下几点:

(1) 施工时振动小,噪声低,施工速度快,建造深度大。非常适于在城市密集建筑群中建造深基坑支护及进行逆作法施工。

(2) 墙体刚度大,整体性、防渗性和耐久性好,质量可靠,用于基坑开挖时,极少发生地基沉降或塌方事故,几乎不渗水。

(3) 可以紧贴原有建筑物施工地下连续墙,可用于逆作法施工。

(4) 占地少,可以充分利用建筑红线以内有限的地面和空间,充分发挥投资效益。

(5) 适用于多种地基条件。能适应较复杂的地质情况,从软弱的冲积地层到中硬的地层、密实的砂砾层、砂性土层,各种软岩和硬岩等所有的地基都可以建造地下连续墙。

(6) 可用作刚性基础。地下连续墙早已不再单纯作为防渗防水、深基坑维护墙,而且越来越多地用地下连续墙代替桩基础、沉井或沉箱基础,承受更大荷载。

(7) 用地下连续墙作为土坝、尾矿坝和水闸等水工建筑物的垂直防渗结构,是非常安全和经济的。

地下连续墙的缺点主要有以下几点:

(1) 在一些特殊的地质条件下(如很软的淤泥质土,含漂石的冲积层和超硬岩石等),施工难度很大,存在施工的适应性问题。

(2) 如果施工方法不当或地质条件特殊,可能出现相邻槽段不能对齐和漏水的问题,甚至槽壁坍塌问题。

(3) 地下连续墙如果仅用作临时的挡土结构,费用相对较高。例如,采用钢板桩尚可回收重复使用,经济效果更好。

(4) 在城市施工时,弃土和废泥浆的处理比较麻烦。除增加工程费用外,若处理不当,还会造成新的环境污染。

(5) 现浇地下连续墙的墙面通常较粗糙,如果对墙面要求较高,虽可使用喷浆或喷砂等方法进行表面处理或另作衬壁来改善,但增加工作量。

总体上,地下连续墙属于一种先进的施工方法,即利用地下空间结构的围护外墙兼作深基坑支护,因而,取消了某些地下工程另做支护墙的施工方法,这样可节约材料,降低造价,具有很显著的经济效益。地下连续墙方法尤其适用的场合为:基坑深度大于10m;软土地基或砂土地基;在密集的建筑群或重要的地下管线条件下施工,对基坑工程周围地面沉降和位移值有严格限制的地下工程;围护结构与主体结构相结合,对抗渗有严格要求时;采用逆作法施工,内衬与护壁形成复合结构的工程。

5.4.3 地下连续墙的施工工艺与接头构造

下面以最常用的现浇钢筋混凝土壁板式连续墙为例介绍地下连续墙的施工方法,其施工过程最主要的几道工序包括成槽、放入接头管、放置钢筋笼和浇筑混凝土(如图5-12所示)。而地下连续墙施工的具体过程及工艺却较为复杂,工序较多,具体施工一般可按下述工艺流程进行(流程图如5-13所示)。

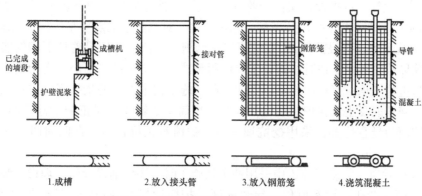

1. 成槽　　2. 放入接头管　　3. 放入钢筋笼　　4. 浇筑混凝土

图 5-12　地下连续墙施工主要工序示意图

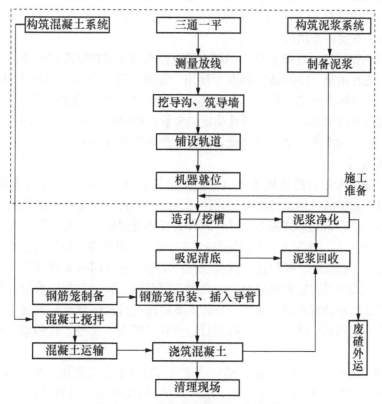

图 5-13　地下连续墙施工工艺流程图

1. 施工准备

（1）三通一平：根据施工总平面图，首先修通进场施工道路，供电，供（排）水到作业现场，拆除作业场内障碍物并平整场地。

（2）构筑辅助生产设施。

① 构筑泥浆系统，根据施工组织设计建造泥浆制备系统，即制浆站、蓄浆池、供排浆管网、泥浆回收净化系统、废浆池和弃碴场等，泥浆系统建成后即开始制备泥浆。

② 构筑混凝土系统，即混凝土拌和站和混凝土运输系统（根据施工方案确定，可采取泵运、皮带运输、混凝土运输车运输等）。

(3) 测量放样。依据设计文件和监理（业主）现场交给的测量基准点，测放出防渗墙（桩）的中心线（中心点）及高程，标识清楚，对测量基准点要采取保护措施。

(4) 构筑导墙（埋设护筒）。在地下连续墙施工以前，必须沿着地下墙的墙面线开挖导沟，修筑导墙。导墙是临时结构，主要作用是挡土，防止槽口坍陷；作为连续墙施工的基准；作为重物支承；存蓄泥浆等。作业人员在施工技术人员的指导下，进行挖槽沟、立模、扎筋、浇筑混凝土及养护；埋设护筒时，护筒中心轴线应对正测量标定的桩位中心，严格保持护筒的竖直位置；采用挖坑埋设时，护筒对正位置后，在四周回填黏土并分层夯实。

(5) 铺设导轨。防渗墙施工中采用冲击钻施工时，还要铺设导轨，埋设地锚绳。

(6) 成槽（造孔）设备就位，导轨铺好（护筒埋好），将造孔/挖槽机械安装平正、稳固，确保在施工中不发生倾斜、移动。调整回转器中心/桩管中心和桩孔中心三者在同一铅直线上（冲击钻机架天车滑轮槽缘的铅直线应对准桩孔中心），以保证钻孔垂直度，并控制孔位偏差在允许范围内。

(7) 泥浆制备。地下连续墙施工的基本特点是利用泥浆护壁进行成槽。泥浆的主要作用除护壁外，还有携碴、冷却钻具和润滑作用。泥浆的质量对地下墙施工具有重要意义，控制泥浆性能的指标有密度、黏度、失水量、pH 值、稳定性、含砂量等。

泥浆系统形成即根据施工组织设计确定的参数开始制备泥浆，每制备一池泥浆检测验收不得少于一次，制出的泥浆需经检验验收再送往施工槽（桩）。

2. 挖掘深槽（桩）

槽（桩）是用专用的挖槽机来完成的。挖槽机械应按不同地质条件及现场情况来选用。目前国内外常用的挖槽机械按其工作原理分为抓斗式、冲击式和回转式三大类，我国当前应用最多的是吊索式蚌式抓斗、导杆式蚌式抓斗及回转式多头钻等。

(1) 连续墙施工。依据先主孔后副孔的施工原则，根据施工组织设计确定的方法，可单独采用钻劈法、钻抓法、抓取法、排桩法任一工法，也可同时采用数种工法，但一定要满足设计要求。采用回转钻机钻进时，应合理选用钻压、转速、冲洗液量、钻进参数，作业人员经常检查校正钻机立轴的角度，质检人员跟踪进行孔斜测量，发现偏斜超过要求及时纠正或采取补救措施。终孔后的验收项目包括孔位偏差、孔径、孔斜率、孔深、嵌岩深度等。

(2) 桩施工。可采用冲孔钻进、回转钻进或沉管钻进方式造孔，冲孔钻进可分为小冲程（如冲击钻冲程在 0.5~1.0m）、大冲程（如双丰收 250 型钻冲程在 0.78~3.97m）、冲抓成孔、冲击反循等多种工艺；回转钻进包括正循环回转成孔、反循环回转成孔、潜孔钻机成孔、螺旋钻进成孔等；沉管钻进可分为锤击沉管，振动沉管，振动冲击沉管等。各种工法具备不同特点，满足不同需求，因此，要根据施工组织设计确定的工法采用相应设备。

3. 清孔、换浆

(1) 可采用抽筒法、泵吸法、气举法、抓斗直接排碴法等清除槽（孔）底沉碴。

(2) 采用钢丝刷等清除孔壁泥皮；施工连续墙Ⅱ期槽时还要清除接头混凝土孔壁上的泥皮。

(3) 把槽（孔）内不合格的泥浆置换出来换上合格泥浆。

4. 吊装钢筋笼

（1）"三通一平"后即可组织制作钢筋笼，钢筋笼制作严格按设计图纸和技术要求进行，加工好的钢筋笼要逐个进行检查验收。

（2）清孔换浆完成后，即将钢筋笼运输至槽（孔）口安装就位，吊装入槽（孔）应注意安放的垂直精度，顶面和底面标高应符合设计要求，施工技术人员现场指导吊放，安装精度要求高时，可用经纬仪定位控制。

（3）根据设计要求安装预埋件。

5. 泥浆下浇筑混凝土（或其他固化料）

（1）采用接头管（板）法施工Ⅰ期槽时，应按施工组织设计安装相应规格的接头管（板）；开浇以后，随着混凝土面上升达到初凝时间则开始起拔接头管（板）。

（2）安装浇筑导管，混凝土拌和站也随之开始拌制混凝土，保证开浇时能及时运送足量的混凝土至槽（桩）孔口。

（3）开浇前，将可浮起的隔离塞球或活动翻板置于导管内；开浇时，应注入水泥砂浆。随之注入足够的混凝土，挤出塞球并埋入导管底端深度不小于1m。

（4）浇筑过程中要保持混凝土面均匀上升，各处高差控制在0.5m以内；混凝土上升速度不小于2m/h；导管的埋入深度在1~6m间；混凝土浇筑至设计高程+50cm时即终止。

6. 泥浆回收与净化

（1）泥浆回收。回收的泥浆包括清孔掏碴时排出的泥浆；采用正、反循环作业时排出的泥浆；抓斗作业时排出的泥浆；清孔换浆时排出的泥浆；混凝土浇筑时排出的泥浆等。

（2）泥浆净化。将回收的废浆通过净化系统进行分离净化，分离出废碴送至废碴池晾、晒，并运往弃碴场。净化处理后的泥浆送入蓄浆池再行使用。

7. 清理现场

（1）浇筑结束即清理现场，同时对使用的设备、器材进行检修、保养，以备下次使用。

（2）浇筑完毕，清理完现场后还要按要求凿除墙上的夹浆混凝土，直至出现新鲜混凝土。

地下连续墙的接头构造。地下连续墙一般分段浇筑，墙段间需设接头，另外地下墙与内部结构也需接头，后者又称为墙面接头。地下连续墙的接头构造是墙体施工中较为重要的内容。

1. 墙段接头

墙段接头接头方式有接头管接头；接头箱接头；隔板式接头；钢板组合接头；预制块接头。其中较为常用的主要有接头管接头及接头箱接头。

（1）接头管接头（也称为锁扣管接头），如图5-14所示。

其施工顺序为：（a）挖出单元槽段土体；（b）在一端放置接头管，再吊入钢筋笼；（c）浇筑混凝土；（d）逐渐拔出接头管，形成半圆形接头。

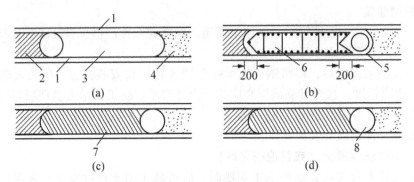

图 5-14 接头管接头的施工程序

1—导墙;2—已完成槽段;3—已开挖槽段;4—未开挖槽段;
5—放置接头管;6—安放钢筋笼;7—浇筑混凝土;8—拔出接头管

(2)接头箱接头,如图 5-15 所示。

接头箱接头的施工程序为:(a)插入接头箱;(b)吊放钢筋笼;(c)浇筑混凝土;(d)吊出接头管;(e)吊放后一槽段的钢筋笼;(f)浇筑后一槽段的混凝土形成整体接头。

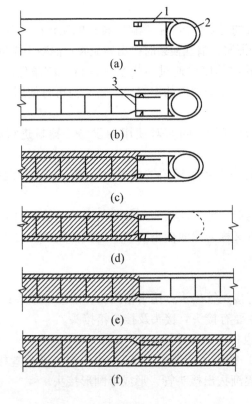

图 5-15 接头箱接头的施工程序

1—接头箱;2—接头管;3—焊在钢筋笼上的钢板

2. 墙面接头

地下连续墙与内部结构的楼板、柱、梁、底板等连续的墙身接头,既要承受剪力或弯矩又应考虑施工的局限性,目前常用的有预埋连接钢筋、预埋连接钢板、预埋剪力连接构件等方法。可根据接头受力条件选用,并参照钢筋混凝土结构规范对构件接头构造要求布设钢筋(钢板)。

5.4.4 地下连续墙施工过程中的主要问题及难点

地下连续墙施工过程几个阶段中可能遇到的主要问题、难点及解决的方法分述如下。

1. 导墙施工

导墙是地下连续墙施工的第一步,起到挡土墙和储存泥浆的作用,也是施工测量的基准,主要有以下几个问题。

(1) 导墙变形导致钢筋笼不能顺利下放。出现这种情况是因为导墙施工完毕后没有加纵向支撑,导墙侧向稳定不足发生导墙变形。解决问题的措施是导墙拆模后,沿导墙纵向每隔一米设二道木支撑,将二片导墙支撑起来,导墙混凝土没有达到设计强度以前,禁止重型机械在导墙侧面行驶,防止导墙受压变形。

(2) 导墙的内墙面与地下连续墙的轴线不平行。导墙的内墙面与地下连续墙的轴线不平行会造成建好的地下连续墙不符合设计要求。解决的措施主要是导墙中心线与地下连续墙轴应重合,内外导墙面的净距应等于地下连续墙的设计宽度加 50mm,净距误差小于 5mm,导墙内外墙面垂直。以此偏差进行控制,可以确保偏差符合设计要求。

(3) 导墙开挖深度范围内均为回填土,塌方后造成导墙背侧空洞,混凝土方量增多。

解决方法:首先是用小型挖基开挖导墙,使回填的土方量减少,其次是导墙背后填一些素土而不用杂填土。

2. 钢筋笼制作

(1) 碰焊接头错位、弯曲。错位主要是由于碰焊工工作量大,注意力不集中引起的质量问题,经过督促并且不定期的抽样检查,碰焊质量有了明显提高。弯曲是因为碰焊完成后,接头部分还处于高温软弱状态,强度不够,工人在搬运钢筋到堆放地时,造成钢筋在接头处受力弯曲变形,在堆放后又没有处理过,冷却后强度恢复很难处理。

(2) 钢筋笼焊接时的咬肉问题。这个问题的产生主要是因为工人队伍技术水平不到位,其次是因为由于电焊工数量不够,由一班人长期加班加点,疲劳过度引起的质量问题。

3. 泥浆制作

泥浆是地下连续墙施工中深槽槽壁稳定的关键,泥浆制作过程应该注意以下几个问题。

(1) 按泥浆的使用状态及时进行泥浆指标的检验。新拌制的泥浆不控制就不知拌制的泥浆能否满足成槽的要求;储存泥浆池的泥浆不检验,可能影响槽壁的稳定;沟槽内的泥浆不按挖槽过程中和挖槽完成后泥浆静止时间长短分别进行质量控制,会形成泥皮薄弱且抗渗性能差;挖槽过程中正在循环使用的泥浆不及时测定试验,泥浆质量恶化程度不清,不及时改善泥浆性能,槽壁挖掘进度和槽壁稳定性难以保证;浇筑混凝土置换出来的泥浆不进行全部质量控制试验,就无法判别泥浆应舍弃还是处理后重复使用。

（2）成本控制。泥浆制作主要用三种原材料，膨润土、cmc、纯碱。其中膨润土最廉价，纯碱和 cmc 则非常昂贵。如何在保证质量的情况下节约成本，就成为一个关键问题。要解决这个问题就要在条件允许的情况下，尽可能地多用膨润土。合格的泥浆有一定的指标要求，主要有黏度、pH 值、含沙量、比重、泥皮厚度、失水量等。要达到指标的要求有很多种配置方法，但要找到最经济的配置方法是需要多次试验的。

（3）泥浆制作与工程整体的衔接问题。泥浆制作工艺要求，新配制的泥浆应该在池中放置一天充分发酵后才可投入使用。旧泥浆也应该在成槽之前进行回收处理和利用。当工程进行得非常紧张的时候，一天一幅的进度对泥浆制作是一个严峻的考验。

有时自来水压力小，要拌制一个搅拌池的泥浆（5m³）至少需要 30min，当需要拌制新浆的时候，时间就变得非常紧张。解决的方法一个是连夜施工，在泥浆回笼完成的时候马上开始拌制新浆或进行泥浆处理。另外准备一个清水箱，在不拌制新浆的时候用于灌满清水，里面放置一个大功率水泵，拌浆时使用箱内清水，同时水管连续向箱内供水，就可以最大限度的利用水流量，加快供水速度，节约拌浆的时间。

（4）泥浆制作具体方量的确定。泥浆制作需要一定的方量，到底多少方量才是合适的呢？方量的确定在理论书籍上有许多复杂的公式。一般情况，以拌制理论方量的 1.5 倍比较合适。

4. 成槽

成槽主要有以下几个问题：

（1）成槽机施工。成槽施工是地下连续墙施工的第一步，也是地下连续墙施工质量是否完好的关键一步，成槽的技术指标要求主要是前后偏差、左右偏差。由于前后偏差由仪器控制，前后偏差在施工过程中出现问题的次数是较少的。左右偏差的问题是地下连续墙施工过程中的一个顽症，发生的概率非常高。

（2）泥浆液面控制。成槽的施工工序中，泥浆液面控制是非常重要的一环。只有保证泥浆液面的高度高于地下水位的高度，并且不低于导墙以下 50cm 时才能够保证槽壁不塌方。泥浆液面控制包括两个方面：首先是成槽工程中的液面控制，这一点做起来应该并不难。但是一旦发生，就会对的槽壁质量形成很大的影响，塌方在所难免。其次是成槽结束后到浇筑混凝土之前的这段时间的液面控制。这件工作往往受到大家的忽视，但是泥浆液面的控制是全过程的，在浇筑混凝土之前都是必须保证合乎要求的，只要有一小段时间不合要求就会功亏一篑。

（3）地下水的升降。遇到降雨等情况使地下水位急速上升，地下水又绕过导墙流入槽段使泥浆对地下水的超压力减小，极易产生塌方事故。

地下水位越高，平衡它所需用的泥浆密度也越大，槽壁失稳的可能性越大，为了解决槽壁塌方，必要时可部分或全部降低地下水，泥浆面与地下水位液面高差大，对保证槽壁的稳定起很大作用。所以另一个方法是提高泥浆液面，泥浆液面至少高出地下水位 0.5~1.0m。在施工中发现漏浆跑浆要及时堵漏补浆，以保持泥浆规定的液面。第二种方法实施比较容易因此采用的比较多，但碰到恶劣的地质环境，还是第一种方法效果好。

（4）清底工作。沉碴过多会造成地下连续墙的承载能力降低，墙体沉降加大沉碴影响墙体底部的截水防渗能力，成为管涌的隐患；降低混凝土的强度，严重影响接头部位的抗渗性；造成钢筋笼的上浮；沉碴过多，影响钢筋笼沉放不到位；加速泥浆变质。

（5）刷壁次数的问题。地下连续墙一般按一定顺序进行，在已施工的地下连续墙的侧面往往有许多泥土黏在上面，所以刷壁就成了必不可少的工作。刷壁要求在铁刷上没有泥才可停止，一般需要刷 20 次，确保接头面的新老混凝土接合紧密，可实际情况中往往刷壁的次数达不到要求，这就有可能造成两幅墙之间夹有泥土，不仅会产生严重的渗漏，而且对地下连续墙的整体性也有很大影响。因此虽然刷壁的工作比较烦琐，它导致的恶果不是很快就能看出来，但它却对施工质量有着至关紧要的影响，不能马虎。

5. 锁口管下放

锁口管的问题是施工过程的一个难题，至今没有得到合理的解决。主要问题有以下几个方面：

（1）槽壁不垂直，造成锁口管位置的偏移。由于机器和人工的原因，做好的槽壁在下部总是存在两端不垂直的问题。这就造成在下放锁口管的时候，锁口管不能按照预先放好样的位置摆放，影响到这幅墙的宽度及钢筋笼的下放。同时锁口管的后面空间过大，加大了土方回填的工作量，也容易产生漏浆的问题。解决方法是修好左右纠偏的仪器，并且提高司机的操作技术，做好技术交底，在成槽后期的时候有意识的向两边倾斜。

（2）锁口管固定不稳，造成锁口管倾斜。锁口管的固定包括上端固定和下端固定，下端固定主要通过吊机提起锁口管一段高度使其自由下落插入土中使其固定，这种固定方法使锁口管的下端一般不会产生大的位移；上端固定一般是通过锁口管与导墙的缝隙间打入导木枕，并用槽钢斜撑来解决。该法可以杜绝锁口管位移的产生。

实际施工中，锁口管上端如固定不好，偏移严重，将造成此幅墙的幅宽超过设计宽度，占用了下一幅墙的幅宽。这个问题的产生和漏浆问题的产生共同造成了闭合幅的幅宽缩小的问题。

（3）拔锁口管的问题。拔锁口管时为了避免使用液压顶升架，往往在砼没有浇筑完毕的时候就已经开始拔了，这样做一定要掌握好混凝土初凝的时间，在实际操作中工人往往不能很好的掌握。因此，拔锁口管应该在混凝土灌注完毕的时候再开始拔，建议每次都使用液压顶升架，这样可以防止因锁口管拔的太早，墙体底部的混凝土未初凝而产生的漏浆问题。

（4）锁口管后回填土的问题。锁口管下放以后，不会紧贴土体，总是有一定的缝隙，一定要进行土方回填，否则混凝土绕过锁口管，就会对下一幅连续墙的施工造成很大的障碍。但由于缝隙较小，又充满泥浆，回填时不易密实。因此回填时用钢钎来插入缝隙，捅实回填土，防止混凝土绕流。

6. 钢筋笼起吊和下钢筋笼

（1）钢筋笼偏移。由于上一幅施工时锁口管后面的空当回填不密实造成的漏浆问题会产生一系列的不良后果。成槽时由于混凝土已凝固，会损坏成槽机的牙齿，下钢筋笼时也会对钢筋笼产生影响。

当钢筋笼碰到混凝土块时，会发生倾斜，使钢筋笼左右标高不一致，影响接驳器的准确安放。同时由于漏浆的影响，会使钢筋笼发生侧移，扩大本幅墙的宽度，占用下一幅墙的墙宽。

（2）上钢筋笼的安全问题。钢筋笼起吊时一定要注意安全，整个钢筋笼竖起来后有几十米高，经常发生焊工遗留的碎钢筋、焊条高空下落问题，因此在整个起吊过程中无关人员一定要远离钢筋笼,防止意外事件的发生。由于施工的要求,必须要爬上钢筋笼进行施工操作,危险性比较高,因此一定要注意安全。

(3) 钢筋笼下不去。除少数是槽体垂直度不合要求外,大部分情况是由于漏浆的原因导致钢筋笼下不去,因此漏浆的问题必须要解决。回填土不密实是导致漏浆的主要原因。

(4) 钢筋笼的吊放。钢筋笼的吊放过程中,发生钢筋笼变形,笼在空中摇摆,吊点中心与槽段中心不重合。就会造成吊臂摆动,使笼在插入槽内碰撞槽壁发生坍塌,吊点中心与槽段中心偏差大,钢筋笼不能顺利沉放到槽底等。吊点问题至关重要,一旦吊点发生问题,就有可能造成钢筋笼变形等不可弥补的损失,因此一定要经过仔细研究推敲,以确保钢筋笼起吊的绝对安全。插入钢筋笼时,使钢筋笼的中心线对准槽段的纵向轴线,徐徐下放。

5.4.5 地下连续墙成槽机械设备

地下连续墙成槽的机械设备主要可分为挖斗式(又称为抓斗式),冲击式和回旋式三种,如图 5-16 所示。下面分别简单介绍这三种成槽机的主要特点、适用范围及生产厂家或型号。

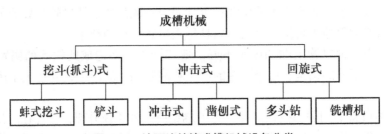

图 5-16 地下连续墙成槽机械设备分类

1. 挖斗式成槽机

主要特点:结构简单,易于操作维修,运转费用低。适用范围:广泛应用在较软弱的冲积地层;不适用于大块石、漂石、基岩等情形,当地的标准贯入度值大于 40 时效率较低。其造墙厚度一般在 30~150cm。

挖斗式成槽机又可分为蚌式挖斗(抓斗)和铲斗两种。图 5-17 为蚌式挖斗的结构及实物图。

液压抓斗式成槽机主要生产厂家及产品:德国宝峨(BAUER):GB 系列;日本真砂(MASGO):MHL 系列;意大利土力公司(SOILMEC):BH 系列;法国地基建筑公司 BAYA 系列,意大利卡沙哥兰地集团(CASAGRANDE) KRC 系列;上海金泰公司生产的 SG 系列。

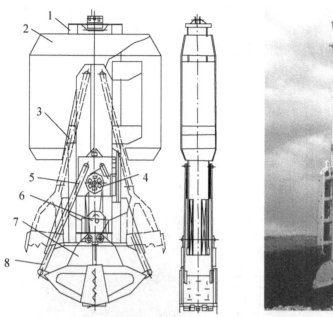

图 5-17 蚌式挖斗结构及实物图

1—导论支架空；2—导板；3—导架；4—动滑轮组；
5—提杆；6—定滑轮组；7—斗体；8—弃土压板

2. 冲击式成槽机

冲击式成槽设备的特点及适用范围：对地层适应性强，适用一般软土地层，也可使用砂砾石、卵石、基岩。设备低廉。但其缺点是成槽效率低。

冲击式成槽机又可分为冲击式和凿刨式两种。图 5-18 为 ISO 冲击钻机的结构及实物图。

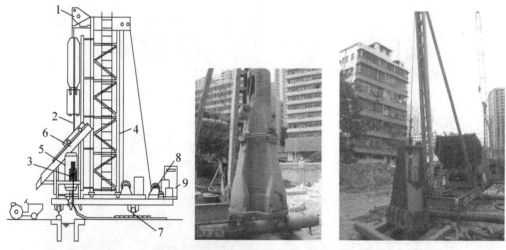

图 5-18 冲击式成槽机（ISO 冲击钻机）

3. 回旋式成槽机

回旋式成槽机又可分为铣槽机和多头钻机两种。

铣槽机一般采用液压式动力系统，液压铣槽机特点及适用范围：工艺先进、工效快，适用不同地质条件，包括基岩。其缺点是：设备昂贵，成本高。不适用漂石、大孤石地层。图 5-19 为液压式铣槽钻机的结构与实物图。

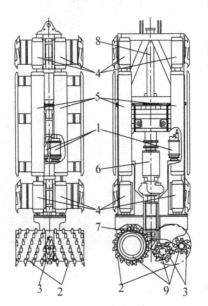

图 5-19　铣削钻成槽机

铣槽机主要生产厂家有：德国宝峨公司生产的 BC 系列；法国地基基础公司生产的 HF 系列；意大利卡沙哥兰地集团生产的 K 系列。

多头钻成槽机实际是由几台回转钻机（潜水钻机）的组合，一次成槽。其特点是挖掘速度快，机械化程度高，但设备体积自重大；缺点是不适用卵石、漂石地层，更不能用于基岩。例如，日本利根公司开发 BW 型多头钻机。图 5-20 为多头式回旋钻机的结构与实物图。

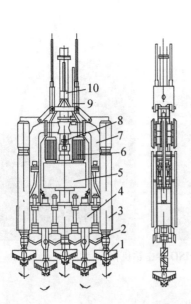

图 5-20　多头钻成槽机

5.4.6 地下连续墙设计计算简介

地下连续墙的设计首先应考虑地下墙的应用目的和施工方法,然后决定结构的类型和构造,使它具有足够的强度、刚度和稳定性。

地下连续墙的计算主要考虑连续墙的破坏类型:稳定性破坏的计算及强度破坏的计算。其中,稳定性破坏包括整体失稳、基坑底隆起、管涌、流砂等,强度破坏的类型有支撑强度不足、压屈及墙体强度不足等。

因此,计算主要包括作用在墙体上的荷载的计算、墙体内力计算及挡土结构稳定性验算等几个方面。

1. 作用在墙体上的荷载

作用在墙体上的荷载主要是土压力和水压力,砂性土应按水土分算的原则计算;黏性土宜按水土合算的原则计算。当地下墙用作主体结构的一部分或结构物基础时,还必须考虑作用在墙体上的各种其他荷载。

土压力的计算可采用古典土压力理论如朗肯土压力理论及库伦土压力理论、静止土压力理论等。水压力的计算与土压力不同,它与墙的刚度及位移无关,按静水压力计算。

地下连续墙作为结构物基础或主体结构时的荷载,其荷载根据上部结构的种类不同而有差异。在一般情况下,它与作用在桩基础或沉井基础上的荷载大致相同。

2. 墙体内力计算

墙体内力计算主要进行地下连续墙结构体系(包括墙体和支撑)的内力分析和变形验算,以为结构的截面设计提供依据,包括墙体和支撑的配筋设计、截面强度验算、接头的连接强度验算和构造处理等。地下墙内力计算理论和方法及适用条件见表 5-2。

表 5-2 地下连续墙内力计算理论和方法

类别	计算理论及方法	方法的基本条件	方法名称举例
1	较古典的钢板桩计算理论	土压力已知 不考虑墙体变形 不考虑支撑变形	假想梁(等值梁)法、二分之一分割法、太沙基法
2	横撑轴力、墙体弯矩不变化的方法	土压力已知 考虑墙体变形 不考虑支撑变形	山肩邦男法
3	横撑轴力、墙体弯矩随之变化的方法	土压力已知 考虑墙体变形 考虑支撑变形	日本的《建筑基础结构设计规范》的弹性法、有限单元法
4	共同变形理论(弹性)	土压力随墙体而变化 考虑墙体变形 考虑支撑变形	森重龙马法、有限单元法(包括土体介质)、《公路桥涵地基与基础设计规范》法
5	非线性变形理论	考虑土体为非线性介质 考虑墙体变形 考虑支撑变形 考虑施工分部开挖	考虑分部开挖的非线性有限单元法

3. 挡土结构的稳定性验算

挡土结构的稳定性验算主要结合施工过程和使用阶段各工况的水土压力和荷载，进行以下几个方面的验算，以确定地下连续墙所需的入土深度和进行地基与基底的处理：

（1）土压力平衡及整体失稳的验算；

（2）基坑底面隆起的验算；

（3）管涌的验算。

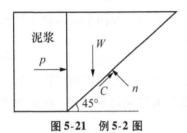

图 5-21　例 5-2 图

【例 5-2】在饱和软黏土地基中开槽建造地下连续墙，槽深 8.0m，槽中采用泥浆护壁，已知软黏土的饱和重度为 16.8kN/m^3，$C_U = 12\text{kPa}$，$\varphi_u = 0$，$b = 8\text{m}$。对于图 5-21 的滑裂面，问保证槽壁稳定的最小泥浆密度最接近下列哪个选项？（2008）

A. 1.00g/cm^3　　　　　　B. 1.08g/cm^3

C. 1.12g/cm^3　　　　　　D. 1.22g/cm^3

解：答案为 B。

根据静力平衡条件，取 1m 宽度计算，则：

$$W = \frac{1}{2}bh\gamma' = 0.5 \times 8 \times 8 \times 16.8 = 537.5\text{kN}, \quad C = \frac{H}{\sin\alpha}C_U = 135.7;$$

$$W_r = W\sin\alpha - C = 244.4, \quad P = \frac{1}{2}\gamma H^2 = 32\gamma;$$

又因为，$P\cos\alpha = W_r$，得到：$\gamma = 10.8\text{kN/m}^3$。

习　题

一、选择题

1. 下列哪些选项可能是造成沉井下沉过程发生倾斜的原因？（2008）

    A. 沉井在平面上各边重量不相等

    B. 下沉过程中井内挖土不均匀

    C. 下沉深度范围内各层地基土厚度不均、强度不等

    D. 抽水降低井内水位

2. 采取下列哪些措施能有效提高沉井下沉速率？（2008）

    A. 减小每节筒身高度　　　　　　B. 在沉井外壁射水

    C. 将排水下沉改为不排水下沉　　D. 在井壁与土之间压入触变泥浆

3. 某基坑拟采用排桩或地下连续墙悬臂支护结构，地下水位在基坑底以上，支护结构嵌入深度设计最主要由下列哪个选项控制？（2008）

    A. 抗倾覆　　B. 抗水平滑移　　C. 抗整体稳定　　D. 抗坑底隆起

4. 某过江隧道工作井井深 34m，采用地下连续墙支护。地层及结构如图 5-22 所示。场地地下水有两层，浅层潜水位深度为 1.5m，深部承压水水位深度 11.8m，水量丰富，并与江水连通。下列地下水控制措施中，哪个选项相对来说是最有效的？（2008）

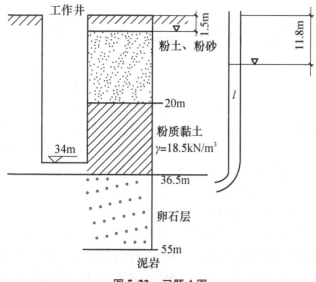

图 5-22 习题 4 图

A. 对浅层潜水用多级井点降水，对深层承压水，用管井降水方案
B. 采用进入卵石层适宜深度的隔水帷幕，再辅以深井降水并加固底部方案
C. 对浅层潜水用多级井点降水，对深层承压水，加强观测
D. 设置深度进入基岩（泥岩）的封闭帷幕，并疏干帷幕内的地下水

5. 由地下连续墙支护的软土地基基坑工程，在开挖过程中，发现坑底土体隆起，基坑周围地表水平变形和沉降速率急剧加大，基坑有失稳趋势。此时，应采取下列哪些抢险措施？（2008）

A. 在基坑外侧壁土体中注浆加固
B. 在基坑侧壁上部四周卸载
C. 加快开挖速度，尽快达到设计坑底标高
D. 在基坑内墙前快速堆土

二、问答题

1. 何谓沉井基础？适用于哪些场合？与桩基础相比，其荷载传递有何异同？
2. 何谓墩基础？与桩基础相比，它有何特点？
3. 沉井的设计计算主要包括哪些方面的内容？
4. 沉井基础有何特点？如何选择沉井的类型？
5. 如果沉井在施工过程中发生倾斜，怎么处理？
6. 何谓地下连续墙 地下连续墙有何突出的优点？
7. 箱桩基础是什么？这种新型的基础适用于何种工程和地质条件？

三、计算题

某水下圆形沉井基础直径 $d=7$m，作用于基础上的竖向荷载 $P=18\,503$kN（已扣除浮力 $3\,848$kN），水平力 $N=503$kN，弯矩 $W=7\,360$kN·m（均为考虑附加组合荷载）。$\eta_1 = \eta_2 = 1.0$，沉井埋深 10m，土质为中等密实的砂砾土，重度 21.0kN/m³，内摩擦角 35°，内聚力 $c=0$。试验算该沉井基础的地基承载力及横向土抗力。

第6章 基坑工程

20世纪80年代以来，我国城市建设迅猛发展，基坑支护的重要性逐渐被人们所认识，支护结构设计、施工技术水平也随着工程经验的积累而提高。

基坑的支护，不仅要保证基坑内能正常安全作业，而且要防止基底及坑外土体移动，保证基坑附近建筑物、道路、管线的正常运行。近几十年来，世界上很多国家，如美国、日本、法国、意大利、德国和瑞典等，先后发展了多种深基坑开挖支护的施工技术、专用设备或专门工艺，对此类工程问题制定了国家级的规程规范。一些国家先后成功地进行过在各种复杂的条件下深度较大（有些深度大于30m）的基坑开挖，取得了宝贵的经验。近年来，随着城市建设的发展，在我国的若干大城市中，也先后进行了一些不同的深基坑的开挖与支护工程。建设部还编制了专门的规程《建筑基坑支护技术规程》（JGJ120—99）。国家标准《岩土工程勘察规范》（GB50021—2001）和《建筑地基基础设计规范》（GB50007—2002），也编入了相关内容。

6.1 基坑工程特点

最早提出分析方法的是太沙基（Terzaghi）和佩克（Peck）等人，早在20世纪40年代就提出了预估挖方稳定程度和支撑荷载大小的总应力法。这一方法一直沿用至今，只不过有了许多改进与修正。20世纪50年代，Bjerrum和Eidr给出了分析深基坑底板隆起的方法，20世纪60年代开始在奥斯陆和墨西哥城软黏土深基坑中使用了仪器进行监测，此后的大量实测资料提高了预测的准确性，并从20世纪70年代起，产生了相应的指导开挖的法规。从20世纪80年代初开始我国逐步涉入深基坑设计与施工领域，在深圳市的一个深基坑支护工程率先应用了信息施工法，大大节省了工程造价。进入20世纪90年代后，为了总结我国深基坑支护设计与施工经验，开始着手编制深基坑支护设计与施工的有关法规。

在建筑密集的城市中兴建高层建筑、地下车库、地下铁道或地下车站时，往往需要在狭窄的场地上进行深基坑的开挖。由于场地的局限性，在基坑平面以外没有足够的空间安全放坡，人们不得不设计规模较大的开挖支护系统，以保证施工的顺利进行。这种开挖与支护工程虽然也属于土木工程、岩土工程的范畴。但是，它具有以下一些基本特点：

（1）主要高层、超高层建筑都集中在市区。市区的建筑密度很大，人口密集，交通拥挤，施工场地狭小，因此，其施工的条件往往很差。

（2）为了节约土地，在工程建设中要充分利用基地面积，地下建筑物一般占基地面积的90%，紧靠邻近建筑，要充分利用地下空间，设置人防、车库、机房、仓库等各种设施。基础深度越来越大，地下基坑的开挖深度由一层发展到二层，甚至三层，越来越深。因此，深基坑开挖与支护工程的施工难度往往比较大。

（3）深基坑的施工，对周围环境势必有所影响。因此，除了确保深基坑的自身安全外，还要尽量减小对周围环境的影响。这是深基坑施工中的一个很大的难题，不但要考虑对邻近建筑物的影响，还要考虑对周围地下的煤气、上下水、电信、电缆等管线的影响。

（4）深基坑支护工程大多为临时性支护工程。在实际处理这个问题时，常常得不到建设方应有的重视。

因此，深基坑开挖与支护工程是一个系统工程，不仅涉及到工程地质和水文地质、工程力学与工程结构、土力学与基础工程、还涉及工程施工与组织管理、是融合多学科知识于一体的综合性科学。

6.2 基坑支护结构形式与计算

基坑支护结构的形式多样。为适应不同的地质及环境条件，设计者针对不同的工程实际，往往会根据当地建筑材料，施工条件等设计出不同的结构形式。根据支挡结构和土体的关系，把基坑支护结构分为被动式支挡结构和主动式支挡结构。

6.2.1 被动式支挡结构

由于土体的抗剪强度较小，因而自然土坡只能以较小的临界高度保持直立。当土坡直立高度超过临界高度，或坡面有较大超载以及环境因素等的改变，都会引起土坡的失稳。被动式支挡结构是经常采用的支护方式，它是采用支挡结构承受侧压力并限制其变形发展。其主要结构形式有下列几种：

1. 排桩

（1）稀疏排桩。当边坡土质较好，地下水位较低时，可利用土拱作用，以稀疏排桩支挡边坡。

（2）连续排桩。对于不能形成土拱作用的软土边坡，支护桩必须连续密排。密排的钻孔桩可以互相搭接，或在桩身混凝土强度尚未形成时，在相邻桩之间做一根素混凝土和树根桩把钻孔桩连接起来，从而形成一种既能挡土又能防渗的简易连续墙。

（3）双排桩。当土质软弱或开挖深度较大时，单排桩的横向刚度往往不能满足控制变形的要求。这时，可采用双排桩通过桩顶盖梁联成门式钢架式的整体，这种框架式排桩具有较大的侧向刚度，可以有效地限制边坡的侧向变形。

（4）组合式排桩。

① 桩板组合。这实际上也是一种稀疏排桩支挡，只是桩距较大，利用挡板把桩间土的侧压力传递给主桩，同时起到一定的防渗作用。

② 桩撑组合：当基坑开挖深度较大时，使用排桩或地下连续墙等悬臂结构会增加支护结构的工程量和造价，这种情况下，往往需要给悬臂结构以支撑而形成组合结构，固定排桩的方法有内支撑和土层锚杆，前者包括撑梁和支撑或斜撑；后者是加或者不加预应力的锚杆或锚索。

③ 桩墙组合：在地下水位较高的软土地区，防渗是保证基坑支护成功的重要一环。采用稀疏排桩（单排或双排）挡土，水泥土搅拌桩防渗的组合结构被证明是经济有效的一种支护形式。

2. 地下连续墙

地下连续墙的优点是对周围环境影响小、对地层条件适应性强、墙体长度可任意调节。它适用于各种深度的基坑开挖，即可将地下连续墙作为支护结构，也可作为主体结构，从而大大降低工程造价，还可采用逆作法施工，减少对环境和交通等的影响。地下连续墙作为支护结构，具有抗弯刚度、防渗性能和整体性好等优点，开挖深度可达30m。目前用于支护的地下连续墙，已从单一的一字型发展出折板型和Ⅱ型等多种形式，以获得更大的侧向刚度。

3. 逆作拱墙

逆作拱墙结构是利用基坑的弧状及拱式结构的受力特点，使以受弯矩为主的支护结构由于拱式受力特性而改变为受压为主，大大改善了结构受力状态。其结构型式根据基坑平面形状可采用全封闭拱墙，也可采用局部拱墙。

6.2.2 主动式支挡结构

（1）水泥土墙。水泥土墙是由水泥土桩相互搭接形成的格栅桩、壁状等形式的重力式结构。这里主要指的是水泥搅拌桩，其突出优点是：施工无环境污染（无噪声、无振动、无排污）、造价低廉及防渗性能好。加固机理：利用具有一定强度的水泥搅拌桩相互搭接组成结构体系，从而使边坡滑动棱体范围内的土体得以加固，保持边坡稳定。加固体按重力式挡土墙验算，当稳定性不足时，可增加加固体的厚度和深度，直到满足稳定性。

除了水泥搅拌桩外，还有粉喷水泥搅拌桩、高压旋喷桩、注浆加固法等，它们的共同特点是通过一定的施工工艺，把水泥浆或者其他化学溶液注入土体空隙中，改善地基土的物理力学性质，达到加固土体和防渗的目的。

（2）土钉墙。土钉墙亦称插筋补墙法，是通过在边坡土体中插入一定数量抗拉强度较大，并具有一定刚度的插筋锚体，使之与土体形成复合土体。这种方法可提高边坡土体的结构强度和抗弯刚度，减小土体侧向变形，增强边坡整体稳定性。在工作机理及施工工艺上，它明显不同于在填土中铺设板带的加筋土技术，也不同于护坡支撑中的锚杆技术。土钉支护技术是吸取了上述某些工艺技术的特点而发展起来的一种以主动制约机制为基础的新型支护技术。它以发挥土钉与土体相互作用形成复合土体的补强效应为基本特征，以土钉作为补墙的基本手段，与其他护坡技术相比，它不需要大型施工机械。几乎不需要单独占用场地，而且具有施工简便，适用性广泛，费用低，可以竖直开挖等优点。因而在我国已经大量使用并有广泛的应用前景。

6.2.3 支护结构设计计算

在建筑基坑支护设计与施工中做到技术先进、经济合理、确保基坑边坡稳定、基坑周围建筑物、道路及地下设施安全。

基坑支护设计与施工应综合考虑工程地质与水文地质条件、基础类型、基坑开挖深度、降排水条件、周边环境对基坑侧壁位移的要求、基坑周边载荷、施工季节、支护结构使用期限等因素，做到因地制宜，因时制宜，合理设计，精心施工、严格监控。

基坑支护结构是采用以分项系数表示的极限状态进行设计。其支护结构极限状态可分为对应于支护结构达到最大承载能力或土体失稳、过大变形导致支护结构或基坑周边环境破坏，即承载能力极限状态；对应于支护结构的变形已妨碍地下结构施工或影响基坑周边环境的正常使用功能。

基坑支护安全等级按其破坏后果可分为一级、二级和三级，其对应的重要性系数依次为 1.10、1.00 和 0.90。

支护结构设计要考虑其结构水平变形、地下水的变化对周边环境的水平与竖向变形，对于安全等级为一级和对周边环境有限定要求的二级建筑基坑侧壁，要根据周边环境的重要性、对变形的适应能力及土的性质等确定支护结构的水平变形限制。

根据基坑极限状态设计要求，基坑支护应进行下列计算和验算：

（1）基坑支护结构均应进行承载能力极限状态的计算，计算内容包括：

① 根据基坑支护形式及其受力特点进行土体稳定性计算；

② 基坑支护结构的受压、受弯、受剪承载力计算；

③ 当有锚杆或支撑时，应对其进行承载力计算和稳定性验算。

（2）对于安全等级为一级及对支护结构变形有限定的二级建筑基坑侧壁，尚应对基坑周边环境及支护结构变形进行验算。

1. 支护结构选择

基坑支护的结构选择要参考适用的基坑侧壁安全等级、开挖深度及地下水的情况等。结构的选择要因地制宜，充分利用基坑的平面形状，使基坑支护设计既安全又节省费用。当基坑内土质较差，支护结构位移要求严格时，可采用加固基坑内侧土体或降水措施。

支护结构可根据基坑周边环境、开挖深度、工程地质与水文地质、施工作业设备和施工季节等条件，分别选用排桩、地下连续墙、水泥土墙、逆作拱墙、原状土放坡或上述型式的组合。

2. 基坑支护结构受力分析计算

基坑支护结构型式多样，设计者们针对不同的工程实际，根据当地建筑材料、施工条件等可选择不同的支护型式，但其受力性能大致可划分为悬臂式支护结构、单（多）支点混合结构、重力式挡土结构及拱式支护结构三类。

6.2.4 悬臂式支护结构设计计算

1. 特点

悬臂式支护结构主要是依靠支护结构中嵌入基坑底面以下土内的深度提供的桩前被动土压力和桩后被动土压力来平衡上部土压力、水压力及地面荷载。悬臂式支护结构可以是木桩、钢筋混凝土桩、钢板桩和地下连续墙等。

悬臂式支护结构的设计过程一般是首先选定初步尺寸，然后按稳定性和结构要求进行计算分析，并根据需要修改。

在设计过程中，插入深度是关键。有了插入深度，就可以计算弯矩和位移。在土内固定的板桩墙按悬臂固定端易于计算。但弹性嵌固的板桩（如在砾石、砂或粉砂中），其桩脚部分在某一固定点上旋转，同时被动土压力形成一对力偶如图 6-1 所示。这种结构的合力大小及位置都是未知数，求板桩插入深度、弯矩很不容易。打入土内的无拉结自由板桩受到桩顶地面荷载连同它所围护的土的主动土压力发生向外倾斜，同时板桩在桩底地面下受到周围土的影响，即从桩底地面到反弯点 D 产生一种向右的，而从 D 到桩脚产生一种向左的被动土压力。由于这种影响，板桩维持了它的垂直地位，但主动土压力 E 在推动板桩的同时，在桩脚土中产生一种力，它的大小等于被动土压力和主动土压力之差。即

$E_a - E_p$,形成按土的深度成线形增加的主动土压力及被动土压力,其板桩载荷图形如图 6-2 所示。悬臂桩的计算方法较多,下面谈谈悬臂桩的一般数解法。

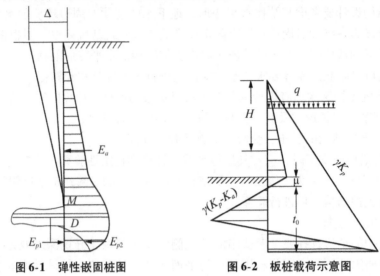

图 6-1　弹性嵌固桩图　　　　图 6-2　板桩载荷示意图

2. 悬臂桩的一般数解法

悬臂桩的一般数解法计算的方法和步骤如下（如图 6-3 所示）：

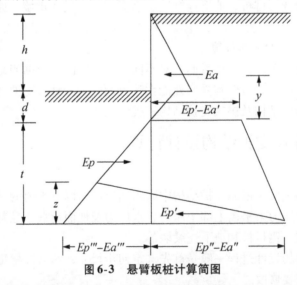

图 6-3　悬臂板桩计算简图

（1）土压力计算。板桩墙后主动土压力 E_a、板桩墙前土压力 E_p 分别按下述公式计算：
第 n 层土底面对板桩的土压力为：

$$E_{an} = \left(q_n + \sum_{i=1}^{n} \gamma_i h_i\right) \cdot \text{tg}^2\left(45 - \frac{\varphi_n}{2}\right) - 2C_n \text{tg}\left(45° - \frac{\varphi_n}{2}\right) \tag{6-1}$$

第 n 层土底面对板桩的被动土压力为：

$$E_{pn} = \left(q_n + \sum_{i=1}^{n} \gamma_i h_i\right) \cdot \text{tg}^2\left(45 + \frac{\varphi_n}{2}\right) + 2C_n \text{tg}\left(45° + \frac{\varphi_n}{2}\right) \tag{6-2}$$

式中　q_n——地面附加载荷传递到第 n 层土底面的垂直荷载；

γ——i 层土的天然重力密度（kN/m²）；

h_i——i 层土的厚度（m）；

φ_n——n 层土调整后的内摩擦角（°）；

C_n——n 层土调整后的内聚力（kN/m²）。

地面附加荷载、邻近建筑物基础底面附加荷载 q_0，对 n 层土底面传递的垂直荷载 q_n，根据载荷 q_0 情况分别计算：

① 地面满布均匀载荷 q_0 时，任何土层底面处 $q_n = q_0$。

② 与板桩墙平行的宽度为 B 的条列载荷 q_0，离开板桩墙距离为 a；当 n 层土底面深度 $\sum_{i=1}^{n} h_i \leqslant a$ 时，$q_n = 0$；当 $\sum_{i=1}^{n} h_i > a$ 时，$q_n = q_0 \dfrac{B}{B + a + \sum_{i=1}^{n} h_i}$。

③ 作用在面积为 $b_1 \times b_2$（b_2 与板桩墙平行）的荷载 q_0，离开板桩墙距离为 a；当 n 层土底面深度 $\sum_{i=1}^{n} h_i \leqslant a$ 时，$q_n = 0$；当 $\sum_{i=1}^{n} h_i > a$ 时，

$$q_n = q_0 \frac{b_1 \times b_2}{\left(b_1 + a + \sum_{i=1}^{n} h_i\right)\left(b_2 + z \sum_{i=1}^{n} h_i\right)};$$

如图 6-3 所示，计算出 E_a 和 E_p 后，进行叠加，寻找第一个土压力为零的点 d。图中符号的含义为：

E_a——墙后主动土压力合力（kN）；

E_p——墙前被动土压力合力（kN）；

E_p'——墙后被动土压力合力（kN）；

h——基坑开挖深度；

d——土压力为零的点在坑基面下的深度；

t——板桩嵌入 d 点以下的需要深度；

z——被动土压力墙前墙后转折点高度；

E_a'——d 点处板桩前主动土压力，在坑底下 d 深度，用式 6-1 计算；

E_p'——d 点处板桩后被动土压力，在坑底下 $h+d$ 深度，用式 6-2 计算；

E_a'''——板桩后主动土压力，按照全深用式 6-1 计算；

E_p'''——板桩前被动土压力，按照全深用式 6-2 计算；

E_a''——板桩底处板桩前主动土压力，按照坑底下深度用式 6-1 计算；

E_p''——板桩底处板桩后被动土压力，按照全深用式 6-2 计算；

y——主动土压力合力 E_a 到 d 点距离。

（2）计算 d 点以上土压力合力 E_a 到 d 点距离。

（3）计算桩长。

根据作用在板桩墙上水平力平衡，各水平力对板桩力矩平衡条件，联立方程，求解板桩嵌入 d 点以下深度值。如果嵌入 d 点以下部分处于同一土层时，联立方程解得的结果为：

$$t^4 + \frac{E_p' - E_a'}{B} \cdot t^3 - \frac{8E_a'}{B}t^3 - \left[\frac{bE_a}{B^2}(2yB + E_p')\right] \cdot t - \frac{6E_a y(E_p' - E_a') + 4E_a^2}{B^2} = 0$$

(6-3)

式中，$B = \gamma_n \left[\text{tg}^2 \left(45° + \dfrac{\varphi_n}{2}\right) - \text{tg}^2 \left(45° - \dfrac{\varphi_n}{2}\right) \right]$

为安全起见，实际选用嵌入 d 点下的深度应为 $1.2t$，即板桩的总长度为：

$$L = h + d + 1.2t \tag{6-4}$$

（4）计算板桩最大弯矩。最大弯矩在剪应力等于零处从上往下计算。

（5）验算板桩强度。为了控制板桩变形，板状应力应满足：

$$\sigma - \dfrac{M_{\min}}{w} \leqslant \dfrac{1}{2} [\sigma] \tag{6-5}$$

（6）计算板桩顶端的变形值。可按在最大弯矩处为固定端的悬臂梁进行计算，由于土体的变形，其结果应再乘 2~5，变形值 h/100~h/200。

（7）其他要求。悬臂桩桩顶端需设通长横梁，防止个别板桩发生过大变形。

6.2.5 单（多）支点混合结构设计计算

当基坑开挖深度较大时，使用悬臂结构会大大增加支护结构的工程量和造价，在这种情况下，往往需要给悬臂结构以支撑而形成混合支护结构，以便减少工程量和控制位移。混合支护结构就是挡土墙和固定挡墙就位的组合式挡土结构体系。

混合支护结构中挡土墙可采用以下方法：

（1）板桩（钢，混凝土和木桩）。
（2）挡板或无挡板的立柱（或桩）。
（3）钢筋混凝土灌注术（或墩）。
（4）地下连续墙。

固定挡土墙的方法主要有：

（1）内支撑。内支撑包括撑梁和支撑或斜撑。
（2）上层锚杆。加或不加预应力的锚杆或锚索。

1. 单支点混合支护结构

（1）支点设于桩顶处的支护结构。

对于如图 6-4 所示的支点设于桩顶处的支护结构，一般假定 A 点为铰接，埋在地下，桩也无移动，则可按平衡理论计算，其基本步骤为：

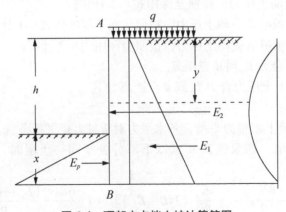

图 6-4 顶部支点挡土桩计算简图

① 求埋深 x

$$E_1 = \frac{1}{2}\gamma (h+x)^2 K_a$$

$$E_2 = q(h+x) K_a$$

$$E_p = \frac{1}{2}\gamma x^2 K_p$$

$\sum M_A = 0$，则：

$$\frac{2}{3}(h+x) E_1 + \frac{1}{2}(h+x) E_2 - \left(h + \frac{2}{3}x\right) E_p = 0$$

将 E_1、E_2 及 E_p 代入上式：

$$\frac{\gamma K_a (h+x)^3}{3} + \frac{q K_a (h+x)^2}{2} - \frac{\gamma K_p \left(h + \frac{2}{3}x\right)}{2} = 0 \quad (6-6)$$

上式是 x 的三次方程式，解方程则可求出埋入深度，一般可用电算解，如无电算时可用图表计算，方法如下：

令 $\xi = \dfrac{x}{h}$，则 $x = \xi h$，将 x 代入式 (6-6) 得：

$$\frac{\gamma K_a (h+\xi h)^3}{3} + \frac{q K_a (h+\xi h)^2}{2} - \frac{\gamma K_p \left(h + \frac{2}{3}\xi h\right)}{2} = 0$$

地面荷载与 ξh 的关系：

令 $\lambda = \dfrac{q}{\gamma h}$，上式可简化为：

$$\frac{K_a}{K_p} = \frac{(1.5+\xi)\xi^2}{(1+\xi)^2 (1+\xi+1.5\lambda)}$$

如地面荷载为 $q = 0$，则 $\lambda = 0$，

$$\frac{K_a}{K_p} = \frac{(1.5+\xi)\xi^2}{(1+\xi)^3}$$

根据 K_a、K_p、q 与 γh 的比值 λ，求出 ξ 值。由 $x = \xi h$，可求出插入深度。

② 求 T_a 及最大弯矩：

已经求出桩的埋入深度 x，仍按图 6-4，求出拉力 T_a。设 B 点无移动，则 $M_B = 0$

$$(h+x) T_A + \frac{1}{3}x E_p = \frac{1}{3}(h+x) E_1 + \frac{1}{2}(h+x) E_2$$

$$T_A = \frac{\frac{1}{3}(h+x) E_1 + \frac{1}{2}(h+x) E_2 - \frac{1}{3}x E_p}{(h+x)} \quad (6-7)$$

求出 T_a 后，再求最大弯矩。

最大弯矩应在剪力为零处（如图 6-4 中 y 所示）。

从顶部往下计算：

$$\frac{y}{2}\gamma K_a + q K_a y - T_A = 0$$

解 y 的二次方程：

$$y = \frac{-qK_a \pm \sqrt{(qK_a)^2 + 2\gamma K_a T_A}}{\gamma K_a}$$

$$M_{\max} = T_A y - q\frac{K_a y^2}{2} - \frac{\gamma K_a y^3}{6} \tag{6-8}$$

（2）上部支点在任意处，下部简支挡土桩支护结构。如图6-5所示，设拉杆离地面距离为 a 的 A 点，拉杆处为铰接，引入常数 $\varphi = \dfrac{a}{h}$，

令 $x = \xi h$，$\lambda = q/(\gamma h)$

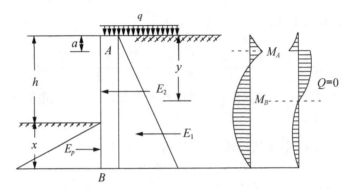

图6-5 上支点在任意处计算简图

则得下式：

$$\frac{K_a}{K_p} = \frac{\xi^2 (3 + 2\xi - 3\varphi)}{(1+\xi)^2 \cdot (2 + 2\xi - 3\varphi) + 3\lambda (1+\xi)(1+\xi-2\varphi)}$$

简化上式得未知数 ξ 的三次方程式

$$2\left(1 - \frac{K_a}{K_p}\right)\xi + 3\left[(1-\varphi) - (2-\varphi-\lambda)\frac{K_a}{K_p}\right]\xi (1-\varphi)(1-\lambda)\frac{K_a}{K_p}\xi$$

$$- [(2-3\varphi) + 3(1-2\varphi)\lambda]\frac{K_a}{K_p} = 0 \tag{6-9}$$

式中，K_a，K_p，φ，λ 皆为已知数，解三次方程式可求出 ξ，由 $x = \xi h$，可求出插入深度。但上述公式比较烦琐。

2. 多支点混合支护结构

多支点挡土结构的土压力分布图多采用 Terzaght 和 Peck 实测包络线近似梯形分布图。库伦朗肯理论计算的三角形分布由于施工条件和引起的变形不完全符合库伦朗肯土压力条件，很少采用。

多支点挡土结构，一般在挡土墙完成后，先挖土到第一道锚杆（支撑能施工的深度），这个深度要满足挡土桩、墙的自立（悬臂）条件，即强度和位移要满足，钢板桩、H 型钢桩一定要考虑其位移，因此设计第一道锚杆（支撑）时一定要考虑其临界深度。

多支点支护结构的计算方法有等值梁法，克兰茨代替强计算法，太沙基法，二分之一分割法等。本节只介绍等值梁法和二分之一分割近似计算法，其他有关方法可查阅有关资料。目前多支点支护结构常用计算机编程，从而可以减少复杂的手算工作量。

（1）等值梁法。如图6-6所示，将土压力、水压力及地面超载视为荷载，多支点为连

续梁支座。人工部分支座是关键，因而进行假设：

① 入土部分弯矩为零点处是假想铰点，可作支座。

② 假设土压力为零点处为假想铰点。

根据这些假想，确定方法有两种：

第一种是根据 φ 值与假想铰关系作图确定，如图 6-7 所示。

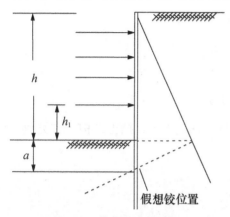

图 6-6 等值梁计算简图

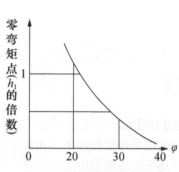

图 6-7 假想铰位置的确定

另外一种认为假想铰位置与标准贯入度确定，见表 6-1。

表 6-1 假想铰距离计算参考值表

砂质土	假想铰
$N < 15$	$a = 0.3 h_i$
$15 < N < 30$	$a = 0.2 h_i$
$N > 30$	$a = 0.1 h_i$

有了假想铰，可按连续梁三弯矩法求出最大弯矩及多支点反力，即可配置锚杆或支撑，挡墙体弯矩相差较大时应调整各支点距离或按优选进行优选。

（2）二分之一分割法（近似法）。二分之一分割法是一种近似计算法，如图 6-8 所示。

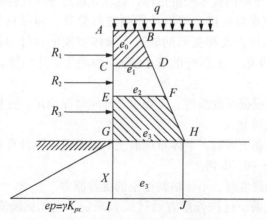

图 6-8 多拉顶杆的近似计算

① 基本假定。

a. 假定地面超载是矩形分布，土压力是三角形分布，AB 处土压力为 e_0，CD 处为 e_1，入土部分为矩形，被动土压力为三角形分布。

b. 假定 $ABCD$ 的土压力被 R_1 承担，$CDEF$ 为 R_2 承担，$EFGH$ 为 R_3 承担。

② 入土嵌固埋深 x。可令被动土压力等于 $GHIJ$ 而求出。

$$\frac{1}{2}\gamma K_p x^2 = e_3 \cdot x$$

则：
$$x = \frac{2e_3}{\gamma K_p} \tag{6-10}$$

6.2.6 重力式挡土结构设计计算

在深基坑支护结构中，加固基坑周边土体可形成重力式挡土结构。它类似于重力式挡土墙。

重力式挡土结构主要有以下几种方式：

(1) 水泥搅拌桩加固法（水泥土挡墙）。
(2) 高压旋喷加固法。
(3) 注浆加固法。
(4) 网状树根桩加固法。
(5) 插筋补强法（土钉墙）。

这里主要介绍水泥土挡墙和土钉墙。

1. 水泥土挡墙支护结构

水泥土挡墙是由深层搅拌（浆喷、粉喷）或高压旋喷桩与桩间土组成的复合支挡结构，具有挡土和隔渗的双重作用。水泥土挡墙一般适用于开发深度不大于 6m 的基坑支护工程。多采用格构式，也可采用实腹式。可以采用轴对称的结构形式，但也可设计成非轴对称形式，而且可以采用不同的桩长。水泥土挡墙支护结构主要适用于承载力标准值小于 140kPa 有软弱黏性土及厚度不大的砂性土中。为保证墙体的刚性，置换率宜大于 0.7。连体桩应采用梅花形布置。相邻桩之间搭接不宜小于 100mm。墙肋净距不宜大于 2.0m。

根据当前各种水泥土桩的技术经济指标，宜优先选用深层搅拌水泥土桩（浆喷工艺）。

水泥土挡墙应按照重力式挡墙的设计原则进行验算，包括抗滑动、抗倾覆稳定性、墙底地基土承载力、墙体强度和变形的验算。墙体宽度的设计可根据基坑土质的好坏，取开挖深度的 0.6~0.9 倍（土质好的取小值）。为满足上述验算，应优先考虑加大墙体宽度。

墙体的入土深度应根据开挖深度、工程水文地质情况拟定，并应通过上述验算，墙底宜置于承载力较高的土层上。

计算格构式水泥挡高土墙时，墙体重度取土的天然重度；计算实腹式挡土墙时，重度取土的天然重度的 1.03~1.05 倍。

计算格构式挡土墙强度时，不计格构中土的抗剪能力。

水泥土的抗压、抗剪、抗拉强度宜通过试验确定。当无试验资料时，可按以下各式估算：

$$q_y = (1/2 \sim 1/3) f_{cu,k}$$
$$q_j = 1/3 q_y$$
$$q_l = 0.15 q_y \tag{6-11}$$

式中 q_y——水泥土抗压强度设计值（kPa）；

q_j——水泥土抗剪强度设计值（kPa）；

q_l——水泥土抗拉强度设计值（kPa），不得大于 200kPa；

$f_{cu,k}$——与搅拌桩身水泥土配比相同的室内水泥土试块（边长 70.7mm 的立方体或边长为 50mm 的立方体）龄期 90 天的无侧限抗压强度标准值。也可用 7d 龄期强度 $f_{cu,7}$ 推算 $f_{cu,k}$，$f_{cu,k} = f_{cu,7}/0.3$。

水泥土挡墙抗滑稳定性按下式验算：

$$K_h = \frac{W \cdot \mu + E_p}{E_a} \geq 1.3 \tag{6-12}$$

式中 K_h——抗滑稳定安全系数；

W——墙体自重（kN/m）；

E_a——主动土压力合力（kN/m）；

E_p——被动土压力合力（kN/m）；

μ——墙体基与土的摩擦系数，参考下列数值选取：

淤泥质土：$\mu = 0.20 \sim 0.25$

一般黏性土：$\mu = 0.25 \sim 0.40$

砂类土：$\mu = 0.40 \sim 0.50$

岩石：$\mu = 0.50 \sim 0.70$

水泥土挡墙抗倾覆稳定性按下式验算（如图 6-9 所示）：

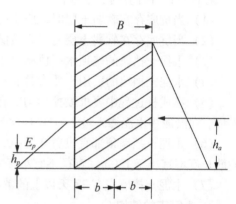

图 6-9 水泥土挡墙抗倾覆稳定性计算简图

$$K_q = \frac{W \cdot b + E_p \cdot h_p}{E_a \cdot h_a} \geq 1.5 \tag{6-13}$$

式中 K_q——抗倾覆稳定性安全系数；

b, h_p, h_a——W, E_p, E_a 对墙趾的力臂（m）。

水泥土挡墙墙体应按下式验算：

正应力：

$$\sigma_{\max} \text{ 或 } \sigma_{\min} = \frac{W_l}{B} \left(1 + \frac{6e}{B_l}\right)$$

$$\sigma_{\max} = q_0/2$$

$$|\sigma_{\min}| \leq q_l/2 \quad (\sigma_{\min} \leq 0 \text{ 时}) \tag{6-14}$$

式中 e——荷载作用于验算截面上的偏心距（m）；

B_l——验算截面宽度（m）；

W_l——验算截面以上墙体重（kN/m）。

剪应力：

$$\tau = \frac{E_{al} - W_l \mu}{B_l} < q_l/2 \tag{6-15}$$

式中　E_{al}——验算截面以上的主动土压力（kN/m）；
　　　W_l——验算截面以上墙体重（kN/m）；
　　　B_l——验算截面宽度（m）；
　　　μ——墙体材料抗剪断系数，取 0.4~0.5。

挡墙基底地基承载力按下式验算：

$$\sigma_{\max} 或 \sigma_{\min} = \frac{W_l}{B}(1 + \frac{6e}{B})$$
$$|\sigma_{\min}| \leq f/2 \quad (\sigma_{\min} \leq 0 \text{ 时}) \tag{6-16}$$

式中　e——荷载在墙基面上的偏心距（m）；
　　　f——经深度（宜按实际开挖深度）修正后地基土承载力（kPa）；
　　　W_l——墙体自重（kN/m）；
　　　B——墙体宽度（m）。

在进行设计计算时，还应注意：

（1）当坑底存在软弱土层时，应进行坑底抗隆起稳定性验算。

（2）当坑底存在软弱土层时，宜按圆滑动面法验算挡土墙的整体稳定性。

（3）水泥土挡墙的墙顶水平位移可采用"m 法"计算。

（4）水泥土挡墙的所用土质参数和有关配合比强度的室内试验数据。

（5）在成桩过程中要求喷搅均匀。在含水量大、土质软弱的土层中，应增加水泥的掺入量。在淤泥中水泥掺入量不宜小于 18%，经过试验可掺入一定量的粉煤灰。

（6）水泥土挡墙顶部宜设置 0.1~0.2m 的钢筋混凝土压顶。压顶与挡墙用插筋连接，插筋长度不宜小于 1.0m，直径不宜小于 ϕ12mm，每桩一根。

（7）水泥土挡墙应有 28 天以上的龄期方能进行基坑开挖。

2. 土钉支护结构

（1）概述。土钉（Soil Nailing）是将拉筋插入土体内部，常用钢筋做拉筋，尺寸小，全长度与土粘结，并在坡面土喷射混凝土，从而形成土体加固区带，其结构类似于重力式挡墙，用以提高整个边坡的稳定性，适用于开挖支护和天然边坡加固，是一项实用的原位岩土加筋技术。

1972 年法国 Bouoygues 在法国凡尔塞附近铁道拓宽线路的边坡中首次应用了土钉。其后，土钉法作为稳定边坡与深基坑开挖的支护方法在法国得到广泛应用。德国、北美在 20 世纪 70 年代中期开始应用此项技术。我国从 20 世纪 80 年代开始进行土钉的试验研究和工程实践，于 1980 年在山西柳湾煤矿边坡稳定中首次在工程中应用土钉技术。目前，土钉这一加筋新技术在我国已应用了几十项基坑支护工程，正在进一步拓展。

（2）土钉的类型、特点及适用性。按施工方法，土钉可分为钻孔注浆型土钉、打入型土钉和射入型土钉三类，其施工方法及原理、特点和应用状况见表 6-2。

表 6-2　土钉的施工方法及特点

土钉类型 （按施工方法）	施工方法及原理	特点及应用状况
钻孔注浆型土钉	先在土坡上钻直径为 100~200mm 的横孔，然后插入钢筋、钢杆或钢铰索等小直径杆件，再用压力注浆充实孔穴，形成与周围土体密实黏合的土钉，最后在土坡坡面设置与土钉端部连接的联系构件，并用喷射混凝土组成土钉面层结构，从而构成一个具有自撑能力且能够支撑其后来加固体的加筋域	土钉中应用最多的型式，可用于永久性或临时性的支挡工程
打入型土钉	将钢杆直接插入土中。欧洲多用于等翼角钢（50×30×5~60×60×5）作为钉杆，采用专门施工机械，如气动土钉钉机，能够快速、准确地将钉打入土中。长度一般不超过 6m，用气动土钉机每小时可施工 15 根。其提供的摩擦力较低，因而要求的钉杆表面积和设置密度均大于钻孔注浆型土钉	长期的防腐工作难以保证，目前多用于临时性支挡工程
射入型土钉	由采用压缩空气的射钉机任意选定的角度将直径为 25~38mm、3~6m 的光直钢杆（或空心钢杆）射入土中。土钉可采用镀锌或环氧防腐套。土钉头通常配有螺纹，以附设面板，射钉机可置于一标准轮式或履带式车辆上，带有一专门的伸臂	施工快速、经济。适用于多种土层，但目前应用尚不广，有很大的发展潜力

土钉适用于地下水位低于土坡开挖段或经过降水使地下低于开挖层的情况。为了保证土钉的施工，土层在分阶段开挖时，应能保证自立稳定。为此，土钉适用于有一定黏结性的杂填土、黏性土、粉性土、黄土类土及弱胶结的砂土边坡。此外，当采用喷射混凝土面层或坡面浅层注浆等稳定坡面措施能够保证每一切坡台阶的自立稳定时，也采用土钉支挡体系作为稳定边坡的方法。

对标准贯入击数低于 10 击或相对密实度低于 0.3 的砂土边坡，采用土钉法一般是不经济的；对不均匀系数小于 2 的级配不良的砂土，土钉法不可采用；对塑性指数 I_p 大于 20 的黏性土，必须仔细评价其蠕变特性后，方可将土钉用作永久性支挡结构；土钉法不适用于边坡稳定软土边坡，其长度与密度均需提得很高，且成孔时保护孔壁的稳定也较困难，技术经济综合效益均不理想；同样，土钉法不适用于侵蚀性土（如煤渣、矿渣、炉渣、酸性矿物废料等）中作为永久性支挡结构。

土钉作为一种施工技术，具有以下特点：

① 对场地邻近建筑物影响小。由于土钉施工采用小台阶逐段开挖，且在开挖成型后及时设置土钉与面层结构，使面层与开挖坡面紧密结合，土钉与周围土体牢固黏合，对土坡的土体扰动较少。土钉一般都是快速施工，可适用开挖过程中土质条件的局部变化，易于使土坡得到稳定。实测资料表明：采用土钉稳定的土坡只要产生微小的变形，就可使土钉的加筋力得到发挥，因而实测的坡面位移与坡顶变形很小，对相邻建筑物的影响小。

② 施工机具有简单、施工灵活的特点。设置土钉采用的钻孔机具及喷射混凝土设备都属可移动的小型机械，移动灵活，所需场地也小。此类机械的振动小，噪声低，在城市地区施工具有明显的优越性。土钉施工速度快，施工开挖容易成型，在开挖过程中较易适

用不同的土层条件和施工程序。

③ 经济效益好。据西欧统计资料，开挖深度在 10m 以内的基坑，土钉比锚杆墙方案可节约投资 10%～30%。在美国，按土钉开挖专利报告（ENNR，1976）所指出的，可节约投资 30% 左右。国内土钉工程的经济分析也表明，可比传统支护方式节约投资 30%～40%。

诚然，土钉技术在其应用上也有一定的局限性，主要是：

① 土钉施工时一般要先开挖土层 1～2m 深，在喷射混凝土和安装土钉前需要在无支护情况下稳定至少几个小时，因此土层必须有一定的天然"凝聚力"。否则需先行处理（如进行灌浆等）来维持坡面稳定，但这样会使施工复杂造价加大。

② 土钉施工时要求坡面无水渗出。若地下水从坡面渗出，则开挖后坡面会出现局部坍滑，这样就形成一层喷射混凝土。

③ 软土开挖支护不宜采用土钉。因软土内摩擦力小，为获得一定的稳定性，势必要求土筋长、密度高。这时采用抗滑桩或锚杆地下连续墙较为适宜。但国内已有在软土（淤泥）地层成功运用土钉支护的工程，技术方面尚应总结提高。

（3）土钉与加筋土挡墙、土层锚杆的比较。

① 土钉与加筋土挡墙比较。尽管土钉技术与前述的加筋土挡墙技术有一定的类同之处，但仍有一些根本的差别需要重视。

主要相同之处为：

a. 加筋体（拉筋或土钉）均处于无预应力状态，只有在土体产生位移后，才能发挥其作用。

b. 加筋体抗力都是加筋体与土之间产生的界面摩擦阻力提供的，加筋土体内部本身处于稳定状态，它们承受着其后外部土体的推力，类似于重力式挡墙的作用。

c. 面层（加筋土挡墙面板为预制构件，土钉面层是现场喷射混凝土）都较薄，在支挡结构的整体稳定中不起主要作用。

主要不同之处为：

a. 虽然竣工后两种结构外观相似，但其施工程度却截然不同。土钉施工是"自上而下"，分步施工。面加筋土挡墙的施工则是"自下而上"。这对筋体应力分步有重大影响，施工期间尤甚。

b. 土钉是一种原位加筋技术，是用来改良天然土层的，不像加筋土挡墙那样，能够预定和控制加筋土的性质。

c. 土钉技术通常包括使用灌浆技术，使筋体和周围土层黏结起来，荷载通过浆体传递给土层。在加筋土挡墙中，摩阻力直接产生于筋条和土层间。

② 土钉与土层锚杆比较。表面上，当用于边坡加固和开挖支护时，土钉和预应力土锚杆间有一些相似之处。的确，人们很想将土钉仅仅当作一种"被动式"的小尺寸土层锚杆。尽管如此，两者仍然有较多的功能差别，如：

a. 土层锚杆在安装后便与张拉，因此在运行时能理想地防止结构发生各种位移。相比之下，土钉则不予张拉，在发生少量（虽然非常小）位移后才可发挥作用。

b. 土钉长度（一般为 3～10m）的绝大部分和土层相接触，而土层锚杆则是通过末端固定的长度传递荷载，其直接后果是在支挡土体内产生的应力分布不同。

c. 由于土钉安装密度很高（一般每 $0.5 \sim 4.0 m^2$ 一根），因此单筋破坏的后果未必严重。另外，土钉的施工精度要求不高，它们是以相互作用的方式形成一个整体。

d. 因锚杆承受荷载很大，在锚杆的顶部需要安装适当的承载装置，以减小出现穿过挡土结构面发生"刺入"破坏的可能性。而土钉则不需要安装坚固的承载装置，其顶部承担的荷载小，可由安装在喷射混凝土表面的钢垫来承担。

e. 锚杆往往较长（一般为 $15 \sim 45m$），因此需要用大型设备来安装。锚杆体系常用于大型挡土结构，如地下连续墙和钻孔灌注桩挡墙，这些结构本身也需要大型施工设备。

（4）加固机理。土钉是由较小间距的加筋来加强土体，形成一个原位复合的重力式结构，用以提高整个原位土体的强度并限制其位移，这种技术实质是"新奥隧道法"的延伸，它结合了钢丝网喷射混凝土和岩石锚栓的特点，对边坡提供柔韧性支挡。其加固机理主要表现在以下几个方面：

① 提高原位土体强度。由于土体的抗剪强度较小，因而自然土坡只能以较小的临界高度保持自立。而当土坡自立高度超过临界高度，或坡面有较大超载以及环境因素等的改变，都会引起土坡的失稳。为此，过去常采用支挡结构承受侧压力并限制其变形发展，这属于常规的被动制约机制的支挡结构。土钉则是在土体内增设一定长度与分布密度的锚固体，它与土体牢固结合而共同工作，以弥补土体自身强度的不足，增强土坡坡体自身的稳定性，它属于主动制约机制的支挡体系。国内学者通过模拟试验表明，土钉在其加强的复合土体中起着箍束骨架作用，提高了土坡的整体刚度与稳定性；土钉墙在超载作用下的变形特征，表现为持续的渐进性破坏。即使在土体内已出现局部剪切面和张拉裂缝，并随着超载集度的增加扩展，但仍可持续很长时间不发生整体塌滑，表明其仍具有一定的强度。然而，素土（未加筋）边坡在坡顶超载作用下，当其产生的水平位移远低于土钉加固的边坡时，就出现快速的整体滑裂和塌落。

此外，在地层中常有裂隙发育，当向土钉孔中进行压力注浆时，会使浆液顺着裂隙扩渗，形成网络胶结。当采用一次压力注浆工艺时，对宽度为 $1 \sim 2mm$ 的裂隙，注浆可扩成 $5mm$ 的浆脉。必然增强土钉与周围土体的黏结和整体作用。

② 土与土钉间相互作用。类似于加筋土挡墙内拉筋与土的相互作用，土钉与土间的摩阻力的发挥，主要是由于土钉和土间相对位移而产生的。在土钉加筋的边坡内，同样存在着主动区和被动区。主动区和被动区内土体与土钉摩阻力发挥方向相反，而被动区内土钉可起到锚固作用。

土钉与周围土体间的极限界面取决于土的类型、上覆压力和土钉的设置技术。美国 Elias and Juran（1988）在试验室做了密砂中土钉的抗拔试验，认为"加筋土挡墙内拉筋与土钉的设置方法不同，它的极限界面摩阻力也不同。因此，加筋土挡墙的设计原则不能完全用来设计土钉结构。应对土钉做抗拔试验为最后设计提供可靠数据"。目前，土钉的极限界面摩阻力问题尚有待于进行深入的理论和试验研究。

③ 面层土压力分布。面层不是土钉结构的主要受力构件，而是面层土压力传力体系的构件，同时起保证各土钉不被侵蚀风化的作用。由于它采用的是与常规支挡体系不同的施工顺序，因而面层上土压力分布与一般重力式挡土墙不同。山西省太原煤矿设计研究院曾对山西某黄土边坡土钉工程进行原位观测（图 6-10 所示）。试验指出，实测面层土压力随着土钉及层面的分段设置，而产生不断变化，其分布形式不同于主动土压力，王步云等

认为可将其简化为图 6-11 中曲线 3 所示的型式。

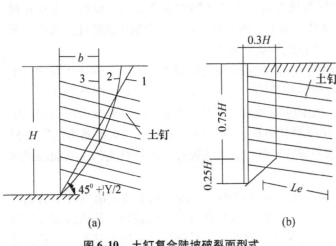
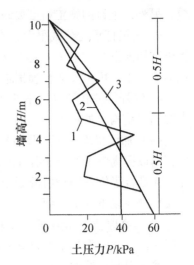

图 6-10　土钉复合陡坡破裂面型式
1—库伦破裂面；2—有限元解；3—实测值

图 6-11　土钉面层土压力分布
1—实测土压力；2—主动土压力；
3—简化土压力

④ 破裂面型式。对均质土陡坡，在无支挡条件下的破坏是沿着库伦破裂面发展的，这已为许多试验和实际工程所证实。对原位加筋土钉复合陡坡地破坏型式，太原煤矿设计研究院对此进行了原位试验及理论分析，并获得了如图 6-10 所示的结果，试验土坡的土质为黄土类粉土与粉质黏土。实测土钉复保陡坡地破裂面不同于库伦破裂面，王步云等建议采用如图 6-10（b）中的简化破裂面形式。

（5）设计计算。如同重力式挡土墙的设计一样，土钉结构的稳定必须经过外力和内力的作用。

关于外部稳定方面的要求：① 加筋区必须能抵抗其后的非加筋区的外力而不能滑动；② 在加筋区自重及其所承受侧向土压力共同作用下，不能引起地基失稳；③ 挡土结构的稳定，必须考虑防止深层整体破坏。

关于内部稳定，土钉必须安装紧固，以保证加筋区内土钉与土有效的相互作用。土钉应具有足够的长度和能力以保证加筋区的稳定。因此设计时必须考虑：① 单根土钉必须能维持其周围土体的平衡，这一局部稳定条件控制着土钉的间距；② 为防止土钉与土间结合力的不够，或土钉断裂而引起加筋区整体滑动破坏，因此要求控制土钉的所需长度。

为此，土钉支挡体系的设计一般包括以下步骤：

① 根据土坡的几何尺寸（深度、切坡倾角）、土性和超载情况，估算潜在破裂面的位置。

② 选择土钉的型式、截面积、长度、设置倾角和间距。

③ 验算土钉结构的内外部稳定性。

具体设计计算如下：

① 土钉几何尺寸设计。在初步设计阶段，首先应根据土坡的设计几何尺寸及可能潜在破裂面的位置等做初步选择，应包括孔径、长度与间距等基本参数。

a. 土钉长度。已有工程的土钉实际长度 L 均不超过土坡的垂直高度。抗拔试验表明，对高度小于12m的土坡采用相同的施工工艺，在同类土质条件下，当土钉长度达到一倍土坡垂直高度时，再增加长度对承载力提高不明显。Schlosser（1982）认为，当土坡倾斜时，倾斜面使侧向土压力降低，这就能使土钉的长度比垂直高度加筋土挡墙拉筋的长度短。因此，常采用土钉的长度约为坡面垂直高度的60%~70%。Bruce 和 Jewell（1987）通过对十几项土钉工程分析表明，对钻孔注浆型土钉，用于粒状土陡坡加固时，其长度比（土钉长度与坡面垂直高度之比）一般为0.5~0.6。

b. 土钉孔径及间距布置。土钉孔径 d_h 可根据成孔机械选定。国外对钻孔注浆型土钉钻孔直径一般为76~150mm；国内采用的土钉钻孔直径一般为100~200mm。

土钉间距包括水平间距（行距）和垂直间距（列距）。王步云等认为：对钻孔注浆型土钉，应按6~8倍土钉钻孔直径 d_h 选定土钉行距和列距，且应满足：

$$S_x \cdot S_y = K \cdot d_h \cdot L \tag{6-17}$$

式中 S_x、S_y——土钉行距、列距；

K——注浆工艺系数，对一次性压力注浆工艺，取1.5~2.5。

Bruce 和 Jewell（1987）统计分析表明，对钻孔注浆型土钉用于加固粒状土陡坡时，其黏结比 $d_h \cdot L/(S_x \cdot S_y)$ 为0.3~0.6；用于冰碛物和泥灰岩时，其黏结比为0.15~0.20。对打入型土钉，用于加固粒状土陡坡时，其黏结比为0.6~1.1。

c. 土钉主筋直径 d_b 的选择。为了增强土钉中筋材与砂浆（细石混凝土）的握裹力和抗拉强度，打入型土钉一般采用低碳角钢；钻孔注浆型土钉一般采用高强度实心钢筋，筋材也可采用多根钢绞线组成的钢绞索。王步云等建议，土钉的筋材直径 d_b 可按下试估算：

$$d_b = (20 \sim 25) \times 10^3 \sqrt{S_x \cdot S_y} \tag{6-18}$$

但国外的统计资料表明（Bruce 和 Jewell，1987），对钻孔注浆型土钉，用于粒状土陡坡加固时，其布筋率 $d_b^2/(S_x \cdot S_y)$ 为 $(0.4 \sim 0.8) \times 10^{-3}$；用于冰碛物和泥灰岩时，其布筋率为 $(0.10 \sim 0.25) \times 10^{-3}$；用于粒状土陡坡时，其布筋率为 $(1.3 \sim 1.9) \times 10^{-3}$。

② 内部稳定性分析。土钉结构内部稳定性分析，国内外有几种不同的设计计算方法，国外主要有美国的 Davis 法、英国的 Bridle 法和德国法及法国法，国内有王步云所提的方法。这些方法的设计计算原理都是考虑土钉被拔出或被拔断。这里只介绍目前国内常用的设计方法。

a. 抗拉断裂极限状态。在面层土压力作用下，土钉将承受抗拉应力，为保证土钉结构内部的稳定性，应使土钉主筋具有一定安全系数的抗拉强度。为此，土钉主筋的直径 d_b 应满足公式：

$$\frac{\pi \cdot d_b^2 \cdot f_y}{4E_i} \geq 1.5 \tag{6-19}$$

式中 E_i——第 i 列单根土钉支承范围内面层上的土压力，可按下式计算：

$$E_i = q_i \cdot S_x \cdot S_y$$

q_i——第 i 列土钉处的面层土压力，可按下式计算：

$$q_i = m_e \cdot K \cdot \gamma \cdot h_r \tag{6-20}$$

式中 h_r——土压力作用点至坡顶的距离，当 $h_r > H/2$ 时，$h_r = 0.5H$；

H——土坡垂直高度；

γ——土的重度；

m_e——工作条件系数，对使用期不超过两年的临时性工程，$m_e=1.0$；对使用期超过两年的永久性工程，$m_e=1.2$；

K——土压力系数，取 $1/2(K_0+K_a)$。其中 K_0、K_a 分别为静止、主动土压力系数；

f_y——主筋抗拉强度设计值。

b. 锚固极限状态。在面层土压力作用下，土钉内部潜在滑裂面的有效锚固段应具有足够的界面摩阻力而不被拔出。为此，应满足下式：

$$\frac{F_i}{E_i} \geq K \tag{6-21}$$

式中 F_i——第 i 列单根土钉的有效锚固力，$F_i=\pi\cdot\tau\cdot d_h\cdot L_{ei}$；

L_{ei}——土钉有效锚固段长度；

τ——土钉有与土间的极限界面摩阻力，应通过抗拔试验确定，在无实测资料时，可参考表 6-3 取值；

K——安全系数，取 1.3~2.0，对临时性土钉工程取小值，永久性土钉工程取大值。

表 6-3 不同土质中土钉的极限界面摩阻力 τ 值

土类	τ/kPa
黏土	130~180
弱胶结砂土	90~150
粉质黏土	65~100
黄土类粉土	52~55
杂填土	35~40

(6) 施工技术。

① 开挖和护面。基坑开挖应分步进行，分布开挖深度主要取决于暴露坡面的"真立"能力。另外，当要求变形必须很小时，可视工地情况和经济效益将分布开挖深度降至最低。在粒状土中开挖深度一般为 0.5~2.0m，而对超固结黏性土则开挖深度可较大。

考虑到土钉施工设备，分布开挖至少要 6m 宽。开挖长度则取决于交叉施工期间能保持坡面稳定的坡面面积。当要求变形必须很小时，开挖可按两段长度分先后施工，长度一般为 10m。

使用的开挖施工设备必须能挖出光滑规则的斜坡面，最大限度地减小支护土层的扰动。任何松动部分在坡面支护前必须予以清除。对松散的或干燥的无黏性土，尤其是当坡面受到外来振动时，要先进行灌浆处理，在附近爆破可能产生的影响也必须予以考虑。

一般坡面支护必须尽早地进行，以免土层出现松弛或剥落。在钻孔前一般须进行安装钢筋网和喷射混凝土工作。对打入型土钉，通常使用角钢作土钉，在安装钢筋网和喷射混凝土前先将角钢打入土层中。

对临时性工程，最终坡面面层厚度为 50~150mm；而对永久性工程，则面层厚度为 150~250mm。根据土钉类型、施工条件和受力过程的不同，表层可做一层、两层或多层。

在喷射混凝土前可将一根短棒打入土层中，以作为混凝土喷射厚度的量尺。最后一道建筑装饰工序是在最后一层大约50mm厚的混凝土上调色，或制成大块的调色板。

根据工程规模，材料和设备的性能，可进行"湿式"或"干式"喷射混凝土。通常规定最大粒径10~15mm，并掺入适量外加剂以利于加速固结。少数情况下还可降低固态混凝土的塑性。

一般水泥最小含量控制为300kg/m³，并建议每100m²设置一个控制"格"或"盒"，以控制现场质量，速凝喷射混凝土8h无侧限抗压强度应达5MPa，最好在养护24h后在投入工作，当不允许产生裂缝时进行适当养护有为重要。

喷射混凝土通常在每步开挖的底部预留300mm，这样会有利于下步开挖后安装钢筋网，和下步45°倒角的喷射混凝土层施工浇接。

② 排水。应提前沿坡顶挖设排水沟排除地表水，并在第一步开挖喷射混凝土期间可用混凝土做排水沟覆面。一般对支挡土体有以下三种主要排水方式：

a. 浅部排水。使用300~400mm长的管子可将坡后水迅速排除。这些管子直径通常为100mm，其间距依地下水条件和冻胀破坏的可能性而定。

b. 深部排水。用开缝管作排水管，长度通常比土钉长，管径500mm，上斜5°或10°。其间距取决于土体和地下水条件，一般坡面每大于3m²布置一个。

c. 坡面排水。在喷射混凝土坡面前，贴着坡面按一定的水平间距布置竖向排水设施，其间距决定于地下水条件和冻胀力的作用，一般为1~5m。这些排水管在每步开挖的底部有一个接口，贯穿于整个开挖面。在最底部由泄水孔排入集水系统。排水道可用土工聚合物预制，并要保护防止喷射混凝土时渗入混凝土。

③ 土钉设置。在多数情况下，土钉施工可按土层锚杆技术规范和条例进行。钻孔工艺和方法与土层条件、装备和施工单位的手段和经验有关。

a. 成孔。当前国内采用多节螺纹钻头干法成孔。钻机采用YTN-87型土锚钻机。这种钻机成孔直径为100~150mm，钻孔深度最大可达60m，可在水平与垂直方向间任意角度钻进，在黏土、粉质黏土夹粉质层条件下平均钻进速度为0.5m/min。

国外最常见的钻孔方法有复合钻进，这种回转或冲击顺转方法就是在钻进的同时，使用外管和内钻杆（Bruce，1984），并通常使用气或水冲洗液，在城市作用气体吹洗要小心。在修复工程中当遇到岩石或用混凝土做护面的结构时开始用金刚石钻头钻进。螺旋钻进，这种回转方法通常使用于不含块石的黏土或胶结砂层。在土层不稳定情况下，可在提钻时将土钉和浆液通过"空心钻具"导入。

依据土层锚杆的经验，孔壁"抹光"会降低浆土的黏结作用，建议不要采用膨润土或其他悬浮泥浆做钻进护壁。

显然，在用打入法土钉设置时，不需进行预先钻孔。在条件适宜时，安装速度是很快的。直接打入土钉的办法对含块石黏土或很密的胶结的土不适宜。在松散的弱胶结粒状土中应用时要小心，以免引起土钉周围土体局部结构破坏而降低土钉与土间黏结应力。

b. 清孔。采用0.5~0.6MPa压缩空气将孔内残留及松动的废土清除干净。当孔内土层的湿度较低时，需采用润孔花管由孔底向孔口方向逐步湿润孔壁，润孔花管内喷出的水不宜超过0.15MPa。

c. 置筋。放置钢杆件，一般多用Ⅱ级螺纹钢筋或Ⅳ精轧螺纹钢筋，尾部设置弯钩。为确保钢筋放置居中，在钢筋每隔3m焊接一个对中托架。

d. 注浆。注浆是保证土钉与周围土体紧密黏合的关键步骤。在孔口处设置止浆塞（如图6-12所示）并旋紧，使其与孔壁紧密贴合。在止浆塞上将注浆管插入注浆口，深入至孔底$0.5\sim1.0\text{m}$处。注浆管连接注浆泵，边注浆边向孔口方向拔管，直至注满为止。保证水泥砂浆的水灰比在$0.4\sim0.5$范围内，注浆压力保持在$0.4\sim0.6\text{kPa}$，当压力不足时，从补压管口补充压力。

放松止浆塞，将注浆管与止浆塞拔出，用黏性土或水泥砂浆（细石混凝土）充填孔口。

为防止水泥砂浆（细石混凝土）在硬化过程中产生干缩裂缝，提高其防腐性能，保证浆体与周围土壁的紧密黏合，可掺入一定量的膨胀剂。具体掺入量由试验确定，以满足补偿收缩为准。

另外，为提高水泥砂浆（细石混凝土）的早期强度，加速硬化，可掺速凝剂（711型速凝剂），掺入量为2.5%左右。

当前，国外报道了具有高速度的土钉施工专利方法——"喷栓"系统（如图6-13所示）。它是利用高达20MPa的高压力，通过钉尖的小孔进行喷射，将土钉安装或打入土中，喷出的浆液如同润滑剂一样有利于土钉的贯入，在其凝固后还可提供较高的土钉黏结力，曾报道过在松砂或软土中用于处理钉间土，但定量并不具体。据此喷栓系统除法国南部以外，其他地区还未获得广泛应用。

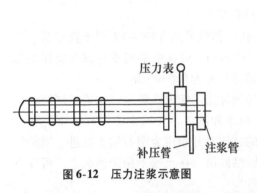
图6-12 压力注浆示意图

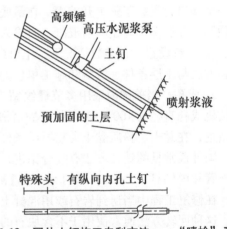
图6-13 国外土钉施工专利方法——"喷栓"系统

④ 土钉防腐。在标准环境里，对临时支护工程，一般仅由灌浆做锈蚀防护层，有时在钢筋表面加一环氧涂层。对永久性工程要在筋外加一层至少有5mm厚的环状塑料护层，以提高锈蚀防护的能力。

⑤ 检验和监测。与土层锚杆不同，对土钉不必逐一检查。这表明土钉的整体效能是主要的。在每步开挖阶段，必须挑选土钉进行拉拔试验，以检验设计假定的土钉与土的黏结力。Louis（1986）建议在工程施工前，对工程中的每一类别土必须安装$4\sim5$个短的土钉进行拉拔试验。

用应力计可以量测单钉应力分布以及其变化规律，这对设计者是一个必不可少的信息反馈。土钉顶部埋设压力盒可获得有益的数据。

对支护系统整体效能最为主要的观测是对墙体或斜坡在施工期间和竣工后的变形观测。对土体内部变形的监测，可在坡面后不同距离的位置布置测斜管进行观测。而坡面位移可直接测出。

【例 6-1】某基坑位于均匀软弱黏性土场地。土层主要参数：$\gamma = 18.5 \text{kN/m}^3$，固结不排水强度指标 $c_k = 14 \text{kN/m}^3$，挡墙宽度为 3.0m。根据《建筑基坑支护技术规程》（JGJI20—99）计算水泥土墙嵌固深度设计值，该值最近下列哪个选项的数值？

A. 2.0m   B. 2.2m   C. 2.5m   D. 2.8m

解：答案为 C，计算如下：

$$\sigma = \frac{c_k}{r} = \frac{14}{18.5 \times 5} = 0.15;$$

查得 $n_0 = \frac{1}{2}(0.55 + 0.35) = 0.45;$

$h_0 = n_0 h = 0.45 \times 5 = 2.25$，$h_d = 1.1 h_0 = 2.25 \times 1.1 = 2.475 \text{m}$。

【例 6-2】在均匀沙地地基上开挖深度 15m 基坑，采用间隔式排桩单排锚杆支护，桩径 1 000mm，桩距 1.6m，一桩一锚。锚杆距地面 3m。已知该砂土的重度 $\gamma = 20 \text{kN/m}^3$，$\varphi = 30°$。无地面荷载。按照《建筑基坑支护技术规程》规定计算的锚杆水平力标准值 T 最接近下列哪个选项？

A. 450kN   B. 500kN   C. 550kN   D. 600kN

解：答案为 D，取单位宽度计算：

$k_a = \text{tg}^2\left(45° - \frac{30°}{2}\right) = \frac{1}{3}$

$k_p = \text{tg}^2\left(45° - \frac{30°}{2}\right) = 3$

基坑底的主动土压力为 P_a，

$P_a = \gamma h k_a = 20 \times 15 \times \frac{1}{3} = 100 \text{kPa}$，反弯点距基坑底为 h_{c1}，则

$P_p = \gamma h_{c1} k_p = 20 \times h_{c1} \times 3 = P_a = 100 \quad h_{c1} = 1.67 \text{m}$

$E_{a1} = \frac{1}{2} \times 100 \times 15 = 750 \text{kN}$，

作用点在基坑底面以上 5m 处，

$E_{a2} = 100 \times h_{c1} = 167 \text{kN}$，

作用点基坑底与反弯点的中点处，

$E_p = \frac{1}{2} \times 100 \times 1.67 = 83.5$，

作用点在反弯点以上 $\frac{h_{c1}}{3}$ 处。

$T_{c1} = \frac{h_{a1} \sum E_{ac} - h_{p1} \sum E_{pc}}{h_{T1} + h_{c1}} = \frac{(5 + 1.67) \times 750 + \frac{1.67}{2} \times 167 - \frac{1.67}{3} \times 83.5}{12 + 1.67} = 372.7$

$T'_{c1} = T_{c1} \times 1.6 = 372.7 \times 1.6 = 596.4 \text{kN}$。

【例 6-3】 关于在基坑工程中进行的锚杆试验下列选项中哪个说法是错误的？

A. 锚杆施工完毕一周内，应立即进行抗拔试验
B. 在最大试验荷载下锚杆然未达到破坏标准可取该最大荷载值作为锚杆极限承载力值
C. 锚杆验收试验的最大试验荷载应取锚杆轴向受拉承载力设计值 N。
D. 对于非永久性的基坑支护工程中的锚杆，在有些情况下也需要进行蠕变试验

解：答案为 A。

【例 6-4】 在一均质土层中开挖基坑，深度 15m，采用桩锚支护形式。土层的内聚力 $c = 15\text{kPa}$，内摩擦角 $\varphi = 20°$。第一道锚杆设置在地面下 4m 位置，锚杆直径 150mm，倾角 15°，该点锚杆水平拉力设计值 250kN，若与锚杆杆体极限摩阻力标准值为 50kPa。根据《建筑基坑支护技术规程》（JGJ120—99）该锚杆设计长度最接近下列选项中的哪一项？（假设潜在滑动面通过基坑坡脚处）

A. 18.0m   B. 21.0m   C. 22.5m   D. 24.0m

解：答案为 C。

（1）$T_d \leq N_U \cos\theta$，可解出 $N_U \geq 259\text{kN}$

（2）求锚固长度，因为：$N_U = \dfrac{3.14 \times 0.15 \times 50 \times l_m}{1.3}$，得：$l_m = 14.3\text{m}$

（3）求锚头到潜在滑动面的距离：$l_t = \dfrac{(15-4)\sin\left(45-\dfrac{\varphi}{2}\right)}{\sin\left(45+\dfrac{\varphi}{2}+\theta\right)} = 6.7\text{m}$

（4）根据《建筑基坑支护技术规程》（JGJ120—99）第 4.6.9 条第一款的规定，锚杆自由段长度用超过潜在的滑裂面 1.5m 锚杆设计长度 $L = 14.3 + 6.7 + 1.5 = 22.5\text{m}$。

讨论：

锚杆长度计算主要包括两部分，即锚固段长度和自由段长度。本题设计的主要考点是锚杆水平拉力与轴向拉力的转换和《建筑基坑支护技术规程》（JGJ120—99）中相关条款的规定，锚杆自由段长度不宜少与 5m 并应超过潜在滑裂面 1.5m。

本题给出的是锚杆水平拉力设计值，应首先将其转化为锚杆轴向拉力设计值，再根据锚杆轴向拉力设计值确定锚固段长度。《建筑基坑支护技术规程》（JGJ120—99）给出了锚杆自由段长度计算公式，该公式实际是一个三角关系式，其中 l_t 锚杆锚头中点至基坑地面以下基坑地面以下基坑外侧荷载标准值与基坑内测抗力标准值相等处的距离，如再计算量太大，为简化计算量，本题给出了附加限定条件，即假设潜在滑动面通过基坑坡脚处，如此 $l_t = 15 - 4 = 9\text{m}$。考生应充分理解《建筑基坑支护技术规程》锚杆自由段长度计算公式力学及几何意义，灵活应用。

6.3 基坑稳定性分析

开挖较深的软黏土基坑时，如果桩背后的土柱重量超过基坑底面以上地基的承载力时，地基中的平衡状态受到破坏，就会发生坑壁土流动、坑顶下陷、坑底隆起的现象，如图 6-14（a）所示。为防止这种现象发生，需验算地基是否会产生隆起。

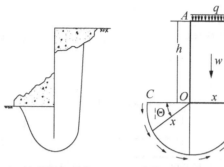

(a) 地基隆起现象　　(b) 验算地基隆起的计算简图

图 6-14　地基的隆起与验算

6.3.1　地基稳定验算法

假定在重量为 W 的坑壁土作用下，其下的软土地基沿圆柱面 BC 发生破坏和产生滑动，失去稳定的地基绕圆柱面中心轴 O 转动。此时，

转动力矩：$M_d = W\dfrac{x}{2}$；$W = (q+\gamma h)x$

稳定力矩：$M_\tau = x \cdot \displaystyle\int_0^x \tau(x\mathrm{d}\theta)$

当土层为均质土时，则：

$$M_\tau = \pi \cdot \tau \cdot x^2$$

式中，τ 为地基土不排水抗剪强度，在饱和软黏土中，$\tau = c$（c 为内聚力）。

要保证不发生隆起，则要求抗隆起安全系数：

$$K = \dfrac{M_\tau}{M_d} \geqslant 1.20 \tag{6-22}$$

上述验算方法中，未考虑土体与板状间的摩擦力，也未考虑垂直面 AB 上土的抗剪强度对土体下滑的阻力，所以是偏安全的。

6.3.2　地基强度验算法

此法的计算简图如图 6-15 所示。在饱和软黏土中，内摩擦角 $\varphi=0°$，地基土不排水剪切的抗剪强度 $\tau = c$，土的单轴抗压强度 $q_u = 2c$，地基土的极限承载力 $q_d = 5.7c$。

无板桩时，在坑壁上柱重量 W 的作用下，下面的软土地基沿圆柱面 BD 及斜面 DO 产生滑动。

此时，坑底平面 OB 上的总压力 p_v 为：

$$p_v = W - \tau h = (q+\gamma h)\dfrac{B}{\sqrt{2}} - ch$$

单位面积上的压力 p_d 为：

$$p_d = \dfrac{p_v}{B\sqrt{2}} = q + \gamma h - \dfrac{\sqrt{2}ch}{B}$$

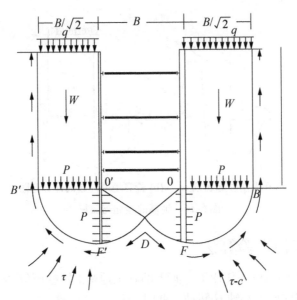

图 6-15 地基强度验算法的计算简图

此压力与地基土的极限承载力的比值即抗滑动安全系数 K，如 K 满足下式，则地基土稳定，不会产生滑动和隆起：

$$K = \frac{q_d}{q_v} \geqslant 1.5 \tag{6-23}$$

因为 $q_d = 5.7c$，所以保证不产生隆起，则要求：

$$q_v \leqslant \frac{q_d}{K} = \frac{5.7c}{1.5} = 3.8c$$

有板桩时，则地基土的破坏和滑动会受到板桩的阻碍和土体抗剪的阻止。取扇形土体 OBF 为自由体，对 O 点取矩，因此，滑动力矩为：

$$p_v \cdot \frac{B}{\sqrt{2}} \cdot \frac{1}{2} \cdot \frac{B}{\sqrt{2}}$$

而稳定力矩则由板桩阻止滑动的力矩两部分组成：

$$p_h \cdot \frac{B}{\sqrt{2}} \cdot \frac{1}{2} \cdot \frac{B}{\sqrt{2}} + \frac{\pi}{2} \cdot \frac{B}{\sqrt{2}} \cdot c \cdot \frac{B}{\sqrt{2}}$$

其平衡条件为：

$$p_h \cdot \frac{B}{\sqrt{2}} \cdot \frac{1}{2} \cdot \frac{B}{\sqrt{2}} = p_v \cdot \frac{B}{\sqrt{2}} \cdot \frac{1}{2} \cdot \frac{B}{\sqrt{2}} - \frac{\pi}{2} \cdot \frac{B}{\sqrt{2}} \cdot c \cdot \frac{B}{\sqrt{2}}$$

即：
$$p_h = p_v - \pi c \tag{6-24}$$

作用在板桩上的总压力：$p_h = (p_v - \pi c) \dfrac{B}{\sqrt{2}}$

如板桩的入土深度 $t < \overline{OF}$（$\overline{OF} = \dfrac{B}{\sqrt{2}}$），则水平压力 p_h 一部分由板桩承受，另外一部分由板桩下面的土层承受。

如板桩的入土深度 $t \geqslant \dfrac{2}{3}\overline{OF}$，由于板桩的刚度较大，作用在板桩下面土层上的水平压力将大部分转移到板桩上，因此可以认为板桩承担了全部的水平压力 p_d。

如板桩的入土深度 $t \leq \frac{2}{3}\overline{OF}$，则假定板桩承受的水平压力为：

$$p_h = 1.5t\ (p_v - \pi c) \tag{6-25}$$

此部分水平压力，可以认为是均匀分布在入土部分的板状上。

作用在板桩上的水平压力 p_h，由基坑底下面位于板桩前面的土体的抗剪强度和板桩入土部分的抗弯强度来平衡。即入土部分的板桩承受的载荷为：

$$p_t = p_h - q_u \cdot t = p_h - 2ct \tag{6-26}$$

入土部分呈悬臂状态的板桩，如在 p_t 作用下受弯破坏，则坑底以下的土体也将破坏而发生隆起，否则，土体就不会隆起。

如果板桩下端打入硬土层内，则由于硬土层对板桩底端的支撑会使其最大弯矩减小，这对防止板桩受弯破坏是有利的。

如果硬土层位于坑底之下深度为 D 的位置（如图 6-16 所示），且 $D < B/\sqrt{2}$，则滑动面应与硬土层相切，此时：

$$p_v = q + \gamma h - \frac{ch}{D} \tag{6-27}$$

由于 $D < B/\sqrt{2}$，所以 p_v 将减小，同时，板状承受的水平压力 p_d 和 p_v 也将减小，这对防止坑底的土体隆起是有利的。

6.3.3 管涌验算

基坑开挖后，地下水形成水头差 h'，使地下水由高处向低处渗流。因此，坑底下的土浸在水中，其有效重量为重力密度 γ'。

基坑管涌计算简图如图 6-17 所示。当地下水的向上渗流力（动力压力）$j \geq \gamma'$ 时，土粒则处于浮动状态，于是坑底产生管涌现象。要避免管涌现象产生，则要求：

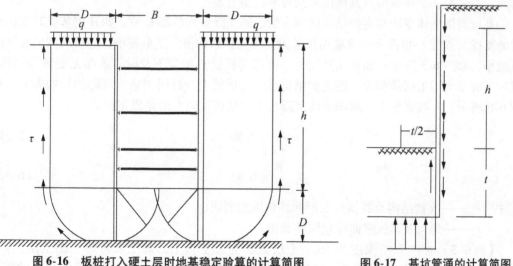

图 6-16 板桩打入硬土层时地基稳定验算的计算简图   **图 6-17** 基坑管涌的计算简图

$$\gamma' \geq Kj$$

式中，K 为坑管涌安全系数，$K = 1.5 \sim 2.0$。

试验证明，管涌首先发生在离坑壁大约等于板桩入土深度一半的范围内。为简化计算，近似地按紧贴板桩的最短路线来计算最大渗流力：

$$j = i \cdot \gamma_w = \frac{h'}{h' + 2t} \cdot \gamma_w \tag{6-28}$$

式中　i——水头梯度；

　　　t——板桩的入土深度；

　　　h'——地下水位至坑底的距离；

　　　γ_w——地下水的重力密度。

不发生管涌的条件，应为：

$$\gamma' \geq K \frac{h'}{h' + 2t} \gamma_w \tag{6-29a}$$

也可改写为：

$$t \geq \frac{Kh'\gamma_w - \gamma'h'}{2\gamma'} \tag{6-29b}$$

即板桩入土深度如满足上述条件，则不会产生管涌。

如坑底以上的土层为松散填土，多裂隙土层等透水性好的土层，则地下水流经此层的水头损失很小，可略去不计，此时不产生管涌的条件为：

$$t \geq \frac{Kh'\gamma_w}{2\gamma'} \text{ 或 } \frac{2\gamma't}{h'\gamma_w} \leq K \tag{6-30}$$

在确定板桩入土深度时，也应符合上述条件。

6.3.4　基坑周围土体变形计算

在大、中城市内建筑物密集地区开挖深基坑，周围土体变形是不容忽视的问题。周围土体变形（沉降）过大，必然引起附近的地下管线、道路和建筑物产生过大的或不均匀的沉降，带来危害，在我国及其他国家这种事已屡有发生。

基坑周围土体变形与支护结构横向变形、施工降低水位都有关。如开挖基坑时支护结构的支撑（拉锚）加设及时或施加预紧力，则支护结构横向变形较小，基坑周围地面沉降也就小，如图 6-5 所示；如开挖基坑时，支撑（拉锚）加设不及时，顶部无支撑（拉锚）或坑边有重大的地面载荷等，则支护结构横向变形较大，对周围地面沉降的影响亦大，如图 6-6 所示。一般情况下，周围地面沉降与支护结构横向变形是成正比的。

$$\frac{F_s}{F_w} \approx 0.50 \tag{6-31}$$

$$\frac{F_s}{F_w} \approx 0.85 \tag{6-32}$$

式中　F_w——支护结构及其横向变形曲线包围的面积；

　　　F_s——地面及其沉降曲线包围的面积。

【例 6-5】基坑开挖深度为 6m，土层依次为人工填土，黏土和砾砂。黏土层，$\gamma = 19.0\text{kN/m}^3$，$c = 20\text{kPa}$，$\varphi = 12°$。砂层中层承压水水头高度为 9m。基坑底至含砾粗砂层顶面的距离为 4m。坑突涌安全系数取 1.20，为满足抗承压水突涌稳定性要求，场地承压水面最小降深最接近下列哪个选项？（　　）

A. 1.4m B. 2.1m C. 2.7m D. 4.0m

解：答案为 C，据《建筑地基基础设计规范》附录 W 计算如下：

$$\frac{r_m(t+\Delta t)}{P_W} \geq 1.2, \quad \frac{19 \times 4}{(9-h) \times 10} \geq 1.2, \quad h \geq 2.67\text{m}$$

【例 6-6】根据《建筑地基基础设计规范》（GB50007—2002），下列哪些选项是可能导致软土深基坑底隆起失稳的原因？

A. 支护桩竖向承载力不足 B. 支护桩抗弯刚度不够
C. 坑底软土地基承载力不足 D. 坡顶超载过大

解：答案为 CD。

【例 6-7】在黏性土土层中开挖 8m 深的基坑，拟采用土钉墙支护。经验算现有设计不能满足整体稳定性要求。下列哪个选项的措施可最有效提高该土钉墙的整体稳定性。（　　）

A. 在规范允许范围内，适当减小土钉的间距
B. 对部分钉施加预应力
C. 增加土钉的长度
D. 增加喷射混凝土面层的厚度和强度

解：答案为 CD。

6.4 基坑开挖地下水处理

6.4.1 地下水处理方法与基本要求

在地下水位较高的地区开挖深基坑时，土的含水层被切断，地下水会不断地渗入到深基坑内。为提供地下工程作业条件，防止与地下水有关的涌砂、边坡失稳及地面变形、地基承载力等造成的危害，必须对地下水进行处理。地下水控制计算和验算包括：（1）抗渗透稳定性验算；（2）基坑底突涌稳定性验算；（3）根据支护结构设计要求进行地下水位控制计算。

1. 地下水处理方法

深基坑工程中地下水的处理方法，应根据基坑开挖深度、周围环境及场地水文地质条件选取。一般可供选用的方法有：

（1）基坑明沟排水。
（2）降水。降水包括轻型井点降水和深井降水。
（3）隔渗。隔渗包括竖井隔渗（悬挂式竖向隔渗帷幕和落底式竖向隔渗帷幕）和水平封底隔渗。

2. 深基坑地下水处理设计应具备的资料

（1）含水层的性质。
（2）含水层的厚度及顶底板高程。
（3）地下水位标高及其动态规律以及各层水之间的水力联系状况。
（4）各含水层的渗透系数值。在采用深井井点降水和水平封底隔渗方法时，必须取得深部砂、卵、砾石层的渗透系数。
（5）含水层的补给条件，深基坑与附近大型地表水源的距离关系及其水力联系。

(6) 深基坑开挖深度、尺寸范围，深基坑周围建筑物与地下管线的基础情况，深基坑支挡结构类型。

(7) 深基坑工程维持时间，以及在此季节内的气象资料。

3. 方案的选择与设计

深基坑工程中地下水处理方案的选择与设计，应满足以下三项原则：

(1) 保证深基坑在开挖期间能获得干燥的作业空间。

(2) 保证深基坑边坡的稳定和基坑底板的稳定。

(3) 保证邻近深基坑的建筑物及地下管线的正常使用。

为达到上述要求，地下水处理设计中，必须包括变形观测设计、信息施工制度、信息反馈处理程序以及应急措施。

4. 地下水处理工程复杂程度的划分

编制地下水处理方案时，应考虑降水的复杂程度。一般可按基坑面积、降水深度和深基坑工程的安全等级分为简单、中等、复杂三个等级。

深基坑地下水处理的设计应与边坡支护结构的设计统一考虑，对降水引起的地面变形和支护结构水平位移引起的地面变形应有综合的预计，并判断其是否在允许限度内。

一般来说，隔渗所需代价较高，实施难度较大，但能较好地保护环境。降水则相反，费用相对较低，实施较易，对环境的影响较大，选择降水或隔渗应通过技术经济指标的全面权衡，作出抉择。

6.4.2 基坑明沟排水设计施工

明沟排水属重力降水，是在基坑内沿坑底周围设置排水沟和集水井，用抽水设备将基坑中水从集水井排出，以达到疏干基坑内积水的目的。

在人工填土及浅层黏性土中赋存的上层滞水水量不大，或放坡开挖边坡较平缓，或坑壁被覆较好的条件下，一般可采用明沟排水方法。

排水沟和集水井就设置在地下室基础边线 0.4m 以外，沟底至少比基坑底低 0.3～0.4m，集水井底比沟底低 0.5m 以上。随基坑开挖逐步加深，沟底和井底均保持这一深度差。沟、井平面布置和是否砌筑，视工程条件而定。

基坑明沟排水尚应重视环境排水，必须调查基坑周围地表水是否可能对基坑边坡产生冲刷潜蚀作用，必要时宜在基坑外采取截水、封堵、导流等措施。

6.4.3 降水设计施工要点

1. 降水的目的

(1) 当基坑底面深入到含水层中时，将基坑范围内的地下水位降低到基坑底面以下，保持基坑干燥。

(2) 当基坑底面下有一定厚度的隔水层时，将承压水降低一定高度，以减小承压水头压力，防止产生突涌。

2. 降水种类

降水包括轻型井点降水和深井降水。

人工填土及浅层黏性土中赋存的上层滞水水量不大，可采用轻型井点降水；当地层为砂、卵、砾石层,一般含丰富的层间承压水,承压水头超过含水层顶板 8~10m,在此种条件下,宜采用深井降水。

轻型井点降水应按下述要求进行:

(1) 基坑开挖要求降低水位深度达 5~6m 时,宜慎重选用;要求降低水位超过 6m 时,不宜采用此法。

(2) 根据浅部地层性质,选择合适的泵抽水,如射流泵、隔膜泵、真空泵等。

(3) 轻型井点降水井的结构必须能防止涌砂。

深井降水工作应按以下要求进行:

(1) 当选取深井降水方案时,可根据水文地质条件、降深要求和环境保护要求采用完整井或非完整井。单井出水量一般为 30~90m²/h。

(2) 管井的施工按《供水管井设计施工与验收规范》(JJ10—86)的有关技术规定进行。井管与孔壁间的环状间隙顶部的 15~20m 段,必须用优质黏土球封堵。管井抽水时的含砂量在开泵后 30min 取样测试,其含砂量应小于五万分之一;长期运行时的含沙量应小于十万分之一,否则,应停抽或采取措施减小水中的含沙量。

(3) 在管井降水时,基坑的总降水量可以用大井法进行估算,其公式如下:

$$Q = 2\pi K_0 SR$$

$$K_0 = \frac{(S - 0.8L)}{H} K \tag{6-33}$$

式中 K_0——含水层概化渗透系数(m/d)如图 6-18 所示;

R_0——基坑等效圆半径(m),$R_0 = 0.565\sqrt{F}$;

F——基坑面积(m^2);

S——承压水水位下降设计值(m);

K——完整井,过滤器设在底部 20m 求算的渗透系数(m/d);

H、L——如图 6-18 所示。

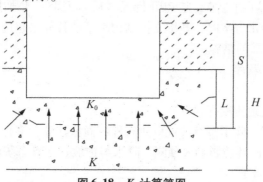

图 6-18 K_n 计算简图

(4) 必须根据基坑的形状、地下水处理和复杂程度以及场地承压水层的有关参数、编制出选择不同方案降水后承压水位的等值线图及基坑周边地面沉降预测图。

① 对承压水含水层的完整井,可运用稳定流公式,求算基坑内外任意点的水位降 S,然后按承压水干扰值之和计算并绘制等值线图。在有回灌的条件下,也可按其相应的回灌压力、回灌量以及回灌时含水层的各种参数,并计算绘制等值线图。

$$S = \frac{0.366}{MK} \sum_{t=1}^{n} Q_T \ (\lg R - \lg r_t) \tag{6-34}$$

当有 n' 个回灌井进行回灌时,在任意点处使承压水的水位增加,此时 S 将为负值,写为 S',即代表水位升高,其计算公式为:

$$S' = \frac{0.366}{MK'} \sum_{t=1}^{n} Q_T \ (\lg R' - \lg r'_t) \tag{6-35}$$

式中 M——含水层厚度(m);

S, S'——任意点 n, n' 口井抽水或回灌引起的水位下降或上升值(m);

R, R'——抽水或灌水时承压水的引用影响半径(m);

r, r'——任意点距抽水或回灌井的平面距离(m);

K, K'——分别为抽水或回灌时含水层的渗透系数(m/d);

Q_t——抽水或灌水井的单井水量(m^3/d),此时 $S_n = S + S'$;

S_n——抽水和回灌时的任意点水位降(m)。

② 在按规定计算和绘制承压水位等值线图和流网图的基础上,绘制降低承压水时的地面附加沉降等值线预测图。

某点地面沉降量的计算公式如下:

$$\Delta S_w = M_s \cdot \sum_{t=1}^{n} \sigma_{wt} \frac{\Delta h_r}{\Delta E_{sr}} \tag{6-36}$$

式中 ΔS_w——承压水水位下降引起的地面沉降(cm);

M_s——经验系数(0.5~0.9);

σ_{wt}——承压水水位下降引起的各计算分层有效应力增量(kPa);

Δh_r——受降水影响地层的分层厚度(cm);

E_{sr}——各分层的压缩模量(kPa);

n——计算分层数。

(5) 回灌井的设置应因地制宜,避免因回灌形成局部反漏斗,增加基坑壁外侧的水头高度。

(6) 当选取管井降水方案时,基坑支护结构水平位移如果超过基坑安全等级要求,必须采取限制支护结构位移的措施。

3. 深井降水的工作程序

(1) 搜集资料。

(2) 工程降水水文地质勘探。

(3) 编制降水方案,除了按有关规范执行外,尚应注意:多种方案的技术经济效益对比及其选择;降水对周围环境影响大预测;降水与护坡、支撑系统的相互影响的预测;变形观测布置;应急观测布置。

(4) 编制和审查工作纲要(施工组织设计)和实施细则。

(5) 施工、安装各项设施并验收。

(6) 按降水设计要求持续降水。在此期间必须保证:降水设施正常运行,动力源不中断;对基坑和环境的变形持续监控;各项应变措施到位。

(7) 提交工程降水成果,除了规范及质检要求提供所需资料外,降水工程结束后,尚需对周围建筑物持续一段时间的沉降观测,直至确认不会因降水产生的滞后地面沉降而影响环境安全为止。

6.4.4 隔渗设计

用高压旋喷、深层搅拌或高压灌浆法形成具有一定强度和抗渗性能的水泥土墙或底板，阻止地下水深入基坑的方法，称为隔渗。

1. 隔渗的一般规定

（1）采用隔渗应因地制宜，对场区及邻近场地的地层结构、水文地质特征需有足够的确切资料。

（2）在获得正确资料后，宜计算和绘制流网图，直观了解场地地下水渗透规律，较准确地预估基坑涌水量、隔渗帷幕内外的水压力差和坑底浮托力，以此作为隔渗帷幕或封底底板厚度计算的依据。

（3）隔渗体抗压强度宜等于5MPa，渗透系数宜小于等于$1.0 \times 10^6 \text{cm/s}$。

（4）隔渗能否达到预期目的，只能在基坑开挖施工中予以检测，因此必须备有应急措施。对竖向帷幕隔渗，应备有灌浆补漏和明沟排水措施；对水平封底，应在坑内设置减压井。

（5）隔渗体的厚度和密度应经过计算确定，并综合考虑环境安全。

2. 落底竖向隔渗设计施工要点

（1）设置竖向隔渗帷幕一直深入到含水层底且进入下卧不透水层深度不大者，称为落底式隔渗帷幕。这一般适应于下卧不透水层深度不大者。

（2）设置竖向落底式帷幕，会形成墙内外较大的水压力差。因此，对帷幕结构强度，水平方向变形及整体稳定性等，均需验算。

（3）在含水埋深大，厚度大的情况下，落底式竖向隔渗帷幕的施工难度大，难以完全隔绝地下水入渗，故应在帷幕内设置一定数量的抽水井，抽排透过帷幕入渗的地下水流。

3. 悬挂式竖向隔渗设计施工要点

（1）竖向隔渗帷幕未穿透含水层者，称为悬挂式隔渗帷幕，一般用于割断上层滞水（潜水），或延长承压水的渗透路径。

（2）采用桩排支护结构，又需要隔渗时，需在支挡结构外侧设置旋喷桩，或垂向连续注浆充填桩间孔缝。

（3）在场地狭窄且环境条件严峻时，宜选用既挡土又挡水且可纳入永久性地下工程的支护结构，如地下连续墙等。

4. 水平封底设计施工要点

（1）以高压旋喷或其他合适的方法在基坑开挖深度以下一定位置形成足够强度的水泥土隔渗底板，以水平隔渗体自重，工程桩与底板之间的摩擦力和底板与坑底之间一定厚度的土自重来平衡地下水的浮托力，以防止坑底产生突涌，这种方法称为水平封底隔渗。

（2）水平封底一般与悬挂式竖向隔渗墙结合，形成五面隔渗（或称为周底隔渗）的"浮箱"式建筑物，其受力状况需进行预估和验算，包括：

① 底板抗弯和抗冲切性能的验算；

② 底板抗渗性能的检验；

③ 底板与工程桩结合处的摩阻力允许值验算；

④ 按下列推荐式进行底板厚度验算。

$$H \geq \frac{P_b \cdot A_c}{A_c \cdot \gamma_c + \mu f_{sp}} \tag{6-37}$$

式中　H——底板厚度（m）；
　　　A_c——每桩所负担的抗浮力面积（m^2）；
　　　γ_c——旋喷水泥土混合体重度（kN/m^3）；
　　　μ——单桩周长（m）；
　　　f_{sp}——桩与旋喷体之间的摩擦力（kPa）；
　　　P_b——单位面积承受的浮托力（kPa）。

（3）对水平封底可采用以下加强措施：

① 在场区内均匀布设减压孔（井）。封底与导渗相结合，减少底板受力。

② 在工程桩与底板接触的桩段设置对鞘螺旋锚杆，加强工程桩的抗拉强度，从而增加底板浮托力。

③ 水平封底的顶板低于基底标高，使封底体有一定厚度的土层，以增加抗浮能力。

④ 底板与支护系统结合处宜增加封底厚度，加强水平封底与垂直帷幕之间的紧密结合，以堵塞该部位易于留下的漏洞，并增加抗变形能力。

在工程地质水文条件适宜的场地可以采用悬挂式隔渗与坑内井点抽水相结合的方法，可一定程度地减少对环境的影响。

【例 6-8】 在地下水位以下开挖基坑时，基坑坑外降水可以产生下列哪些有利效果？
A. 防止基地发生渗透破坏　　　　　B. 减少支护结构上的总的压力
C. 有利于水资源的保护与利用　　　D. 减少基坑工程对周边既有建筑物的影响

解：答案为 AB。

【例 6-9】 在基坑的地下连续墙后有 5m 厚的含承压水的砂层，承压水头高于砂层顶面 3m。在该砂层厚度范围内作用在地下连续墙上单位长度的水压力合力最接近于下列那个选项？
A. 125kN/m　　　B. 150kN/m　　　C. 275kN/m　　　D. 400kN/m

解：答案为 C。

据成层土中水压力理论计算，

$P_{w顶} = \gamma_w h_1 = 10 \times 3 = 30 \text{kPa}$,

$P_{w底} = \gamma_w h_1 + R_w h_2 = 10 \times 3 + 10 \times 5 = 80 \text{kPa}$,

$P_w = \frac{1}{2}(P_{w顶} + P_{w底}) \times h_2 = \frac{1}{2}(30 + 80) \times 5 = 275 \text{kN/m}$。

【例 6-10】 某基坑开挖深度为 8.0m，其基坑形状及场地土层，基坑周边无重要构筑物及管线。粉细砂层渗透系数为 1.5×10^{-2} cm/s，在水位观测孔中测得该层地下水水位埋深为 0.5m。为确保基坑开挖过程中不发生突涌，拟采用完整井降水措施（降水井管井过滤器半径设计为 0.15m，过滤器长度与含水层厚度一致），将地下水水位降至基坑开挖面以下 0.5m，试问，根据《建筑基坑支护技术规程》（JGJ120—99）估算本基坑降水时至少需要布置的降水井数量为下列何项？
A. 2　　　　　B. 3　　　　　C. 4　　　　　D. 5

解：答案为 B。

（1）基坑降水设计是基坑内水位降深 S 为：$S = 8.0 - 0.5 + 0.5 = 8.0$m

本基坑为不规则块状基坑，其等效半径 r_0 为：$r_0 = \sqrt{\dfrac{A}{\pi}} = 40$m

(2) 本场地含水层为承压含水层，基坑周边无重要构建物，基坑侧壁安全等级为三级，场地含水层影响半径 R 为：$R = 10S\sqrt{k} = 288\text{m}$。

(3) 基坑总涌水量 Q 为：$Q = 2.73k \dfrac{MS}{\lg\left(1 + \dfrac{R}{r_0}\right)} = 2.73 \times 12.96 \times \dfrac{12 \times 8}{\lg\left(1 + \dfrac{288}{40}\right)} = 3\,717\text{m}^3/\text{d}$

(4) 采用完整井降水，单井抽水量 q 宜为：
$$q = 120\pi \cdot rl\sqrt[3]{k} = 1\,593\text{m}^3/\text{d}$$

(5) 至少需要的降水井数 n 为：$n = 1.1 \times \dfrac{Q}{q} = 1.1 \times \dfrac{3\,717}{1\,593} = 2.56 \approx 3$。

讨论：

基坑降水是基坑工程设计和施工中的重要环节和内容，岩土工程师应对含水层的类型，地下水控制法，降水井的设计等知识熟练掌握。本题首先应能够判别含水层为承压含水层；对承压含水层降水井的影响半径，当无试验资料时，可按 $R = 10S\sqrt{k}$ 计算；应用承压含水层完整井涌水量计算公式即可算出基坑的总涌水量，其中不规则形状的基坑等效半径应换算成等面积的圆形基坑的半径；最后根据单井的抽水能力即可求出所需要的降水井数。

6.5 基坑工程实例

新源里综合楼基坑工程支护设计与施工

1. 工程概况

场区自然地面标高 39.18~39.30m。±0.00 = 39.50m。

（1）工程地质条件。勘察深度范围内，地基土层按形成时代、成因、岩性及物理力学性质划分为12层，由上至下分别为：

① 填土：位于地表，厚度1.6~2.6m，稍湿，松散，主要成分为粉土，黄褐色，含根系、建筑垃圾、少量砖渣，上部为杂填土，下部为素填土。

② 砂质粉土：埋深1.6~2.6m，厚度1.9~3.0m，饱和，密实，褐黄色，含云母、氧化铁，局部夹粉质黏土及黏质粉土透镜体。

③ 粉质黏土：埋深3.6~4.7m，厚度1.9~2.7m，饱和，可塑，黄褐色，含云母、氧化铁，局部夹黏质粉土透镜体。

④ 砂质粉土：埋深5.8~7.3m，厚度1.0~2.7m，饱和，密实，褐黄色，分布不均，局部呈透镜体。

⑤ 粉质黏土：埋深7.3~8.7m，厚度2.2~4.1m，饱和，可塑，黄褐色，含云母、氧化铁，局部夹黏质粉土透镜体。

⑥ 黏质粉土与粉质黏土互层：埋深10.5~10.8m，厚度2.2~4.1m，饱和，可塑，黄褐、褐灰色，含云母、氧化铁及绿色条带，上部含小姜石，局部夹砂质粉土透镜体。

⑦ 粉质黏土：埋深13.7~14.8m，厚度2.0~3.4m，饱和，可塑，褐灰色，含云母、氧化铁，局部夹黏质粉土透镜体，局部含小砾石和灰白斑点。

⑧ 黏土：埋深16.9~17.6m，厚度2.9~3.2m，湿，硬塑，黄褐色，含云母、氧化铁，局部夹粉质黏土透镜体。

⑨ 粉质黏土：埋深 18.8~20.1m，厚度 0.9~1.1m，饱和，可塑，黄褐色，含云母、氧化铁。

⑩ 细砂：埋深 21.2~21.4m，厚度 3.2~3.4m，饱和，密实，褐黄色，颗粒均匀，含云母、氧化铁。

⑪ 卵石：埋深 24.6~24.8m，厚度 1.1~1.2m，饱和，密实，杂色，砂质充填，含砂 20%，含圆砾约 10%，级配及磨圆度好。

⑫ 黏土：埋深 25.8~25.9m，未穿透，湿，硬塑，黄褐色，含云母、氧化铁及姜石，夹粉质黏土透镜体。

(2) 水文地质条件。勘察期间见地下水，为潜水，水位埋深 2.4~3.2m（高程 36.89~36.09m）。近 3~5 年最高水位埋深 2.0m（高程 37m）。历史最高水位埋深 0.3m（高程 39m）。

地下水对混凝土及钢结构无腐蚀性，在干湿交替条件下对钢筋混凝土结构中的钢筋无腐蚀性。

2. 工程特点、难点及主要对策

本工程的特点、难点主要表现在距现有建（构）筑物较近、基坑跨度大（东西长近 100m、南北宽约 40m）、位于市区繁华地段、位于居民区、施工期为雨季。

针对本工程的特点，本着安全、经济、合理、高效的原则，在确保施工现场安全文明、工程保质保量完成的前提下，优化工程设计，采取如下主要对策：

(1) 边坡及相邻建筑的安全。考虑建筑物（地下构筑物）较近，设计及施工要有针对性，适当提高安全系数，支护形式采用能够严格控制位移的桩锚支护；严格按照基坑支护设计施工，加强基坑边坡位移及建筑物邻坑一侧的沉降测量监测，发现边坡异常及时预警处理。

对地下电缆、供水管等构筑物，正式施工前要探明埋藏位置，并做好标记，施工时保留一定的距离，必要时与有关单位协商改移，确保其安全稳定。

做好地面及坡面防水准备，坡顶围砌挡水墙，为暴雨期基坑内排水工作准备足够的水泵等配套设备（设施），确保基坑边坡稳定、暴雨期槽底不集水。

(2) 优质快速完成本工程是关键。

① 强化施工部署与施工场区规划，合理划分施工区域、施工流水段、场区循环道路、材料堆放区及加工区等。

② 选择长螺旋钻进成孔工艺，提高护坡桩施工效率。

③ 做好施工场区循环道路的局部硬化，保证施工设备（土方）移动安全与效率。

④ 加强施工设备、施工人员安全监督管理，强化施工现场的安全管理，保证设备安全与人员安全。

⑤ 做好雨季施工、安全应急预案，确保雨季施工与消防安全。

⑥ 做好各工序间的协作与配合，创造良好的施工外部环境，保障工程顺利进行。

3. 基坑支护方案

根据本工程场地周围环境条件、基坑深度以及岩土工程勘察报告和甲方要求，结合我单位多年的施工经验，将基坑边坡分为 6 种工况，这里以南侧中部外凸部位、西侧、北侧西部二段剖面设计参数及支护形式说明如下：

该剖面基坑深度8.51m,考虑地面附加荷载或现有平房荷载为20kPa。该剖面土层参数取值见表6-4。

表6-4 土层参数

层号	土类名称	层厚/m	重度/kN·m^{-3}	粘聚力/kPa	内摩擦角/°	钉土摩阻力/kPa	锚杆土摩阻力（kPa）
1	杂填土	1.70	19.0	10.00	15.00	60.0	30.0
2	粉土	1.90	20.1	15.00	28.60	60.0	70.0
3	黏性土	2.20	21.0	23.00	17.90	60.0	60.0
4	粉土	2.00	20.9	20.00	35.00	80.0	75.0
5	黏性土	2.70	20.6	35.00	14.90	80.0	60.0
6	黏性土	4.10	20.4	25.00	31.90	80.0	60.0

该剖面南侧建筑外皮距平房仅800mm,西侧地面堆放方木等材料,北侧紧邻配电室,受场地空间限制,只能施工微型护坡桩加预应力土钉墙。为确保边坡安全,减小边坡坡顶位移,该部位在微型护坡桩的基础上,配合预应力锚杆复合土钉墙来有效控制基坑边坡位移,桩顶位于地面。具体设计支护参数如下:

① 微型桩。微型护坡桩桩径φ150mm,桩间距0.75m,桩顶位于地面,桩长为10.51m（嵌固深度2.0m）;居中配1根70mm（壁厚3.5mm）钢管,桩身灌注P.O32.5水泥浆,水灰比为0.5。微型护坡桩平面布置如图6-19所示。

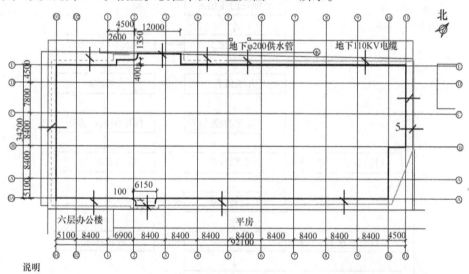

说明
1、根据基坑周边不同工况,基坑采用6种不同的支护方式。
2、以⑥轴为界,东侧基坑深度9.71m,西侧基坑深度8.51m。
3、1-1剖面、2-2剖面、4-4剖面、5-5剖面采用桩锚支护（桩顶以上0.6m为24挡土墙）；3-3剖面采用微型钢管桩加直立预应力土钉墙支护。
4、护坡桩桩径为φ600,间距为1200mm,设计桩长为12.0m及11.0m（在保证嵌固深度的条件下,局部桩长可根据实际槽深调整）,共157根据。
5、微钢管桩桩径为φ150,间距为750mm,设计桩长为10.51m,共103根。

图例
● 1-1剖面桩16根　● 4-4剖面桩18根
● 2-2剖面桩72根　● 5-5剖面桩40根
● 3-3剖面桩03根　● 6-6剖面桩11根

图6-19 新源里护坡平面图

② 预应力锚杆土钉墙。土钉（钢筋锚杆）间距1.5m×1.3m，梅花状布置，倾角10°，钻孔直径φ100mm，孔内注入 P.O32.5 水泥浆，水灰比为0.5。微型桩面挂 φ6@250×250 钢筋网，土钉层位外压 1Φ14 水平加强筋，钢筋锚杆预加50kN力锁定在土钉墙面外的 1-14a槽钢上。混凝土层厚80mm，面层在微型护坡桩顶外翻1.0m，强度C20。

锚杆参数见表6-5。

表6-5 锚杆参数

支锚道号	水平间距/m	竖向间距/m	入射角/°	预加力/kN	锚固体直径/mm	总长/m	锚固段长度/m	配筋
1	1.5	1.3	10.00	0.00	100	8.80	8.80	1Φ18
2	1.5	1.3	10.00	50.00	100	11.00	10.00	1Φ20
3	1.5	1.3	10.00	0.00	100	9.80	9.80	1Φ18
4	1.5	1.3	10.00	50.00	100	10.00	10.00	1Φ18
5	1.5	1.3	10.00	0.00	100	5.80	5.80	1Φ18
6	1.5	1.3	10.00	0.00	100	5.80	5.80	1Φ18

4. 土钉墙施工工艺

（1）施工工艺。土钉墙施工是随土方开挖而进行的，采用人工成孔。孔内插筋后压灌水泥浆，挂网后喷混凝土，其工艺流程如图6-20所示。

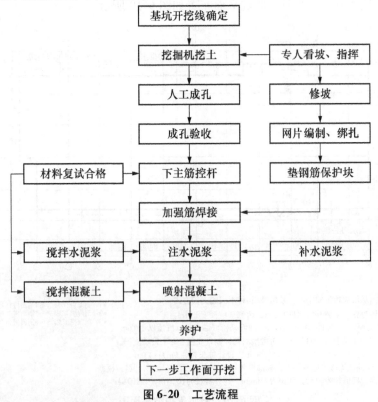

图6-20 工艺流程

(2) 土钉墙施工技术要求。

① 成孔：孔径为100mm，倾角为10°，采用人土洛阳铲成孔。孔深允许偏差±50mm，孔径允许偏差±5mm，孔距允许偏差±100mm，成孔倾角允许偏差±5%。

② 插放土钉拉杆、灌浆：确保土钉钢筋拉杆在孔内居中，保护层厚度不小于20mm。土钉拉杆端头预留出坡面10cm，孔内长度不小于设计长度；注浆采用水灰比0.5的P.O32.5水泥浆。

③ 挂网：挂网前坡面先由人工削坡整理，坡面平整度±20mm；钢筋网为$\phi6@250 \times 250$，网格允许偏差±20mm，网片与网片之间重叠不少于30cm，整个坡面挂网以后再进行加强筋的焊接，加强筋和非预应力土钉拉杆端头应焊接牢固。

④ 喷射混凝土：挂网后立即进行喷砼施工，其配比为：水泥：砂：碎石：水＝1:2:2:0.5（以试验室确定为准），碎石的最大粒径不超过12mm，喷射混凝土机的工作压力为0.3~0.4MPa。要求混凝土强度不低于C20。

⑤ 上层喷射砼和孔内浆体强度达到设计强度的70%（夏天一般3~7h）后，方可进行下层的工作。

(3) 土钉墙施工质量保证措施。

① 挖土：为确保边坡稳定，土方开挖需与土钉墙施工密切配合，规定挖土自上而下按土钉层高分步进行，而且每个工作段挖土后，辅以人工修坡。

② 成孔：孔径为100mm，倾角为10°，采用人土洛阳铲成孔。

③ 插放土钉拉杆、灌浆：土钉拉杆主筋每隔2m设置一个对中支架，以确保钢筋在孔内居中。所有土钉拉杆端头预留1个20cm的直角弯钩与加强筋连接；注浆采用微压注浆，补浆在浆体初凝后进行，补浆次数根据现场实际情况确定。

④ 挂网：在挂网之前坡面先由人工削坡整理，然后挂网，上下网片之间重叠不少于30cm，整个坡面挂网以后再进行加强筋的焊接，加强筋和土钉拉杆端头应焊接牢固。

⑤ 喷射混凝土：挂网后立即进行喷混凝土施工，要求砼强度不低于C20。

⑥ 所用材料钢筋、水泥、砂、石料等，均需按规定进行复试，合格后方可使用。

⑦ 上述工作完成后，并且喷射混凝土和土钉孔内浆体强度达到70%后，方可进行下一阶段的工作。

⑧ 所有面层在坡顶应外翻，且成外倾状，在基坑四周坡顶外须采取防止地表水渗水措施。

5. 工程监测

为确保工程及附近建筑和地下管线的安全，及时根据监测信息反馈指导施工，根据本工程结构特点，对附近建筑进行沉降监测，对边坡坡顶进行水平位移监测。

在桩顶连梁与边坡顶部布置边坡位移监测点，布设间距25~30m，共布设位移监测点约12个。在基坑周现有保留建筑临基坑侧布设沉降监测点。监测点布设具体位置与数量可根据现场实际情况适当调整。

建筑沉降采用标高监测，边坡水平位移监测采用视准线法。工作基点应视现场情况布置在变形影响范围以外的稳定地点，以保证监测值的准确可靠。

变形监测工作从第一步挖土开始，基坑开挖期间，监测周期为1次/天。当发现相邻两次位移量大于10mm或总变形量达30mm时，缩短监测周期到2次/天，同时分析位移原因，并及时采取措施；当遇到雨天或地面荷载有重大变化时，应临时增加监测次数。当相邻两次位移量较小时，可将监测时间延长至 1 次/3 天；挖土至槽底且位移稳定后，监测时间延长至 1 次/7 天～1 次/15 天，基坑回填时方可停止监测。

如发现变形异常，应及时停止基坑内作业，分析原因，采取还土、坡顶卸载和增补锚杆等措施，确保边坡及周边建筑物的安全后，方可继续开挖土方。

习　题

一、选择题

1. 重力式挡土墙抗倾覆稳定性验算时，倾覆力矩和抗倾覆力矩的圆心位置在什么地方？
   A. 在墙趾点
   B. 通过试算确定最危险滑动面圆心
   C. 基坑面与墙身交点

2. 重力式挡土墙整体稳定性验算时，滑动与抗滑动力矩的圆心位置在什么地方？
   A. 在墙趾点
   B. 通过试算确定最危险滑动面圆心
   C. 基坑面与墙身交点

3. 重力式挡土墙的抗倾覆、抗滑动、地基承载力和墙身强度等验算都满足要求时，是否可以认为该挡土墙是安全的？
   A. 安全　　　　B. 不安全　　　　C. 不一定

4. 重力式挡土墙整体稳定性验算时，构成滑动矩的力是由何种力引起的？
   A. 墙后主动土压力
   B. 墙后主动土压力和水压力
   C. 滑动土体的重力

5. 在砂性土地基上设计一重力式挡土墙，墙后地下水在地表处除需进行整体稳定、抗倾覆、抗滑动、地基承载力和墙身强度验算外，还应作何项目验算？
   A. 地基沉降　　　B. 不均匀沉降　　　C. 渗透稳定

6. 悬臂板桩墙，最大弯矩位置发生在：（其中 K_a、K_p 分别为主动土压力、被动土压力系数，p_a 为坑底处主动土压力强度，E_a 为主动土压力合力）
   A. 基坑地面处土压力零点，即距坑底距离 $u = \dfrac{p_a}{\gamma (K_p - K_a)}$
   B. 土压力零点以下 $x_m = \sqrt{\dfrac{2E_a}{\gamma (K_p - K_a)}}$

7. 墙后主动土压力分布形式是墙顶小，随着深度逐渐增大，因此采用锚拉结构时，顶锚与底锚长度之间关系：
   A. 顶锚短，底锚长
   B. 顶锚长，底锚短
   C. 顶锚、底锚不宜太长

8. 所谓刚性支挡结构，其特点是：
   A. 支挡结构侧向不发生位移
   B. 支挡结构本身不能承受弯矩和拉应力
   C. 具有钢筋混凝土支撑结构

9. 关于深基坑地下连续墙上的土压力，下列哪些选项的描述是正确的？
   A. 墙后主动土压力状态比墙前坑低以下的被动土压力状态容易达到
   B. 对相同开挖深度和支护墙体，黏性土土层产生主动土压力所需要墙顶位移量比砂土的大
   C. 在开挖过程中，墙体坑底以下土层作用在墙上的土压力总是被动土压力，墙后土压力总是主动土压力
   D. 墙体上的土压力分布与墙体的刚度有关

10. 某场地土层为：上层3m为粉质土，以下为含有层间潜水的4m厚的细砂，再下面是深厚的黏土。基坑开挖深度为10m，不允许在坑外人工降低地下水。在下列支护方案中，选用哪些选项的方案比较合适？
    A. 单排间隔式排桩　　　　　B. 地下连续墙
    C. 土钉墙　　　　　　　　　D. 双排桩加桩间旋喷止水

11. 沿海淤泥软黏土场地的某基坑工程，开挖深度为5m，基坑周边环境的要求不高，围护结构允许向外占用宽度3~4m。该工程最适宜选用下列哪种基坑围护结构类型？（　　）
    A. 灌注排桩加土层锚杆　　　B. 地下连续墙
    C. 水泥土墙　　　　　　　　D. 土钉墙

12. 已知某中砂地层中基坑开挖深度8.0m，中砂天然重度 $\gamma = 18.0 \text{kN/m}^3$，饱和重度 $\gamma = 20 \text{kN/m}^3$，内磨角 $\varphi = 30°$，基坑边坡土体中地下水位至地面距离4.0m。试问作用在坑底以上支护墙体上的总水压力 P_w 大小是下面哪个选项中的数值（单位：kN/m）？
    A. 160　　　B. 80　　　C. 40　　　D. 20

13. 某开挖深度为10m的基坑，坑底以下土层均为圆砾层，地下水位埋深为1m，侧壁安全等级为Ⅰ级，拟采用地下连续墙加内撑支护形式。为满足抗渗透稳定性要求，按《建筑基坑支护技术规程》（JGJ120—99）的相关要求，地下连续墙的最小嵌固深度最接近下列哪个选项？
    A. 9m　　　B. 10m　　　C. 12m　　　D. 13.5m

14. 在基坑各部位外部环境条件相同的情况下，基坑顶部的变形监测点应优先分布在下列哪些部位？
    A. 基坑长边中部　　　　　　B. 阳角部位
    C. 阴角部位　　　　　　　　D. 基坑四角

15. 锚杆自由段长度为6m，锚固段长度为10m 主筋为两直径25mm的HRB400钢筋，钢筋弹性模量为 $2.0 \times 10^5 \text{N/mm}^2$ 根据《建筑基坑支护技术规程》（JGJ120—99）计算，锚杆验收最大加载至300kN时，其最大弹性变值不应该大于下列哪个数值？
    A. 0.45cm　　　B. 0.89cm　　　C. 1.68cm　　　D. 2.37cm

二、简答题

1. 在对内支撑系统进行布置时应注意哪些事项？

2. 土层锚杆与土钉墙主要区别在哪些方面?
3. 试简述井点降水的类型及各自适用条件。
4. 基坑监测的项目主要有哪些?
5. 试简述支护结构的类型及其各自主要特点。
6. 进行重力式水泥土挡土墙设计需进行哪些基本验算?
7. 排桩或地下连续墙式支护结构进行坑底抗隆起稳定验算时应采用什么土层的 c、φ 值?

第7章 地基基础检测

7.1 概 述

建筑业是我国支柱产业，在推动国民经济发展中举足轻重，反过来，经济的增长也促进了建筑业的繁荣。提高建筑工程质量和居住环境质量是建筑业长期发展的战略方针，也是国民经济发展的重要保障。

建筑工程质量检测是控制工程质量的重要手段和途径，而地基基础工程检测是其中主要项目之一。万丈高楼平地起，地基基础工程质量影响到上部结构的长期安全性，最终与人们生命财产休戚相关。大量的工程实例表明，建筑工程重大事故和质量问题多数与地基基础工程相关。我国地质条件复杂，地基处理方法多种，基础形式多样，施工技术不一，管理水平不齐，而且地基基础工程具有较高的隐蔽性，与上部建筑结构相比，地基基础工程的质量控制尤为重要。实践表明，只有提高地基基础检测工作的质量，保证检测结果的可靠性，才能确保地基基础质量达到要求。

地基基础工程检测内容可以分为地基检测、基桩及基础锚杆检测、支护工程检测和基础检测。

（1）地基检测。地基检测内容包括天然地基承载力、变形参数及岩土性状评价，处理土地基承载力、变形参数及施工质量评价，复合地基承载力、变形参数及复合地基增强体的施工质量评价。

（2）基桩及基础锚杆检测。基桩是指桩基础中的单根桩；基础锚杆是指将基础承受的向上竖向荷载，通过锚杆的拉结作用传递到基础底部的稳定岩土层中去的锚杆。基桩及基础锚杆检测内容包括工程桩的桩身完整性和承载力检测、基础锚杆抗拔承载力检测。

（3）支护工程检测。支护工程检测内容包括土钉和支护锚杆抗拔力检测、土钉墙施工质量检测、水泥土墙墙身完整性检测、地下连续墙墙体质量检测、逆作拱墙的施工质量检测、用于支护的混凝土灌注桩的桩身完整性检测。

（4）基础检测。基础检测内容包括各类基础及桩基础承台的施工质量检测和建筑物沉降观测。

地基基础检测方法在可靠性、经济性和适用性等方面均存在一定的不足之处，多种检测方法相结合，具有一定的灵活性和可靠性。选择检测方法时，应根据检测目的，了解检测方法的适用范围，考虑地质条件、设计要求和施工技术等因素，实现优势互补性、安全适用性和经济合理性。

本章着重介绍工程中最常见、适用范围最广泛的检测方法，主要包括静载试验法、低应变法、高应变法、声波透射法和钻心法等。

7.2 基本规定

7.2.1 一般规定

一般规定主要介绍检测工作程序、地基检测规定。

1. 检测工作程序

必要的工作程序有利于检测工作的顺利开展，有利于检测工作的有序性和严谨性。遵循检测工作程序，是提高检测机构管理水平的重要保障，也是我国质量保证体系的基本要求。地基基础检测工作程序框图如图 7-1 所示。

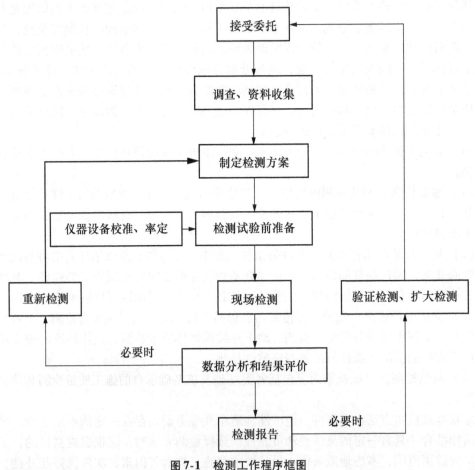

图 7-1 检测工作程序框图

（1）接受委托。为了帮助了解工程概况，明确检测目的和工程量，减少不必要的纠纷，在检测工作进行前，检测机构应当取得委托单位正式的委托函。

（2）调查、收集资料。为了进一步明确委托单位的具体要求和既有检测方法的可行性，了解工程设计要求、地质条件和施工技术，以及施工过程中存在的异常等情况，检测机构应当尽可能地收集相关技术资料，以便在检测过程中具有针对性，从而提高检测效率和检测质量。

（3）制定检测方案。检测方案主要内容包括工程概况、抽样方案、检测周期、仪器设备以及检测点的处理等。检测方案并非一成不变，实际执行过程中，由于不可预知的原因，如基坑雨水浸泡、委托要求发生变化和扩大检测范围等，都可能使原检测方案中的检测周期、抽检方案和检测方法发生更改，因此，要根据实际情况因势而变。

（4）检测试验前准备。根据不同的检测项目和不同的检测方法，配备相应的、合理的试验仪器设备，如承载力检测中千斤顶、压力传感器和位移传感器等，完整性检测中的加速度传感器和数据采集系统等。检测用计量器具应进行校准，仪器设备性能应符合相应的检测方法的技术要求。

（5）现场检测。对于一般的基桩检测项目，宜先进行完整性检测，再进行承载力检测。桩身完整性检测，具有效率高、费用低和抽检数量大等优点，容易发现基桩施工的整体质量问题，也可以为选择静载试验桩提供支持，所以，作为普查手段，完整性检测宜安排在静荷载试验之前。现场检测中，如果受外界环境干扰、人员操作失误或仪器设备故障等因素影响，测试数据异常时，应当及时排查具体原因，排除后再重新检测。

（6）数据分析和验证扩大检测。工程桩检测结果的评价包含了承载力和完整性两个相对独立的评价内容。检测结果评价应遵循的原则：①多种检测方法相互验证与补充；②在充分考虑试验点数量及代表性基础上，结合设计要求、地质条件和施工质量可靠性，给出检测结论。

验证检测是针对检测中出现的缺乏依据、无法或难于定论的情况所进行的同类方法或不同类方法的核验过程，以做到结果评价的准确和可靠。当检测结果不满足设计要求时，应进行扩大抽检。扩大检测应采用原有的检测方法或者准确度更高的检测方法，检测数量宜根据地质条件、桩基设计等级、桩型和施工质量变异性等因素合理确定，并征得委托单位的同意和授权。当对检测结果有怀疑或有异议而又不具备重新检测和验证检测条件时，应由监理单位或委托单位会同检测、勘察、设计、施工单位共同研究确定处理方案。

（7）检测报告。检测报告是检测机构向委托单位提供的最终的技术文件，是重要的技术档案资料。检测报告应符合一般的技术文件的要求，整体布局合理，结构严谨，层次分明，用词规范，图表清晰，结论正确，内容完整。

2. 地基检测规定

地基质量验收抽样检测应针对不同的地基处理目的，结合设计要求采取合理、有效的检测手段，应符合先简后繁、先粗后细、先面后点的检测原则。天然土地基、处理土地基和复合地基的检测应合理地选择两种及两种以上的检测方法。抽检部位应根据情况综合确定：①施工出现异常情况的部位；②设计认为重要的部位；③局部岩土特性复杂可能影响施工质量的部位；④当采取两种或两种以上检测方法时，应根据前一种方法的检测结果确定后一种方法的抽检位置；⑤同类地基的抽检位置宜均匀分布。

对于处理土地基和复合地基，地基土的密实、土的触变效应、孔隙水压力的消散、水泥或化学浆液的固结等均需有一个期限，施工结束后立即进行验收检测难以反映地基处理的实际效果。因此，检测宜安排在合理间歇时间后进行。间歇时间应根据岩土工程勘察资料、地基处理方法，结合设计要求综合确定。当无工程实践经验时，可参照下列规定执行：①强夯处理地基，对碎石土和砂土间歇时间可取 7~14d，对黏土和黏性土间歇时间可取 14~28d；②不加填料振冲加密处理地基，间歇时间可取 7~14d；③注浆地基、水泥土搅拌桩复合地基、旋喷桩复合地基等，间歇时间不应少于28d；④振冲桩复合地基，对粉质黏土间歇时间可取21～28d，对粉土间歇时间可取14～21d；⑤砂石桩复合地基，对饱和黏性土应待孔隙力压力消散后进行，间歇时间不宜少于28d，对粉土、砂土和杂填土地基，不宜少于7d；⑥强夯置换地基，间歇时间可取28d。

天然岩石地基应采用钻芯法进行抽检，单位工程抽检数量不得少于6个孔，钻孔深度应满足设计要求，每孔芯样截取一组三个芯样试件。天然岩石地基特性复杂的工程应增加抽样孔数。当岩石芯样无法制作成芯样试件时，应进行岩基荷载试验，对强风化岩、全风化岩宜采用平板荷载试验，试验点数不应少于3个点。天然土地基、处理土地基应进行平板荷载试验，单位工程抽检数量为每500m²不应少于1个点，且不得少于3个点，对于复杂场地或重要建筑地基应增加抽检数量。

天然土地基、处理土地基在进行平板载荷试验前，应根据地基类型选择标准贯入试验、圆锥动力触探试验、静力触探试验、十字板剪切试验等一种或一种以上的方法对地基处理质量或天然地基土性状进行普查，单位工程抽检数量为每200m²不应少于1个孔，且不得少于10孔，每个独立柱基不得少于1孔，基槽每20延米不得少于1孔。检测深度应满足设计要求。当无工程实践经验时，检测可按下列规定进行：①天然地基基槽（坑）开挖后，可采用标准贯入试验、圆锥动力触探试验、静力触探试验或其他方法对基槽（坑）进行检测；②换填地基可采用圆锥动力触探试验或标准贯入试验进行检测；③预压地基可采用十字板剪切试验和室内土工试验进行检测；④强夯处理地基可采用原位测试和室内土工试验进行检测；⑤不加填料振冲加密处理地基可采用动力触探、标准贯入试验或其他方法进行检测；⑥注浆地基可采用标准贯入试验、钻芯法进行检测。

复合地基及强夯置换墩应进行复合地基平板荷载试验，单位工程抽检平板荷载试验点数量应为总桩（墩）数的0.5%～1%，且不得少于3个点。同一单位工程复合地基平板荷载试验形式可选择多桩复合地基平板荷载试验或单桩（墩）复合地基平板载荷试验，也可一部分试验点选择多桩复合地基平板载荷试验而另一部分试验点选择单桩复合地基平板载荷试验。复合地基及强夯置换墩在进行平板载荷试验前，应采用合适的检测方法对复合地基的桩体施工质量进行检测。抽检数量：当采用标准贯入试验、圆锥动力触探试验等方法时，单位工程抽检数量应为总桩（墩）数的0.5%～1%，且不得少于3根；当采用单桩竖向抗压荷载试验、钻芯法时，抽检数量不应少于总桩数的0.5%，且不得少于3根。

检测方法和抽检数量还应符合下列规定：①水泥土搅拌桩应进行单桩竖向抗压载荷试验；②水泥土搅拌桩和高压喷射注浆加固体的施工质量应采用钻芯法进行检测；③水泥粉煤灰碎石桩应采用低应变法或钻芯法进行桩身完整性检测，低应变法的抽检数量不应少于总桩数的10%；④振冲桩桩体质量应采用圆锥动力触探试验或单桩载荷试验等方法进行检测，对碎石桩桩体质量检测，应采用重型动力触探试验；⑤砂石桩桩体质量应采用圆锥动力触探试验等方法进行检测，砂石桩宜进行单桩载荷试验；⑥强夯置换地基应采用圆锥动力触探等方法进行检测；⑦当设计有要求时，应对复合地基桩间土和强夯置换墩墩间土进行抽检，检测方法和抽检数量宜与处理土地基相同。

7.2.2 基桩检测规定

工程桩验收应进行桩身完整性检测和单桩承载力检测。当基础埋深较大时，桩身完整性检测宜在基坑开挖至基底标高后进行。从成桩到开始试验的间歇时间应符合下列规定：①当采用低应变法或声波透射法检测时，受检桩桩身混凝土强度不得低于设计强度等级的70%或预留立方体试块强度不得小于15MPa；②当采用钻芯法检测时，受检桩的混凝土龄期不得小于28d或预留立方体试块强度不得低于设计强度等级；③高应变法和静载试验的间歇时间：混凝土灌注桩的混凝土龄期不得小于28d。预制桩（钢桩）在施工成桩后，对于砂土，不宜少于7d；对于粉土，不宜少于10d；对于非饱和黏性土，不宜少于15d；对于饱和黏性土，不宜少于25d；对于桩端持力层为遇水易软化的风化岩层，不应少于25d。

桩身完整性和单桩承载力抽样检测的受检桩宜按下列情况综合确定：①施工质量有疑问的桩；②设计认为重要的桩；③局部地质条件出现异常的桩；④当采用两种或两种以上检测方法时，宜根据前一种检测方法的检测结果来确定后一种检测方法的受检桩；⑤同类型桩宜均匀分布。

采用高应变法进行打桩过程监测的工程桩或施工前进行静载试验的试验桩，如果试验桩施工工艺与工程桩施工工艺相同，桩身未破坏且单桩竖向抗压承载力大于等于2倍单桩竖向抗压承载力特征值，这类桩的桩数的一半可计入同方法验收抽检数量。

对竖向抗拔承载力有设计要求的桩基工程，应进行单桩竖向抗拔静载试验。抽检桩数不应少于总桩数的1%，且不得少于3根。对水平承载力有设计要求的桩基工程，应进行单桩水平荷载静载试验。抽检桩数不应少于总桩数的1%，且不得少于3根。

7.3 地基检测

本节主要介绍天然土地基、处理土地基和复合地基的检测方法和技术，主要包括标准贯入试验、圆锥动力触探试验、静力触探试验、十字板剪切试验、平板荷载试验和复合地基荷载试验要点。

7.3.1 标准贯入试验

标准贯入试验是用质量为63.5kg的穿心锤，以76cm的落距，将标准规格的贯入器，自钻孔底部预打15cm，记录再打入30cm的锤击数，判定土的物理力学特性的一种原位试验方法。主要优点：操作简便，设备简单，适应性广，通过贯入器可以采取扰动土样，进行直接鉴别描述和有关的室内土工试验。

1. 适用范围

不适用于碎石土处理土地基，可用于以下情况：①推定砂土、粉土、黏性土、花岗岩残积土等天然地基的地基承载力，鉴别其岩土性状；②推定非碎石土换填地基、强夯地基、预压地基、不加填料振冲加密处理地基、注浆处理地基等处理土地基的地基承载力，评价其地基处理效果。

标准贯入试验评价复合地基增强体的施工质量主要为高压喷射注浆加固体的施工质量检测。作为基桩钻芯法的辅助手段，可以用于鉴别混凝土灌注桩桩端持力层的岩土性状。

2. 仪器设备

仪器设备主要由贯入器、接触探杆和穿心锤三部分组成，如图7-2所示，应采用自动脱钩的自由落锤法进行试验，不得采用手拉落锤。

3. 现场检测

检测天然土地基、处理土地基，评价复合地基增强体的施工质量时，每个检测孔的标准贯入试验次数至少 3 次，否则，数据太少难以做出准确评价，同一检测孔的标准贯入试验点间距宜为等间距，深度间距宜为 1.0~1.5m。鉴别混凝土灌注桩桩端持力层岩土性状时，宜在距桩底 1m 内进行标准贯入试验，当桩端持力层为不同土层时，可对不同土层进行标准贯入试验。

标准贯入试验孔应采用回转钻进。标准贯入试验孔钻进时，应保持孔内水位略高于地下水位。当孔壁不稳定时，可用泥浆护壁。钻至试验标高以上 15cm 处，清除孔底残土后再进行试验。标准贯入试验需与钻探配合，以钻机设备为基础，如图 7-3 所示为标准贯入试验现场。落锤高度为 76±2cm，锤击速率应小于 30 击/min。试验时，应保持贯入器、探杆、导向杆连接后的垂直度，减小导向杆与锤间的摩阻力，避免锤击偏心和侧向晃动。贯入器打入土中 15cm 后，开始记录每打入 10cm 的锤击数，累计打入 30cm 的锤击数为标准贯入试验实测锤击数 N'。当锤击数已达 50 击，而贯入深度未达 30cm 时，应记录 50 击的总贯入深度，按式 (7-1) 计算标准贯入试验实测锤击数 N'，并终止试验。贯入器拔出后，应对贯入器中的土样进行鉴别描述。

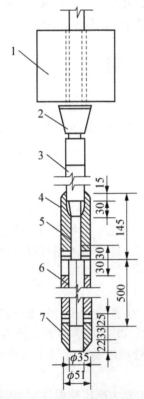

图 7-2 标准贯入试验设备 (mm)

1—穿心锤；2—锤垫；3—触探杆；4—贯入器；
5—出水孔；6—对开管；7—贯入器靴

图 7-3 标准贯入试验现场

$$N' = 30 \times \frac{50}{\Delta S} \tag{7-1}$$

式中　N'——标准贯入试验实测锤击数；

ΔS——50 击的贯入度（cm）。

注：当鉴别混凝土灌注桩桩端持力层岩土性状时，标准贯入锤击数应达100击方可终止试验。

7.3.2 圆锥动力触探试验

圆锥动力触探试验，是用标准质量的重锤，以一定高度的自由落距，将标准规格的圆锥形探头贯入土中，根据打入土中一定距离所需的锤击数，判定土的力学特性，具有勘探和测试双重功能。主要优点：设备轻巧、测试速度快、费用低，具有连续贯入的特性，可作为地基检测的普查手段。

1. 适用范围

圆锥动力触探试验有轻型、重型和超重型三种试验类型，应根据地质条件合理选择。轻型动力触探的优点是轻便，对于施工验槽、填土勘察、查明局部软弱土层、洞穴等分布，均有实用价值，可用于推定换填地基、黏性土、粉土、粉砂、细砂及其处理土地基的地基土承载力，鉴别地基土性状，评价处理土地基的施工效果。重型动力触探应用广泛，其规格标准与国际通用标准一致，可用于推定黏性土、粉土、砂土、中密以下的碎石土、极软岩及其处理土地基的地基土承载力，鉴别地基土岩土性状，评价处理土地基的施工效果；也可用于检验振冲桩、砂石桩的成桩质量。超重型动力触探的能量指数（落锤能量与探头截面积之比）与国际通用标不一致，但相近，可用于推定密实碎石土、极软岩和软岩等地基承载力。

2. 仪器设备

测试设备包括探杆（包括导向杆）、提引器（分内挂式和外挂式两种）、穿心锤、锤座（包括钢砧与锤垫）和探头，如图7-4所示。

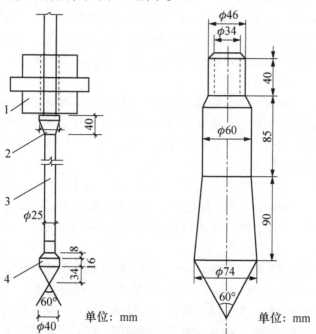

图7-4 轻型动力触探试验设备
1—穿心锤；2—锤垫；3—触探杆；4—圆锥头

重型及超重型圆锥动力触探的落锤应采用自动脱钩装置。触探杆顺直与否直接影响试验结果，因此触探杆应保持顺直，每节触探杆相对弯曲宜小于 0.5%，丝扣完好无裂纹。

3. 现场检测

锤击能量是影响试验结果的最重要因素，为使锤击能量比较恒定，落锤方式采用控制落距的自动落锤。试验时，应防止锤击偏心和探杆晃动，注意保持杆件垂直，探杆偏斜度不超过 2%。

应连续锤击贯入，锤击速率宜为 15 ~ 30 击/min。轻型动力触探锤的落距应为 50cm，重型动力触探锤的落距应为 76cm，超重型动力触探锤的落距应为 100cm。每贯入 1m，应将探杆转动一圈半。

轻型动力触探记录每贯入 30cm 的锤击数，记为 N_{10}；重型及超重型动力触探记录每贯入 10cm 的锤击数，分别记为 $N'_{63.5}$ 和 N'_{120}。对于轻型动力触探，当 $N_{10} > 100$ 或贯入 15cm 的锤击数超过 50 时，可终止试验。贯入 15cm 时锤击数超过 50 时，轻型动力触探锤击数取为 2 倍的实际锤击数。对于重型动力触探，当连续三次 $N'_{63.5} > 50$ 时，可终止试验或改用超重型动力触探。当有硬夹层时，宜穿过硬夹层后继续试验。当探头直径磨损大于 2mm 或锥尖高度磨损大于 5mm 时应及时更换探头。

7.3.3 静力触探试验

静力触探试验采用静力方式匀速将标准规格的探头压入土中，同时，量测探头贯入阻力，测定土的力学特性的原位测试方法。

1. 适用范围

静力触探试验可用于推定软土、一般黏性土、粉土、砂土和含少量碎石及其经过强夯处理、预压处理等地基（土）承载力。静力触探资料有地区局限性，应用时应充分考虑当地工程实践经验，并宜通过有统计意义的经验关系进行分析应用。对于含少量砾碎石的土密实砂土，静力触探的适用性应视砾碎石含量、粒径级配等条件而定。

2. 仪器设备

静力探触设备，一般由三部分构成：量测记录仪器、贯入系统和静力触探头及其标定设备。触探头根据其结构和功能，主要分为单桥触探头和双桥触探头两种，单桥触探可测定比贯入阻力、双桥触探可测定锥尖阻力和侧壁摩阻力。因仪器、电缆的不同，触探头的系统率定系数有所变化，因此，必须配套率定。室内探头率定的非线性误差、重复性误差、滞后误差、温度漂移、归零误差均应小于 1% FS（Full Scale）。现场归零误差应小于 3%，绝缘电阻不小于 500MΩ。探头使用后，其整体性能也将会有所变化，因此，应定期进行率定。现场试验过程中，当探头返回地面时必须记录归零误差，这是试验数据质量好坏的重要标志。

量测仪器宜采用专用的静力触探试验记录仪，应保证在温度 -10℃ ~45℃ 的环境中工作，温度漂移误差应小于 0.01% FS/℃。信号传输线应采用屏蔽电缆，双桥触探头两组桥路的信号传输线宜分别屏蔽。为了减少探杆与孔壁的摩擦力，探杆的直径应小于锥底的直径。为了减少断杆事故的发生，探杆应有足够的强度，应采用高强度无缝管材，其屈服强度不宜小于 600MPa，探杆不得有裂纹和损伤。触探杆应顺直，每节触探杆相对弯曲宜小于 0.5%，丝扣完好无裂纹。

3. 现场检测

静力触探反力装置提供的反力应大于预估的最大贯入阻力,通常有三种方式:利用地锚作反力、利用重物作反力和利用车辆自重作反力。

仪器设备安装应平稳、牢固,检测孔应避开地下电缆、管线及其他地下设施,应根据检测深度和表面土层的性质,选择适应的反力装置。

为了保证静力触探的数据质量,触探头的率定应在每次试验前进行,不得事后补作。应根据土层性质和预估贯入阻力,选择分辨率合适的静力触探头。试验前,触探头应连同仪器、电缆在室内进行率定。测试时间超过三个月时,每三个月应对静力触探头率定一次,当发现异常情况时,应重新率定。

现场操作应符合以下规定:

(1) 现场量测仪器应与率定触探头时的量测仪器相同。贯入前,应连接量测仪器对触探头进行试压,检查顶柱、锥头、摩擦筒是否能正常工作。

(2) 装卸触探头时,不应转动触探头。

(3) 先将触探头贯入土中 0.5~1.0m,然后提升 5~10cm,待量测仪器无明显零位漂移时,记录初始读数或调整零位,方能开始正式贯入。

(4) 触探的贯入速率应控制在 (1.2±0.3) m/min 范围内。在同一检测孔的试验过程中宜保持匀速贯入。

7.3.4 十字板剪切试验

十字板剪切试验,用插入土中的标准十字板探头,以一定速率扭转,量测土破坏时的抵抗力矩,测定土的不排水抗剪强度。

1. 适用范围

可用于检测软黏性土及其预压处理地基的不排水抗剪强度和灵敏度,软黏性土是指天然孔隙比大于或等于 1.0,且天然含水量大于液限的细粒土。

2. 仪器设备

根据测力方式,十字板剪切仪主要分为机械式和电测式。机械式十字板剪切仪是利用蜗轮旋转插入土层中的十字板头,由开口钢环测出抵抗力矩,计算土的抗剪强度,其特点是施加的力偶对转杆不产生额外的推力。电测式十字板剪切仪是通过在十字板头上连接处贴有电阻片的受扭力矩的传感器,用电阻应变仪测剪切扭力,与机械式的主要区别在于测力装置不用钢环,而是在十字板头上端连接一个贴有电阻应变片的扭力传感器装置。

十字板形状宜为矩形,宽高比 1:2,板厚宜为 2~3mm;扭力测量设备需满足对测量量程的要求和对使用环境适应性的要求,才可能确保检测工作正常进行。量测仪器宜采用专用的试验记录仪,信号传输线应采用屏蔽电缆。触探杆应顺直,每节触探杆相对弯曲宜小于 0.5%,丝扣完好无裂纹。

试验前,探头应连同量测仪器、电缆进行率定,室内探头率定测力传感器的非线性误差、重复性误差、滞后误差、归零误差均应小于 1%FS,现场归零误差应小于 3%,温度漂移应小于 0.01%FS/℃,绝缘电阻不小于 500MΩ。测量精度应达到 1kPa。仪器应能在温度 -10℃~45℃ 的环境中正常工作。

3. 现场检测

安装仪器设备,应保证平稳,检测孔应避开地下电缆、管线及其他地下设施,当检测附近处地面不平时,应平整场地。

机械式十字板剪切仪试验操作应符合下列规定:

(1) 利用钻孔辅助设备成孔,将套管下至欲测深度以上3~5倍套管直径处,并清除孔内残土。

(2) 将十字板头、轴杆与探杆逐节连接并拧紧,然后下放孔内至十字板头与孔底接触。

(3) 接上导杆,将底座穿过导杆固定在套管上,用制紧螺丝拧紧,然后将十字板头压入土内欲测深度处;当试验深度处为较硬夹层时,应穿过该层再进行试验。十字板插入至试验深度后,至少应静止3min,方可开始试验。

(4) 先提升导杆2~3cm,使离合器脱离,用旋转手柄快速旋转导杆十余圈,使轴杆摩擦减至最低值,然后再合上离合器。

(5) 安装扭力测量设备,测读初始读数。

(6) 施加扭力,以6°/min~12°/min 的转速旋转,每1°~2°测读数据一次。当出现峰值或稳定值后,再继续测读1min。其峰值或稳定值读数即为原状土剪切破坏时的读数。

(7) 松开导杆夹具,测读初始读数或调整零位,再用扳手或管钳快速将钻杆反方向转动6圈,使十字板头周围土充分扰动,进行重塑土的试验,测得最大读数。

(8) 依次进行下一个测试深度处的剪切试验。

(9) 待全孔试验完毕后,逐节提取探杆与十字板头,清洗干净,检查各部件的完好程度,妥善保存,不应使板头暴晒。

电测式十字板剪切试验操作应符合下列规定:

(1) 十字板探头压入前,宜将探头的电缆线一次穿入需用的全部探杆。

(2) 现场量测仪器应与率定探头时的量测仪器相同。贯入前,应连接量测仪器对探头进行试力,检查探头是否能正常工作。

(3) 将十字板头直接缓慢贯入至欲测深度处,使用旋转装置卡盘卡住探杆;至少应静止3min 后,测读初始读数或调整零位,方可开始正式试验。

(4) 施加扭力,以6°/min~12°/min 的转速旋转,每1°~2°测读数据一次。当出现峰值或稳定值后,再继续测读1min。其峰值或稳定值读数即为原状土剪切破坏时的读数 ε。

(5) 松开导杆夹具,测读初始读数或调整零位,再用扳手或管钳快速将钻杆反方向转动6圈,使十字板头周围土充分扰动,进行重塑土的试验,测得最大读数。

(6) 依次进行下一个测试深度处的剪切试验。

(7) 待全孔试验完毕后,逐节提取探杆与十字板头,清洗干净,检查各部件的完好程度,妥善保存,不应使探头暴晒,严禁用电缆线提拉探头。

每个检测孔的十字板剪切试验次数不应少于3次,深度间距宜为1.5~2.0m,深度间距最小值不应小于0.8m。同一检测孔的试验点的深度间距规定宜为1.5~2.0m,当需要获得多个检测点的数据而土层厚度不够时,深度间距可放宽至0.8m;当土层随深度的变化复杂时,可根据工程实际需要,选择有代表性的位置布置试验点,不一定均匀间隔布置试验点,遇到变层,要增加检测点。当出现下列情况之一时,可终止试验:①达到检测要求的测试深度;②十字探头的阻力达到额定荷载值;③电信号陡变或消失;④探杆倾斜度超过2%。

7.3.5 平板荷载试验

平板荷载试验,是对天然地基、处理土地基、复合地基的表面逐级施加竖向压力,测量其沉降随时间的变化,以确定其承载能力的试验方法。

1. 适用范围

可确定承压板下应力主要影响范围内天然地基、处理土地基和复合地基的承载力特征值和变形参数。地基承载力特征值指由荷载试验测定的地基土压力变形曲线线性段内规定的变形所对应的压力值,其最大值为比例界限值;变形参数主要是指地基的变形模量。

2. 仪器设备

承压板应有足够刚度,可采用圆形、正方形、矩形钢板或钢筋混凝土板。在软土上进行平板荷载试验时,如果承压板尺寸较小,承压板易发生倾斜,试验荷载太小时难以配备相应的千斤顶和油压表,因此要求承压板面积不应小于 $0.5 m^2$,软土不应小于 $1.0\ m^2$。

当采用两台及两台以上千斤顶加载时,为防止偏心受荷,要求千斤顶活塞直径应一样且应并联同步工作;在设备安装时,千斤顶的合力中心、承压板中心、反力装置重心、拟试验区域的中心应在同一铅垂线上。当采用两台及两台以上千斤顶加载时,千斤顶的规格、型号应相同,千斤顶的合力中心、承压板中心应在同一铅垂线上,千斤顶应并联同步工作,如图 7-5 所示。

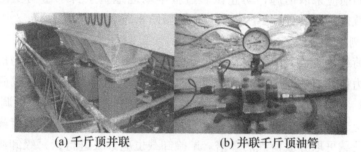

(a) 千斤顶并联　　(b) 并联千斤顶油管

图 7-5　千斤顶并联

加载反力装置宜选择压重平台等反力装置,如图 7-6 所示,应能提供的反力不得小于最大试验荷载的 1.2 倍,应对主要受力构件进行强度设计和变形验算,试验前压重应一次加足,均匀稳固地放置于平台上,压重平台支墩施加于地基土上的压应力不宜大于地基土承载力特征值的 1.5 倍。

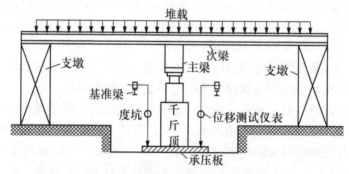

图 7-6　平板荷载试验装置示意图

荷载测量可用放置在千斤顶上的荷重传感器直接测定，也可采用并联于千斤顶油路的压力表或压力传感器测定油压，根据千斤顶校准结果换算荷载。宜采用位移传感器或大量程百分表进行承压板沉降测量，承压板面积大于等于 $1m^2$ 时，应在其两个方向对称安置 4 个位移测量仪表，承压板面积小于 $1m^2$ 时，可对称安置 2 个位移测量仪表。位移测量仪表应安装在承压板上。各位移测量仪表在承压板上的安装点距承压板边缘的距离应一致，宜为 25~50mm。应牢固设置基准桩，基准桩和基准梁应具有一定的刚度，梁的一端应固定在基准桩上，另一端应简支于基准桩上；基准桩、基准梁和固定沉降测量仪表的夹具应避免太阳照射、振动及其他外界因素的影响。

选择仪器设备时应注意，压力传感器的测量误差不应大于 1%，压力表精度应优于或等于 0.4 级；在最大试验荷载时，试验用油泵、油管的压力不应超过规定工作压力的 80%；荷重传感器、千斤顶、压力表或压力传感器的量程不应大于最大试验荷载的 2.5 倍，且不应小于最大试验荷载的 1.2 倍；位移测量仪表的测量误差不大于 0.1%FS，分辨力优于或等于 0.01mm。

试坑宽度或直径不应小于承压板宽度或直径的三倍。试坑试验标高应与地基土基底设计标高或复合地基桩顶设计标高一致。天然地基和处理土地基试验时，承压板底面下宜用中粗砂找平，其厚度不超过 20mm。承压板、压重平台支墩和基准桩之间的距离应符合相关的规定。试验前应采取措施，防止试验过程中场地地基土含水量的变化或地基土的扰动，影响试验效果。必要时，承压板周边应覆盖防水布。

3. 现场检测

最大试验荷载等于最大试验压力与承压板面积的乘积，最大试验压力应不小于设计要求的地基承载力特征值的 2.0~2.5 倍。正式试验前应进行预压。预压载荷为最大试验荷载的 5%~10%。预压后卸载至零，测读位移测量仪表的初始读数或重新调整零位。

试验加载应分级进行，采用逐级等量加载，分级荷载宜为最大试验荷载的 1/8~1/12，其中，第一级荷载可取分级荷载的 2 倍。试验卸载也应分级进行，每级卸载量取加载时分级荷载的 2 倍，逐级等量卸载。加载、卸载时应使荷载传递均匀、连续、无冲击，每级荷载在维持过程中的变化幅度不得超过该级增减量的 ±10%。

试验时，每级荷载施加后按第 5min、15min、30min、45min 和 60min 测读承压板的沉降量，以后每隔 30min 测读一次。承压板沉降相对稳定标准：试验荷载小于等于特征值对应的荷载每一小时内的承压板沉降量不超过 0.1mm，试验荷载大于特征值对应的荷载时每一小时内承压板沉降量不超过 0.25mm。当承压板沉降速率达到相对稳定标准时，再施加下一级荷载。卸载时，每级荷载维持 30min，按第 5min、15min 和 30min 测读承压板沉降量，卸载至零并测读一次，2h 后再测读一次。

如果荷载已经达到反力装置提供的最大加载量，而未达到最大试验压力，或者由于出现异常而无法施加荷载，应中止试验，重新选择试验点进行试验。

当出现下列情况之一时，可终止加载：①承压板周围的土明显地侧向挤出；②沉降急剧增大（本级荷载下的沉降量超过前级的 5 倍），荷载-沉降曲线出现陡降段；③某级荷载作用下，24h 内沉降速率未能达到相对稳定标准；④累计沉降量与承压板直径或宽度（矩形承压板取短边）之比大于或等于 0.06；⑤加载至最大试验荷载，承压板沉降速率达到相对稳定标准。

7.3.6 复合地基荷载试验

复合地基荷载试验用于测定承压板下应力主要影响范围内复合土层的承载力和变形参数，验证设计方案的合理性。试验过程与天然地基荷载试验过程基本相同，主要包括试验准备和现场试验等工作。

1. 试验前准备

试验前准备工作包括加载系统和量测系统传感器的标定和安装、开挖出坑、铺设垫层、放置载荷板等。具体要求如下：

（1）承压板应为刚性。圆形单桩可采用等直径圆形载荷板，"8"字形水泥土搅拌桩可采用矩形荷载板；单桩复合地基荷载试验的承压板可用圆形或方形，面积为一根桩承担的处理面积；多桩复合地基荷载试验的承压板可用方形或矩形，其尺寸按实际桩数所承担的处理面积确定。桩截面形心应与承压板中心保持一致，与荷载作用点重合。

（2）承压板底高程应与桩顶设计标高相同。试验标高处的试坑长度和宽度，一般应大于承压板尺寸的3倍。基准梁及加荷平台支点（或锚桩）宜设在试坑以外，且与承压板边的净距不应小于2m。

（3）承压板下宜铺设中、粗砂或中砂找平层，其厚度为100~150mm，桩身强度高时厚度取大值，且铺设垫层和安装荷载板时坑底不宜积水，并避免地基土的扰动，以免影响试验结果。如采用设计垫层厚度进行试验，对独立基础和条形基础应采用设计基础宽度，对大型基础有困难时应考虑承压板尺寸和垫层厚度对试验结果的影响。

2. 现场检测

通过加荷系统逐级施加荷载，同时定时量测并记录每级荷载下的地基变形，直到荷载达到最大加载量或复合地基达到破坏。

加载等级可分为8~12级。最大加载压力不应小于设计要求承载力特征值的2倍。每加一级荷载前均应各读记承压板沉降量一次，以后每半个小时读记一次。当一小时内沉降量小于0.1mm时，即可加下一级荷载。卸载级数可为加载级数的一半，等量进行，每卸一级，间隔半小时，读记回弹量，待卸完全部荷载后间隔3h读记总回弹量。

当出现下列现象之一时可终止试验：①沉降急剧增大，土被挤出或承压板周围出现明显的隆起；②承压板的累计量已大于其宽度或直径的6%；③当达不到极限荷载，而最大加载压力已大于设计要求压力值的2倍。

【例7-1】复合地基竣工验收时，承载力检验常采用复合地基静荷载试验，下列哪一种因素不是确定承载力检验前的休止时间的主要因素？

A. 桩身强度　　　　　　　　B. 桩身施工质量
C. 桩周土的强度恢复情况　　D. 桩周土中的孔隙水压力消散情况

解：答案为 B。

【例7-2】根据《建筑地基处理技术规范》（JGJ79—2002），以下哪些现场测试方法适用于深层搅拌法的质量检测？

A. 静力触探实验　　B. 平板载荷试验　　C. 标准贯入试验　　D. 取芯法

解：答案为 BD。

【例7-3】根据《建筑地基处理技术规范》（JGJ79—2002），采用强夯碎石墩加固饱软土地基，对该地基进行质量检验时，应该做以下哪些检验？
  A. 单墩荷载试验   B. 桩间土在置换前后的标准贯入试验
  C. 桩间土在置换前后的含水量、孔隙比、c、φ 值等物理力学指标变化的室内试验
  D. 碎石墩密度随深度的变化
  解：答案为 AD。

7.4 基桩承载力检测

  从测试时加载的方式来说，基桩承载力测试有单桩静载试验和高应变法两种方法。单桩静载试验是在桩顶部逐级施加竖向压力、竖向上拔力或水平推力，观测桩顶部随时间产生的沉降、上拔位移或水平位移，以确定相应的单桩竖向抗压承载力、单桩竖向抗拔承载力和单桩水平承载力的试验方法。根据所施加的荷载方向和测试结果的不同，静载试验分为竖向抗压静载试验、竖向抗拔静载试验和水平静载试验。高应变法，是用重锤冲击桩顶，实测桩上部的速度和力时程曲线，通过波动理论分析，对单桩竖向抗压承载力和桩身完整性进行判定的检测方法。高应变法属于动力检测方法，判定单桩竖向抗压承载力是否满足设计要求是其主要检测功能之一。

7.4.1 单桩竖向抗压静载试验

  单桩竖向抗压静载试验采用接近于竖向抗压桩的实际工程条件的试验方法，确定单桩竖向抗压承载力是检测基桩竖向抗压承载力最直接、最可靠的试验方法，主要检测目的是，确定单桩竖向抗压极限承载力，判定单桩竖向抗压承载力是否满足设计要求，验证高应变法的单桩竖向抗压承载力检测结果。单桩竖向抗压静载试验，可以为工程设计提供参考，为工程验收提供依据，也可以为收集科研资料、编制规范、开拓新型桩基提供支持。

  1. 适用范围

  适用于检测单桩的竖向抗压承载力，试验方法分为快速维持荷载法和慢速维持荷载法。工程实践表明，快速维持荷载法试验结果能满足工程要求，而且能缩短试验周期，减少昼夜温差等环境影响引起的沉降测量误差，对于摩擦桩或桩端持力层为遇水易软化的风化岩层，宜采用慢速维持荷载法。

  2. 仪器设备

  试验设备主要由主梁、次梁、锚桩或压重等反力装置，千斤顶、油泵加载装置，压力表、压力传感器或荷重传感器等荷载测量装置，百分表或位移传感器等位移测量装置组成。

  （1）反力装置。静载试验加载反力装置可根据现场条件选择锚桩横梁反力装置、压重平台反力装置、锚桩压重联合反力装置、地锚反力装置、岩锚反力装置、静力压桩机等，如图 7-7 所示。选择加载反力装置应注意，反力装置能提供的反力不得小于最大试验荷载的 1.2 倍，应对加载反力装置的主要构件进行强度和变形验算，在最大试验荷载作用下，加载反力装置的全部构件不应产生过大的变形，应有足够的安全储备；应对锚桩抗拔力（地基土、抗拔钢筋和桩的接头等）进行验算；采用工程桩作锚桩时，锚桩数量不应少于 4 根，并应实时监测锚桩上拔量；压重宜在检测前一次加足，并均匀稳固地放置于平台

上；压重平台支墩施加于地基土上的压应力不宜大于地基土承载力特征值的 1.5 倍。

(a) 压重平台反力装置　　　　　　(b) 锚桩反力装置

图 7-7　反力装置实景

(2) 荷载测量。静载试验均采用千斤顶与油泵相连的形式，由千斤顶施加荷载。荷载测量可采用以下两种形式，一是通过用放置在千斤顶上的荷重传感器直接测定，二是通过并联于千斤顶油路的压力表或压力传感器测定油压，根据千斤顶率定曲线换算荷载。千斤顶校准一般从其量程的 20% 或 30% 开始，根据 5~8 个点的检定结果给出率定曲线（或校准方程）。选择千斤顶时，最大试验荷载对应的千斤顶出力宜为千斤顶量程的 30%~80%。当采用两台及两台以上千斤顶加载时，为了避免受检桩偏心受荷，千斤顶型号、规格应相同且应并联同步工作。试验用油泵、油管在最大加载时的压力不应超过规定工作压力的 80% 较高时，当试验油压，油泵应能满足试验要求。

目前检测机构多采用自动化静载试验专用测试仪器，采用荷重传感器测量荷重或采用压力传感器测定油压，实现加卸荷与稳压自动化控制，不仅劳动强度低，而且工作效率高，测试数据可靠。选用仪器设备时应注意，压力传感器的测量误差不应大于 1%，压力表精度应优于或等于 0.4 级，在试验荷载达到最大试验荷载时，试验用油泵、油管的工作压力不应超过额定工作压力的 80%；荷重传感器、千斤顶、压力表或压力传感器的量程不应大于最大试验荷载的 2.5 倍，也不应小于最大试验荷载的 1.2 倍，位移测量仪表的测量误差不大于 0.1% FS，分辨力优于或等于 0.01mm。

(3) 沉降测量。沉降测定平面一般应设置在千斤顶底座承压板以下的桩身混凝土上，不得在承压板上或千斤顶上设置沉降观测点，避免沉降观测数据失实。如果千斤顶与受检桩之间的钢板的刚度足够大，为方便操作，沉降测量点可参照平板荷载试验设置。

基准桩应打入地面以下足够的深度，一般不小于 1m。基准梁应稳固地安置在基准桩上，应限制基准梁的横向位移，只允许基准梁因温度变化而引起的轴向自由变形。基准梁的一端应固定在基准桩上，另一端应简支于基准桩上，以减少温度变化引起的基准梁挠曲变形。在满足规范规定的条件下，基准梁不宜过长，和基准桩、固定位移测量仪表的夹具一起，采取有效遮挡措施，以减少温度变化和刮风下雨、振动及其他外界因素的影响，尤其在昼夜温差较大且白天有阳光照射时更应注意。

加卸载过程中，荷载将通过锚桩或压重平台传递给受检桩、基准桩的周围地基土，并使之产生变形。受检桩、基准桩和锚桩（或压重平台支墩）三者间相互距离越小，地基土变形对试桩、基准桩的附加应力和变形影响就越大。在场地土较硬时，堆载引起的支墩及其周边地面沉降和试验加载引起的地面回弹均很小。但在软土场地，大吨位堆载由于支墩影响范围大而应引起足够的重视。为了减少地基土变形对试验结果的影响，要求受检桩、锚桩（或压重平台支墩）和基准桩之间的距离应符合相关规定。

沉降测量宜采用位移传感器或大量程百分表进行桩顶沉降测量，应安装在平面宜在桩顶 200mm 以下位置，测点应固定于桩身混凝土上，位移测量仪表应固定于基准梁上；当有桩帽时，位移测量仪表也可直接安装在桩帽上；对于直径或边宽大于 500mm 的桩，应在其两个方向对称安置 4 个位移测量仪表，直径或边宽小于等于 500mm 的桩可对称安置 2 个位移测量仪表。

3. 现场检测

试验过程中，应保证不会因桩头破坏而终止试验，但桩头部位往往承受较高的竖向荷载和偏心荷载，因此，一般应对桩头进行处理。预制方桩和预应力管桩，如果未进行截桩处理、桩头质量正常、单桩设计承载力合理，可不进行处理。为了便于两个千斤顶的安装方便，同时进一步保证桩头不受破损，可针对不同的桩径制作特定的桩帽，套在试验桩桩头上。

试验设备安装完毕之后，应进行一次系统检查。对试验桩进行预载，其目的是，消除整个量测系统和被检桩本身由于安装、桩头处理等人为因素造成的间隙而引起的非桩身沉降；排除千斤顶和管路中的空气；检查管路接头、阀门等是否漏油等。如果一切正常，卸载至零，待百分表显示的读数稳定后，并记录百分表初始读数，即可开始进行正式加载。对工程桩用作锚桩的灌注桩和有接头的混凝土预制桩，静载试验前宜对其桩身完整性进行检测。对工程桩抽样检测时，最大试验荷载不应小于设计要求的单桩竖向抗压承载力特征值的 2.0 倍。

加载应分级进行，分级荷载宜为最大试验荷载的 1/10，采用逐级等量加载，慢速维持荷载法第一级荷载可取分级荷载的 2 倍，快速维持荷载法第一级荷载和第二级荷载可取分级荷载的 2 倍，以后的每级荷载取为分级荷载。卸载也应分级进行，逐级等量卸载，每级卸载量取分级荷载的 2 倍。其中第一级卸载量可视情况取分级荷载的 2~3 倍。加、卸载时应使荷载传递均匀、连续、无冲击，每级荷载在维持过程中的变化幅度不得超过该级增减量的 ±10%。

慢速维持荷载法的试验步骤应符合：①每级荷载施加后按第 5min、15min、30min、45min、60min 测读桩顶沉降量，以后每隔 30min 测读一次；②受检桩沉降相对稳定标准：每一小时内的桩顶沉降量不超过 0.1mm，并连续出现两次（由 1.5h 内的沉降观测值计算）；③当桩顶沉降速率达到相对稳定标准时，再施加下一级荷载；④卸载时，每级荷载维持 1h，按第 5min、15min、30min、60min 测读桩顶沉降量；卸载至零后，应测读桩顶残余沉降量，维持时间为 3h，测读时间为第 5min、15min、30min，以后每隔 30min 测读一次。

快速维持荷载法的试验步骤应符合：①每级荷载施加后按第 5min、15min、30min 测读桩顶沉降量，以后每隔 15min 测读一次；②受检桩沉降相对收敛标准：加载时每级荷载维持时间不应少于一小时，最后 15min 时间间隔的桩顶沉降增量小于相邻 15min 时间间隔的桩顶沉降增量；③当桩顶沉降速率达到相对收敛标准时，再施加下一级荷载；④卸载时，每级荷载维持 15min，按第 5min、15min 测读桩顶沉降量；卸载至零后，应测读桩顶残余沉降量，维持时间为 2h，测读时间为第 5min、15min、30min，以后每隔 30min 测读一次。

在试验过程中，可能出现一些情况，如基准桩或基准梁遭受意外破坏，位移测量仪表接近满量程，预测难以继续进行桩顶沉降测量。位移测量仪表应重新安装，并及时进行补充读数。

也可能出现一些情况导致施加荷载未达到最大试验荷载而被迫终止，如由于加载系统漏油等原因，无法施加荷载；已达加载反力装置的最大试验荷载；当工程桩作锚桩时，锚桩上拔量已达到允许值。这种情况下的试验结果不得作为验收依据，应重新进行试验。重新试验时，依据试验结果应具有代表性的原则，来确定是在原受检桩上重新试验还是重新选择受检桩进行试验。

当出现下列情况之一时，可终止加载：①某级荷载作用下，桩顶沉降量大于前一级荷载作用下沉降量的 5 倍；当桩顶沉降能稳定且总沉降量小于 40mm 时，宜加载至桩顶总沉降量超过 40mm；②某级荷载作用下，桩顶沉降量大于前一级荷载作用下沉降量的 2 倍，且经 24h 尚未达到稳定（收敛）标准；③当达不到极限荷载，已达最大试验荷载，桩顶沉降速率达到相对稳定（收敛）标准；④当荷载－沉降曲线呈缓变型时，可加载至桩顶总沉降量 60~80mm；在特殊情况下，可根据具体要求加载至桩顶累计沉降量超过 80mm。

7.4.2 单桩竖向抗拔静载试验

单桩竖向抗拔静荷载试验采用接近于竖向抗拔桩实际工作条件的试验方法确定单桩的竖向抗拔极限承载能力，是最直观、可靠的试验方法，可以弥补桩基础上拔承载力理论计算的不足。当埋设有桩身应力、应变测量传感器时，或桩端埋设有位移测量杆时，也可直接测量桩侧抗拔摩阻力分布或桩端上拔量。单桩竖向抗拔静载试验一般按设计要求确定最大加载量，为设计提供依据的试验桩应加载至桩侧土破坏或桩身材料达到设计强度。国内外桩的抗拔试验惯用的方法是慢速维持荷载法。

1. 适用范围

适用于确定单桩竖向抗拔极限承载力，判定单桩竖向抗拔承载力是否满足设计要求。

2. 仪器设备

试验设备主要由主梁、次梁（适用时）、反力桩或反力支承墩等反力装置，千斤顶、油泵加载装置，压力表、压力传感器或荷重传感器等荷载测量装置，百分表或位移传感器等位移测量装置组成。

（1）反力装置。抗拔试验反力装置宜采用反力桩（或工程桩）提供支座反力，也可根据现场情况采用天然地基提供支座反力；反力架系统应具有不小于 1.5 倍的安全系数。

采用反力桩（或工程桩）提供支座反力时，反力桩顶面应平整并具有一定的强度，为保证反力梁的稳定性，应注意反力桩顶面直径（或边长）不宜小于反力梁的梁宽，否则，应加垫钢板以确保试验设备安装稳定性。

采用天然地基提供反力时，两边支座处的地基强度应相近，且两边支座与地面的接触面积宜相同，施加于地基的压应力不宜超过地基承载力特征值的 1.5 倍，避免加载过程中两边沉降不均造成试桩偏心受拉，反力梁的支点重心应与支座中心重合。

加载装置采用油压千斤顶，千斤顶的安装有两种方式：一种是千斤顶放在试桩的上方、主梁的上面，因拔桩试验时千斤顶安放在反力架上面，比较适用于一个千斤顶的情况，特别是穿心张拉千斤顶，当采用二台以上千斤顶加载时，应采取一定的安全措施，防止千斤顶倾倒或其他意外事故发生。可根据现场情况而定，尽量利用工程桩为支座反力，如图 7-8 所示为一种抗拔试验装置的示意图。

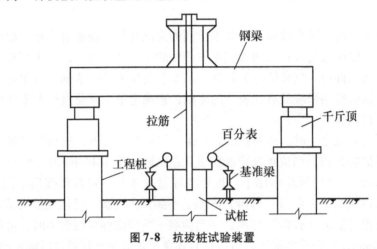

图 7-8 抗拔桩试验装置

(2) 荷载测量。荷载测量形式和单桩竖向抗压静载试验一样，仪器性能要求也一样，不同的是，基桩的抗拔承载力远低于抗压承载力，在选择千斤顶和压力表时，应注意量程问题，特别是试验荷载较小的试验桩，采用"抬"的形式时，应选择相适应的小吨位千斤顶，避免"大砰称轻物"。对于大直径、高承载力的试桩，可采用两台或四台千斤顶对其加载。当采用两台及两台以上千斤顶加载时，为了避免受检桩偏心受荷，千斤顶型号、规格应相同且应并联同步工作。

(3) 上拔测量。上拔测量应采用位移传感器或大量程百分表进行桩顶上拔量测量，安装时，以上拔量测定平面宜与基础底标高一致，测点应固定于桩身混凝土上，条件许可时，也可固定在桩顶面上，位移测量仪表应固定于基准梁上。直径或边宽大于 500mm 的桩，应在其两个方向对称安置 4 个位移测量仪表，直径或边宽小于等于 500mm 的桩可对称安置 2 个位移测量仪表。应牢固设置基准桩，基准桩和基准梁应具有一定的刚度，梁的一端应固定在基准桩上，另一端应简支于基准桩上。基准桩、基准梁和固定位移测量仪表的夹具应避免太阳照射、振动及其他外界因素的影响。

3. 现场检测

对工程桩抽样检测时，最大试验荷载不应小于设计要求的单桩竖向抗拔承载力特征值的 2.0 倍。对不允许带裂缝工作的工程桩，按设计要求确定最大试验荷载，最大试验荷载不应小于设计要求的单桩竖向抗拔承载力特征值。

试验前，受检桩桩头应进行处理。受检桩应预留出足够主筋长度。必要时，混凝土灌注桩可用钢筋混凝土制作受检桩抗拔测试承台，管桩可进行插筋填芯处理。试坑底面宜与桩承台底标高一致。受检桩顶露出试坑底面的高度不宜小于 600mm。

试验加载应分级进行，采用逐级等量加载；分级荷载宜为最大试验荷载或预估极限承载力的 1/10，其中第一级荷载可取分级荷载的 2 倍。卸载也应分级进行，每级卸载量取分级荷载的 2 倍，逐级等量卸载。加、卸载时应使荷载传递均匀、连续、无冲击，每级荷载在维持过程中的变化幅度不得超过该级增减量的±10%。

单桩竖向抗拔静载试验应采用慢速维持荷载法，试验步骤应符合：①每级荷载施加后按第5min、15min、30min、45min、60min测读桩顶上拔量，以后每隔30min测读一次；②受检桩上拔量相对稳定标准：每一小时内的桩顶上拔量不超过0.1mm，并连续出现两次（由1.5h内的上拔量观测值计算）；③当桩顶上拔量速率达到相对稳定标准时，再施加下一级荷载；④卸载时，每级荷载维持1h，按第5min、15min、30min、60min测读桩顶上拔量；卸载至零后，应测读桩顶残余上拔量，维持时间为3h，测读时间为第5min、15min、30min，以后每隔30min测读一次；⑤试验过程中应仔细观察桩身混凝土开裂情况。

在试验过程中，如果出现荷载无法施加到最大试验荷载而被迫终止加载，应重新进行试验。当出现下列条件之一时，即可终止加载，认为试验已经完成：①在某级荷载作用下，桩顶上拔量大于前一级荷载作用下上拔量的5倍，且累计上拔量大于15mm；②当达不到极限荷载，已达到最大试验荷载，桩顶上拔量速率达到相对稳定标准；③按钢筋抗拉强度控制，桩顶上拔荷载达到钢筋强度标准值的0.9倍；④按桩顶上拔量控制，当累计桩顶上拔量超过100mm时。

7.4.3 单桩水平静载试验

单桩水平静载试验采用接近于水平受荷桩实际工作条件的试验方法，确定单桩水平临界荷载和极限荷载，推定土抗力参数。当桩身埋设有应变测量传感器时，可测量相应水平荷载作用下的桩身应力，计算得出桩身弯矩分布情况，为检验桩身强度、推求不同深度弹性地基系数提供依据。水平静载试验一般按设计要求的水平位移允许值控制加载，为设计提供依据的试验桩宜加载至桩顶出现较大的水平位移或桩身结构破坏。

1. 适用范围

本方法适用于桩顶自由时的单桩水平静载试验，用于检测单桩的水平承载力，推定地基土水平抗力系数的比例系数，其他形式的水平静载试验可参照使用。

2. 仪器设备

（1）反力装置与加载。水平推力加载装置宜采用卧式油压千斤顶，加载能力不得小于最大试验荷载的1.2倍。采用荷重传感器直接测定荷载大小，或用并联油路的油压表或油压传感器测量油压，根据千斤顶率定曲线换算荷载。水平力作用点宜与实际工程的桩基承台底面标高一致，如果高于承台底标高，试验时在相对承台底面处会产生附加弯矩，会影响测试结果，也不利于将试验成果根据桩顶的约束予以修正。千斤顶与试桩接触处需安置一球形支座，使水平作用力方向始终水平和通过桩身轴线，不随桩的倾斜和扭转而改变，同时可以保证千斤顶对试桩的施力点位置在试验过程中保持不变。试验时，为防止力作用点受局部挤压破坏，千斤顶与试桩的接触处宜适当补强。反力装置应根据现场具体条件选用，最常见的方法是利用相邻桩提供反力，即两根试桩对顶，如图7-9所示。也可利用周围现有的结构物作为反力装置或专门设置反力结构，但其承载能力和作用方向上刚度应大于试验桩的1.2倍。

（2）水平位移测量。桩的水平位移测量宜采用大量程位移计。在水平力作用平面的受检桩两侧应对称安装两个位移计，以测量地面处的桩水平位移；当需测量桩顶转角时，尚应在水平力作用平面以上50cm的受检桩两侧对称安装两个位移测量仪表，利用上下位移

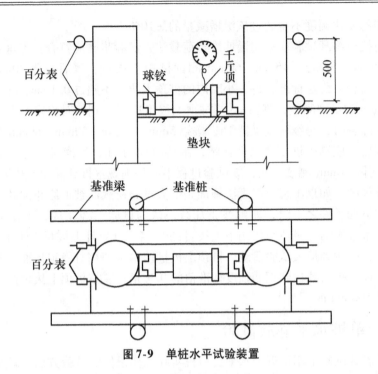

图 7-9 单桩水平试验装置

计差与位移计距离的比值可求得地面以上桩的转角。

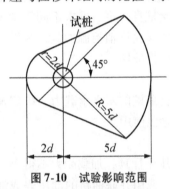

图 7-10 试验影响范围

固定位移计的基准点宜设置在试验影响范围之外（影响区如图 7-10 所示），与作用力方向垂直且与位移方向相反的试桩侧面，基准点与试桩净距不小于 1 倍桩径，且不宜小于 2m。在陆上试桩可用入土 1.5m 的钢钎或型钢作为基准点，在港口码头工程设置基准点时，因水深较大，可采用专门设置的桩作为基准点，同组试桩的基准点一般不少于 2 个。搁置在基准点上的基准梁要有一定的刚度，以减少晃动，整个基准装置系统应保持相对独立，应避免太阳照射、振动及其他外界因素的影响。

当对灌注桩或预制桩测量桩身应力或应变时，各测试断面的测量传感器应沿受力方向对称布置在远离中性轴的受拉和受压主筋上，埋设传感器的纵剖面与受力方向之间的夹角不得大于 $10°$，以保证各测试断面的应力最大值及相应弯矩的量测精度（桩身弯矩并不能直接测到，只能通过桩身应变值进行推算）。对承受水平荷载的桩，桩的破坏是由于桩身弯矩引起的结构破坏；对中长桩，浅层土对限制桩的变形起到重要作用，而弯矩在此范围里变化也最大，为找出最大弯矩及其位置，应加密测试断面。

3. 现场检测

单桩水平静载试验宜根据工程桩实际受力特性，选用单向多循环加载法或与单桩竖向抗压静载试验相同的慢速维持荷载法。单向多循环加载法主要是模拟实际结构的受力形式，但由于结构物承受的实际荷载异常复杂，很难达到预期目的。对于长期承受水平荷载作用的工程桩，加载方式宜采用慢速维持荷载法。对需测量桩身应力或应变的试验桩不宜采取单向多循环加载法，因为它会对桩身内力的测试带来不稳定因素，此时应采用慢速或快速维持荷载法。水平试验桩通常以结构破坏为主，为缩短试验时间，可采用更短时间的快速维持荷载法。

对工程桩抽样检测时，最大试验荷载不应小于设计要求的单桩水平承载力特征值的2.0 倍。当对抗裂有要求时，可按设计要求的水平位移允许值控制加载。单向多循环加载法的分级荷载应小于预估水平极限承载力或最大试验荷载的 1/10，每级荷载施加后，恒载 4min 后可测读水平位移，然后卸载为零，停 2min 测读残余水平位移。至此完成一个加卸载循环，如此循环 5 次，完成一级荷载的位移观测。试验不得中间停顿。

慢速维持荷载法的加卸载分级、试验方法及稳定标准应按"单桩竖向抗压静载试验"一章的相关规定进行。测量桩身应力或应变时，测试数据的测读宜与水平位移测量同步。

当出现下列情况之一时，可终止加载：①桩身折断。对长桩和中长桩，水平承载力作用下的破坏特征是桩身弯曲破坏，即桩发生折断，此时试验自然终止；②水平位移超过 30~40mm（软土取 40mm）；③水平位移达到设计要求的水平位移允许值，本条主要针对水平承载力验收检测。

7.4.4 高应变法

高应变法是用重锤冲击桩顶实测桩上部的速度和力时程曲线，通过波动理论分析，对单桩竖向抗压承载力和桩身完整性进行判定的检测方法。高应变法采用重锤锤击桩顶，使桩身产生的动位移接近于静载试验的基桩沉降量，以便使桩侧和桩端岩土阻力大部分乃至充分发挥，即桩周土全部或大部产生塑性变形，直观表现为桩出现贯入度。高应变桩身应变量通常在 0.1‰~1.0‰范围内。高应变检测技术是从打入式预制桩发展起来的，试打桩和打桩监控属于其特有的功能，是静载试验无法做到的，可以作为单桩竖向抗压静载试验的补充。

1. 适用范围

适用于检测基桩的竖向抗压承载力和桩身完整性，监测预制桩打桩过程中的桩身应力锤击能量传递比，为选择沉桩设备、确定施工工艺参数和承载力的时间效应及施工桩长提供依据。对于预估荷载—沉降曲线具有缓变型特征的大直径灌注桩，不宜采用高应变法进行竖向抗压承载力检测。

2. 仪器设备

检测仪器的主要技术性能指标不应低于《基桩动测仪》JG/T 3055 中表 1 规定的 2 级标准，且应具有保存、显示实测力与速度信号和信号分析处理的功能。要求比较适中，大部分型号的国产和进口仪器都能满足。由于动测仪器的使用环境恶劣，所以仪器的环境性能指标和可靠性也很重要。对不同类型的桩，各种因素影响使最大冲击加速度变化很大，可以根据实测经验来合理选择加速度计的量程，宜使选择的量程大于预估最大冲击加速度值的一倍以上。如对钢桩，宜选择 20 000~30 000m/s^2 量程的加速度计。

锤击设备应具有稳固的导向装置，打桩机械或类似的装置都可作为锤击设备，导杆式柴油锤除外，因为导杆式柴油锤冲击荷载上升时间过于缓慢，容易造成速度响应信号失真。

重锤应材质均匀、形状对称、锤底平整，采用铸铁或铸钢制作。分片组装式锤的单片或强夯锤，下落时平稳性差且不易导向，更易造成严重锤击偏心并影响测试质量，因此要求高径（宽）比不得小于1。为了避免分片锤体在内部相互碰撞和波传播效应造成的锤内部运动状态不均匀，当采取自由落锤安装加速度传感器的方式实测锤击力时，重锤应整体铸造，且高径（宽）比应在1.0~1.5范围内。

进行高应变法承载力检测时，锤的重量应大于单桩竖向抗压承载力特征值的2.0%~3.0%，桩长大于30m或混凝土桩的桩径大于600mm时取高值。当高应变法仅用于判定大直径混凝土灌注桩桩身完整性，锤的重量应大于单桩竖向抗压承载力特征值的0.3%且大于20kN，桩的贯入度可采用精密水准仪测定，30 000m/s^{2}量程的加速度计。研究结果表明，桩较长或桩径较大时，使侧阻、端阻充分发挥所需位移大；桩是否容易被"打动"不仅与桩周桩端岩土阻力大小有关，而且与桩身截面波阻抗大小有关。重锤与受检桩的阻抗匹配合理，可使重锤的动能最大限度地传递给桩，从而使侧阻、端阻充分发挥，因此，选择锤的重量，既要考虑受检桩的单桩竖向抗压承载力特征值的高低，也要考虑受检桩的直径大小。

当冲击设备锤重较小时，激振系统与桩的匹配能力明显不足，不能使桩土间产生足够的相对位移，所得的单桩竖向抗压承载力可能与桩的实际承载能力相差较大，所以此时的高应变动测信号不应用作判定桩的承载力，但可用于评价大直径长桩的桩身缺陷及桩底与持力层的结合状况，对桩身完整性可作定量分析。当受检桩未埋设声测管、无法进行静载试验、钻芯法难以钻至桩底时，该方法不失为一种有效的检测桩身完整性手段。当高应变法仅用于判定大直径混凝土灌注桩桩身完整性，锤的重量应大于单桩竖向抗压承载力特征值的0.3%且大于20kN。

3. 现场检测

对不能承受锤击的桩头应进行加固处理，桩顶面应平整，桩头应有足够的强度，确保在冲击过程中不发生开裂和塑变，对不能承受重锤冲击的桩头应加固处理，混凝土桩的桩头处理可参照单桩竖向抗压静载试验，不同的是，当采用高应变法检测时，传感器安装处截面尺寸应与原桩身截面尺寸相同。处理后，露出的桩顶高度应满足传感器安装和锤击装置架设的要求，重锤纵轴线应与桩身纵轴线基本重合，锤击装置应竖直架立。桩顶面与重锤之间应设置桩垫，桩垫可采用10~30mm厚的木板或胶合板等材料。

检测时至少应对称安装冲击力和冲击响应（质点运动速度）测量传感器各两个，图7-11给出了传感器安装示意图。

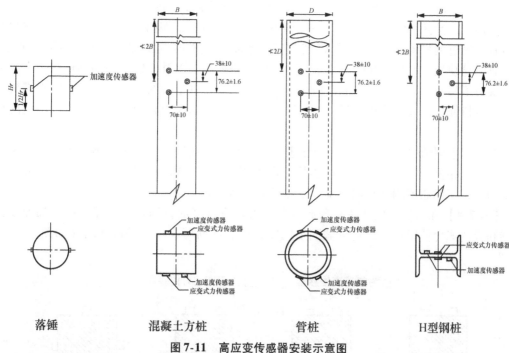

图 7-11　高应变传感器安装示意图

在桩顶下的桩侧表面分别对称安装加速度传感器和应变式力传感器，直接测量桩身测点处的响应和应变，并将应变换算成冲击力、将加速度信号积分为速度信号。

在桩顶下的桩侧表面对称安装加速传感器直接测量响应，在自由落锤锤体 $0.5H_r$ 处（H_r 为锤体高度）对称安装加速度传感器直接测量冲击力。

传感器宜分别对称安装在距桩顶不小于 $2d$ 的桩侧表面处（d 为试桩的直径或边宽）；对于大直径桩，传感器与桩顶之间的距离可适当减小，但不得小于 $1d$。安装面处的材质和截面尺寸应与原桩身相同，传感器不得安装在截面突变处附近。

对称安装在桩侧表面的加速度传感器距桩顶的距离不得小于 $0.4H_r$ 且不小于 $1d$。

应变传感器与加速度传感器的中心应位于同一水平线上；同侧的应变传感器和加速度传感器间的水平距离不宜大于 80mm。安装完毕后，传感器的中心轴应与桩中心轴保持平行。各传感器的安装面的材质应均匀、密实、平整，并与桩轴线平行，否则应采用磨光机将其磨平。安装螺栓的钻孔应与桩侧表面垂直；安装完毕后的传感器应紧贴桩侧表面，锤击时传感器不得产生滑动。安装应变式传感器时应对其初始应变值进行监视，安装后的传感器初始应变值应能保证锤击时的可测轴向变形余量为：①混凝土桩应大于 $\pm 1\,000\mu\varepsilon$；②钢桩应大于 $\pm 1\,500\mu\varepsilon$。

采样时间间隔宜为 $50\sim200\mu s$，信号采样点数不宜少于 1 024 点。传感器的灵敏度系数应按计量校准结果设定。自由落锤安装加速度传感器测力时，冲击力等于实测加速度与重锤质量的乘积。测点处的桩横截面尺寸应按实测值确定，桩身波速、质量密度和弹性模量应按实际情况设定。测点以下桩身截面积和桩长可采用设计文件或施工记录提供的数据作为设定值。

桩身波速可根据经验或按同场地同类型已检桩的平均波速初步设定，现场检测完成后根据实测锤击信号的分析进行修正。桩身弹性模量应按式 $E = \rho \cdot c^2$ 计算（式中，E 为桩身弹性模量，kPa；c 为桩身波速，m/s；ρ 为桩身质量密度，t/m^3。

采用自由落锤为锤击设备时，应重锤低击，最大锤击落距不宜大于 2.5m。承载力检测时宜实测桩的贯入度，单击贯入度宜在 2～6mm。检测时应及时检查采集数据的质量，桩身有明显缺陷或冲击使缺陷程度加剧时，应停止检测。因触变效应使预制桩在多次锤击下承载力下降时，前两击锤击能量应足够大。每根受检桩记录的有效实测信号应根据桩顶实测信号特征、最大动位移、贯入度以及桩身最大拉、压应力和缺陷程度及其发展情况综合确定。

当出现下列情况之一时，宜重新试验：①实测力与速度曲线峰值比例失调时；②两侧力信号峰值相差一倍以上时；③传感器安装处混凝土开裂或出现严重塑性变形使力曲线明显未归零时；④四通道测试数据不全；⑤测试波形紊乱。

【例 7-4】在采用高应变法对预制混凝土方桩进行竖向抗压承载力检测时，加速度传感器和应变式力传感器投影到桩截面上的安装位置下列哪一选项是最优的（如图 7-12 所示）？

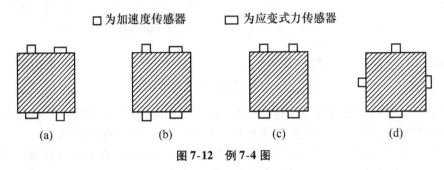

图 7-12 例 7-4 图

解：答案为 A。

【例 7-5】下列哪一种检测方法适宜检测桩身混凝土强度？
A. 单桩竖向抗压静载试验　　　　B. 声波透射法
C. 高应变法　　　　　　　　　　D. 钻芯法

解：答案为 D。

【例 7-6】采用钻芯法检测建筑基桩质量，当芯样试件不能满足平整度及垂直要求时，可采用某些材料在专用补平机上补平。关于补平厚度的要求下列哪些选项是正确的？
A. 采用硫磺补平厚度不宜大于 1.5mm
B. 采用硫磺胶泥补平厚度不宜大于 3mm
C. 采用水泥净浆补平厚度不宜大于 5mm
D. 采用水泥砂浆补平厚度不宜大于 10mm

解：答案为 AC。

【例 7-7】某工程采用浇灌桩基础，灌注桩桩径为 800mm，桩长 30m，设计要求单桩竖向抗压承载力特征值为 3 000kN，已知桩间的地基承载力特征值为 200kPa，按照《建筑基桩检测技术规范》（JGJ106—2003）采用压重平台反力装置对工程桩进行单桩竖向抗压承载力检测时，若压重平台的支座只能设置在桩间土上，则支座底面积不宜小于一下那个选项？
A. 20m²　　　　B. 24m²　　　　C. 30m²　　　　D. 36m²

解：答案为 B。

根据《建筑基桩检测技术规范》4.2.2 条第一款，反力装置提供的反力不得小于最大加载量的 1.2 倍。第五款施加与地基的压应力不宜大于地基承载力特征值的 1.5 倍。同时又因为最大加载量不得小于承载力特征值的 2 倍，故最大加载量为 6 000kN 故反力装置需要提供的反力最小值为 6 000 × 1.2 = 7 200kN。

地基承载力特征值可以放大 1.5 倍使用 1.5 × 200 = 300kPa，$\frac{7\ 200}{300} = 24\text{m}^2$。

7.5 桩身完整性检测

7.5.1 低应变法

低应变法是采用低能量瞬态激振方式在桩顶激振，实测桩顶部的速度时程曲线，通过一维波动理论分析，对桩身完整性进行判定的检测方法。

1. 适用范围

适用于检测钢筋混凝土桩的桩身完整性，判定桩身缺陷的程度及位置，水泥粉煤灰碎石桩、素混凝土桩的桩身完整性检测也可参照执行。低应变法普查桩身结构完整性，试验结果用来确定静载试验、钻芯法、高应变动力试桩的桩位，可以使检测数量不多的静载等试验的结果更具有代表性，弥补静载等试验抽样率低带来的不足；或静载试验等出现不合格桩后，用来加大检测面，为确定桩基工程处理方案提供更多的依据。

反射波法的理论基础以一维线弹性杆件模型为依据，因此，受检桩的长细比、瞬态激励脉冲有效高频分量的波长与桩的横向尺寸之比均宜大于 5，设计桩身截面宜基本规则。一维理论要求应力波在桩身中传播时平截面假设成立，所以，对薄壁钢管桩和类似于 H 型钢桩的异型桩，本方法不适用。由于水泥土桩、砂石桩等桩身阻抗与桩周土的阻抗差异小，应力波在这类桩中传播时能量衰减快，同时，反射波法很难分析评价高压灌浆的补强效果，因此，反射波法不适用于水泥土桩、砂石桩等桩的质量检测，高压灌浆等补强加固桩不宜采用本方法检测。

由于桩的尺寸效应、测试系统的幅频相频响应、高频波的弥散、滤波等造成的实测波形畸变，以及桩侧土阻尼、土阻力和桩身阻尼的耦合影响，尽管利用实测曲线拟合法分析能给出定量的结果，但还不能达到精确定量的程度。对于桩身不同类型的缺陷，反射波测试信号中主要反映出桩身阻抗减小的信息，缺陷性质往往较难区分，桩身缺陷程度只能作定性判定。例如，混凝土灌注桩出现的缩颈与局部松散、夹泥、空洞等，只凭测试信号就很难区分。因此，对缺陷类型进行判定，应结合地质、施工情况综合分析，或采取钻芯、声波透射等其他方法。

由于受桩周土约束、激振能量、桩身材料阻尼和桩身截面阻抗变化等因素的影响，应力波从桩顶传播至桩底再从桩底反射回桩顶为一能量和幅值逐渐衰减过程。若桩过长（或长径比较大）或桩身截面阻抗多变或变幅较大，往往应力波还未反射回桩顶甚至尚未传到桩底，其能量已完全衰减或提前反射，致使仪器测不到桩底反射信号，而无法评定整根桩的完整性。因此，低应变法的有效检测深度应通过现场试验确定，根据工程经验判断低应变法是否适合该工程的工程桩桩身完整性检测。

2. 仪器设备

检测仪器的主要技术性能指标应符合《基桩动测仪》JG/T 3055 的有关规定，具有信号显示、保存实测信号及分析处理功能。信号分析处理软件应具有光滑滤波、旋转、叠加平均和指数放大等功能。波形曲线必须有横、纵坐标刻度值。

信号采集系统应满足，数据采集装置的模-数转换器不得低于 12 位，采样时间间隔宜为 $20 \sim 100 \mu s$，采样点数不应少于 1 024 个。

用于动态测量的传感器，其灵敏度系数应在测量信号的主要频率范围内基本保持不变，是确保获得真实信号的必备条件。当压电式加速度传感器的可用上限频率在其安装谐振频率的 1/5 以下时，可保证很高的冲击测量精度，且在此范围内，相位误差完全可以忽略，因此，在条件许可的情况下，传感器应首选性能好的加速度传感器。若采用磁电式速度传感器，应牢固安装，确保安装谐振频率满足要求。

测量桩顶响应的加速度计或磁电式速度传感器，幅频曲线的有效范围应覆盖整个测试信号的主体频宽。加速度传感器灵敏度大于 20mV/g 或 200PC/g，量程应大于 20g，固有频率应大于 30kHz，横向灵敏度应小于 5%。磁电式速度传感器电压灵敏度应大于 $200mV/cm \cdot s^{-1}$，固有频率小于 30Hz，安装谐振频率应大于 1 500Hz。

瞬态激振设备应包括能激发宽脉冲和窄脉冲的锤和锤垫；锤体可装有力传感器。

3. 检测技术

对受检桩进行桩身完整性检测前，应对桩头进行处理，桩顶条件和桩头处理好坏直接影响测试信号的质量。桩头的材质、强度、截面尺寸应与桩身基本等同。妨碍正常测试操作的桩顶外露钢筋应割掉。当受检桩的桩侧与基础的混凝土垫层浇筑成一体时，应在确保垫层不影响检测结果的情况下方可进行检测。对于预应力管桩，当端板与桩身混凝土之间结合紧密时，可不进行处理，否则，应对桩头进行处理。

应通过现场对比测试，选择适当的锤型、锤重、锤垫材料、传感器安装方式。

传感器安装的好坏直接影响测试信号质量，检测人员应充分认识这一点。传感器应安装在桩顶面，传感器安装点及其附近不得有缺损或裂缝。传感器可用黄油、橡皮泥、石膏等材料作为耦合剂与桩顶面胶接，应根据气温高低等情况选择合适的耦合剂，确保传感器与桩顶面牢固粘接，试验表明，耦合剂较厚会降低传感器安装谐振频率，传感器安装越牢固则传感器安装谐振频率越高。也可采取冲击钻打眼安装方式，但不应采用手扶方式。安装完毕后的传感器必须与桩顶面保持垂直，且紧贴桩顶表面，在信号采集过程中不得产生滑移或松动。理论与实践表明，对于实心桩，传感器安装点与锤击点的距离不宜小于桩径或矩形桩边宽的四分之一；当锤击点在桩顶中心时，传感器安装点与桩中心的距离宜为桩半径的三分之二，如图 7-13 所示。对于空心桩，锤击点和传感器安装点宜在桩壁厚的 1/2 处，传感器安装点、锤击点与桩顶面圆心构成的平面夹角宜为 90°。

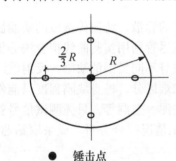

图 7-13 传感器安装示意图

● 锤击点
○ 传感器安装点

锤击点与测量传感器安装点应避开钢筋笼的纵筋影响。锤击方向应沿桩轴线方向。应根据桩身长度、缺陷所在位置的深浅，调整锤击脉冲宽度。当检测长桩的桩底反射信息或深部缺陷时，冲击入射波脉冲应较宽；当检测短桩、桩的浅部缺陷以及预制桩的浅部水平裂缝时，冲击入射波脉冲应较窄。通过改变锤的质量、材质及锤垫，可使冲击入射波脉冲宽度在 0.5~3.5ms 之间变化。冲击入射波脉冲较宽时，低频成分为主，应力波衰减较慢，冲击入射波脉冲较窄时，含高频成分较多，应力波衰减较快，因此，若要获得长桩的桩底反射信息或判断深部缺陷时，冲击入射波脉冲应宽一些；当检测短桩或桩的浅部缺陷时，冲击入射波脉冲应窄一些。

测试参数设定应注意，合理设置采样时间间隔、采样点数、增益、模拟滤波、触发方式等，应根据受检桩桩长和桩身波速设置采样时间间隔和采样点数，采样时间间隔小有利于缺陷位置的准确判断，信号的总采样时间应能记录完整的桩底反射信号，一般不小于 $2L/C+5ms$。以桩长 50m 为例，假设纵波波速为 3 000m/s，$2L/C$ 等于 33.3ms，若采样点数为 1 024，采样时间间隔设置为 $50\mu s$，即可满足测试要求。增益应结合激振方式通过现场对比试验确定，应根据冲击入射波能量以及锤击点与传感器安装点距离大小设置。时域信号分析的时间段长度应在 $2L/C$ 时刻后延续不少于 5ms，频域信号分析的频率范围上限不应小于 2 000Hz。设定桩长应为桩顶测点至桩底的施工桩长，桩身波速可根据本地区同类型桩的测试值初步设定，采样时间间隔或采样频率应根据桩长、桩身波速和频率分辨率合理选择，传感器的灵敏度系数应按计量校准结果设定。

信号采集和筛选时应注意，每根桩不应少于 2 个检测点。桩径增大时，桩截面各部位的运动不均匀性也会增加，桩浅部的阻抗变化往往表现出明显的方向性。故应增加检测点数量，使检测结果能全面反映桩身结构完整性情况，桩直径大于 1 200mm 时，每根桩不应少于 3 个检测点。叠加平均处理是提高实测信号的信噪比的有效手段，应对检测信号应作叠加平均处理，每个检测点参与叠加平均处理的有效信号数量不宜少于 3 个；检测时应随时检查采集信号的质量，判断实测信号是否反映桩身完整性特征，不同检测点及多次实测信号一致性较差时，应分析原因，适当增加检测点数量。信号不应失真和产生零漂，信号幅值不应超过测量系统的量程；对于同一根受检桩，不同检测点及多次实测时域信号一致性较差，应分析原因，增加检测点数量。

7.5.2 声波透射法

声波透射法是在预埋声测管之间发射并接收声波，通过实测声波在混凝土介质中传播的声时、频率和波幅衰减等声学参数的相对变化，对桩身和地下连续墙墙体完整性进行判定的检测方法。

1. 适用范围

适用于混凝土灌注桩的桩身完整性、地下连续墙的墙身完整性检测，判定桩身或墙身缺陷的位置、范围和程度。当桩径小于 0.6m 时，声测管的声耦合会造成较大的测试误差，因此该方法适用于桩径不小于 0.6m，在灌注成型过程中已经预埋了两根或两根以上声测管的基桩的完整性检测，或基桩经钻芯法检测后（有两个以及两个以上的钻孔）需进一步了解钻芯孔之间的混凝土质量时也可采用本方法检测桩身完整性。由于桩、地下连续墙（下面简称墙）内跨孔测试的测试误差高于上部结构混凝土的检测，且桩身、墙身混凝土硬化环境不同，粗细骨料分布不均匀，因此该方法不宜用于推定桩身、墙身混凝土强度。

2. 仪器设备

选择声波发射与接收换能器时应注意，要求圆柱状径向振动，沿径向无指向性；外径小于声测管内径，有效工作段长度不大于150mm，有效工作面长度是指起到换能作用的部分的实际轴向尺寸，该长度过大将影响缺陷纵向尺寸测试精度。谐振频率为30~60kHz，换能器的谐振频率越高，对缺陷的分辨率越高，但高频声波在介质中衰减快，有效测距变小。在换能器的选配时，原则上在保证有一定的接收灵敏度的前提下尽可能选择较高频率的换能器；

桩（墙）中的声波检测一般以水作为耦合剂，为了满足一般的工程桩检测要求，换能器应能在90m深的水下正常工作，在1MPa水压下不渗水，当测距较大时，宜选用带前置放大器的换能器，也可采用低频换能器，提高接收信号的幅度；声波换能器宜配置扶正器。

选择声波检测仪时应注意，应满足具有实时显示和记录接收信号的时程曲线以及频率测量或频谱分析功能。由于混凝土灌注桩（墙）的声波透射法检测没有涉及桩身（墙身）混凝土强度的推定，因此系统的声时测量精度放宽至优于或等于$0.5\mu s$，声波幅值测量相对误差小于5%，系统频带宽度为1~200kHz，系统最大动态范围不小于100dB。声波发射脉冲为阶跃或矩形脉冲，电压幅值应为200~1 000V。

3. 检测技术

（1）声测管埋设。声测管内径与换能器外径相差过大时，声耦合误差明显增加，相差过小时，影响换能器在管中的移动，因此，声测管内径宜比换能器外径大10mm左右。声测管应下端封闭、上端加盖、管内无异物。声测管连接处应光滑过渡，管口应高出混凝土顶面100mm以上，且各声测管管口高度宜一致。浇灌混凝土前应采取适宜方法固定声测管，使之在浇灌混凝土后相互平行，声测管的平行度是影响测试数据可靠性的关键。

混凝土灌注桩中的声测管应沿钢筋笼内侧呈对称形状布置，当$d \leq 800$mm时（d为受检桩设计桩径），声测管埋设数量应为两根；当$800\text{mm} < d \leq 2\,000\text{mm}$，声测管埋设数量为3根，当$d > 2\,000$mm，声测管埋设数量应为4根管。应自正北方向顺时针旋转对声测管依次编号，如图7-14所示，检测剖面编组（检测剖面序号记为j）分别为：2根管时，AB剖面（$j=1$）；3根管时，AB剖面（$j=1$），BC剖面（$j=2$），CA剖面（$j=3$）；4根管时，AB剖面（$j=1$），BC剖面（$j=2$），CD剖面（$j=3$），DA剖面（$j=4$），AC剖面（$j=5$），BD剖面（$j=6$）。

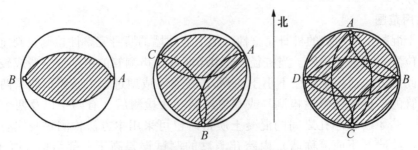

图7-14 混凝土灌注桩声测管布置示意图

地下连续墙单个直槽段中的声测管埋设数量不应少于 4 根，声测管间距不宜大于 1.5m。对于转角槽段，声测管埋设数量不少于 3 根。声测管应沿钢筋笼内侧布置，边管宜靠近槽边。应沿基坑的顺时针旋转方向对声测管依次编号，如图 7-15 所示。检测剖面编组（检测剖面序号记为 j）分别为：AB 剖面（$j=1$），BC 剖面（$j=2$），CD 剖面（$j=3$）。

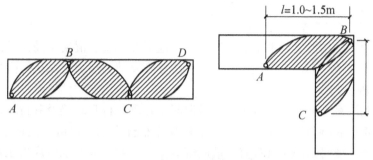

图 7-15　地下连续墙声测管布置示意图

（2）准备工作。采用率定法确定仪器系统延迟时间，计算几何因素声时修正值，在桩顶测量相应声测管外壁间净距离，将各声测管内注满清水，检查声测管畅通情况，换能器应能在全程范围内正常升降。

（3）平测和斜测。将发射与接收声波换能器通过深度标志分别置于两个声测管道中的测点处。平测时，发射与接收声波换能器始终保持相同深度，如图 7-16（a）所示；斜测时，发射与接收声波换能器始终保持固定高差，如图 7-16（b）所示，且两个换能器中点连线即声测的水平夹角不应大于 30°。检测过程中，应将发射与接收声波换能器同步升降，声测线间距不应大于 200mm，并应及时校核换能器的深度。对于每条声测线，应实时显示和记录接收信号的时程曲线，读取声时、首波幅值，当需要采用信号主频值作为异常点辅助判据时，还应读取信号主频值。混凝土灌注桩完整性检测时，任意两根声测管组合成一个检测剖面，分别对所有检测剖面完成普查检测。地下连续墙墙身完整性检测时，将同一槽段的相邻两根声测管组成一个检测剖面进行检测。在同一受检桩（槽段）各检测剖面的平测或斜测过程中，声测线间距、声波发射电压和仪器设置参数应保持不变。

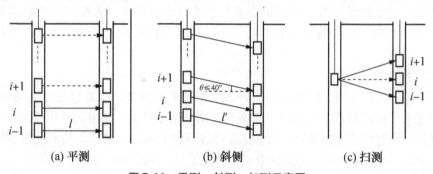

图 7-16　平测、斜测、扫测示意图

根据平测或斜测的结果，在桩身（墙身）质量可疑的声测线附近，应采用增加声测线或采用扇形扫测（如图 7-16（c）所示）等方式进行复测和加密测试，进一步确定缺陷的位置和范围。采用扇形扫测时,两个换能器中点连线的水平夹角不宜大于40°。

经平测或斜测普查后,找出各检测剖面的可疑声测线,再经加密平测(减小测点间距)、交叉斜测等方式既可检验平测普查的结论是否正确,又可以依据加密测试结果分析桩身(墙身)的缺陷边界,进而推断桩身(地下连续墙墙身)缺陷的范围和空间分布特征。

7.5.3 钻芯法

钻芯法是用钻机钻取复合地基竖向增强体、地下连续墙、混凝土灌注桩及其持力层的芯样,判定其完整性、芯样试件强度、底部沉渣厚度及持力层岩土性状的检测方法。

1. 适用范围

适用于检测混凝土灌注桩的桩长、桩身混凝土强度、桩身缺陷及其位置、桩底沉渣厚度,判定或鉴别桩底持力层岩土性状,判定桩身完整性类别。也可检测地下连续墙墙深、墙身混凝土强度、墙身缺陷及其位置、墙底沉渣厚度,判定或鉴别墙底岩土性状。复合地基竖向增强体和支护工程中的排桩的桩身完整性、水泥土墙的墙身完整性、天然岩石地基的钻芯法检测可参照执行。

2. 仪器设备

钻取芯样应采用带有产品合格证的钻芯设备。钻机宜采用机械岩芯钻探的液压钻机,并配有相应的钻塔和牢固的底座,机械技术性能良好,不得使用立轴晃动过大的钻机。钻机设备额定最高转速不低于790r/min,转速调节范围不少于4挡,额定配用压力不低于1.5MPa。

应采用单动双管钻具,并配备相应的孔口管、扩孔器、卡簧、扶正稳定器及可捞取松软渣样的钻具。桩较长时,应使用扶正稳定器确保钻芯孔的垂直度,钻杆应顺直,直径宜为50mm。应根据混凝土设计强度等级选用合适粒度、浓度、胎体硬度的金刚石钻头,且外径不宜小于100mm。钻头胎体不得有肉眼可见的裂纹、缺边、少角、倾斜及喇叭口变形。复合地基竖向增强体、水泥土墙、持力层为土的情况下可用合金钻头。

应选用排水量为50~160L/min、泵压为1.0~2.0MPa的水泵。锯切芯样试件用的锯切机应具有冷却系统和牢固夹紧芯样的装置,配套使用的金刚石圆锯片应有足够刚度。芯样试件端面的补平器和磨平机应满足芯样制作的要求,芯样试件直径不宜小于骨料最大粒径的3倍,在任何情况下不得小于骨料最大粒径的2倍,否则试件强度的离散性较大。

3. 检测技术

钻机设备安装应稳固、底座水平,钻芯设备应精心安装、认真检查。钻机立轴中心、天轮中心(天车前沿切点)与孔口中心必须在同一铅垂线上。钻进过程中应经常对钻机立轴进行校正,及时纠正立轴偏差,确保钻芯过程不发生倾斜、移位,钻芯孔垂直度偏差应不大于0.5%,当出现钻芯孔偏离桩身或墙体时,应立即停机,并查找原因。当桩(墙)顶混凝土面与钻机底座的距离较大时,应安装孔口管,孔口管应垂直且牢固。当出现钻芯孔与桩体必须安有扩孔器,用以修正孔壁。扩孔器外径应比钻头外径大0.3~0.5mm,卡簧内径应比钻头内径小0.3mm左右;金刚石钻头和扩孔器应按外径先大后小的排列顺序使用,同时考虑钻头内径小的先用,内径大的后用。偏离时,应立即停机记录,分析原因。当有争议时，可进行钻孔测斜，以判断是受检桩倾斜超过规范要求还是钻芯孔倾斜超过规定要求。金刚石钻头、扩孔器与卡簧的配合和使用要求。

提钻卸取芯样时，应拧卸钻头和扩孔器，严禁敲打卸芯。每回次进尺宜控制在1.5m内；钻至桩（墙）底时，为检测桩底沉渣或虚土厚度，应采取适宜的钻芯方法和工艺钻取沉渣并测定沉渣厚度。对复合地基增强体钻芯时，每回次进尺宜控制在1.2m内。应采用适宜的方法对桩（墙）底持力层岩土性状进行鉴别。

钻取的芯样应由上而下按回次顺序放进芯样箱中，芯样侧面上应清晰标明回次数、块号、本回次总块数，并应按要求及时记录钻进情况和钻进异常情况，及时记录孔号、回次数、起至深度、块数、总块数、芯样质量的初步描述及钻进异常情况。条件许可时，可采用钻孔电视辅助判断混凝土质量。

应对芯样混凝土、桩（墙）底沉渣以及桩（墙）端持力层做详细编录。编录内容宜包括混凝土的胶结情况、骨料的分布情况、混凝土芯样表面的光滑程度、气孔大小、蜂窝、夹泥、松散、混凝土与持力层的接触情况、沉渣厚度以及端持力层的岩（土）特征等。在截取芯样前，应对芯样和标有工程名称、桩号或连续墙槽段编号、钻芯孔号、芯样试件采取位置、桩长或墙深、孔深、检测单位名称的标示牌的全貌进行拍照。应先拍彩色照片，后截取芯样试件，取样完毕剩余的芯样宜移交委托单位妥善保存。

当芯样质量、沉渣厚度和持力层满足设计要求时，应采用水泥浆从钻芯孔孔底往上回灌封闭，灌浆压力不小于0.3MPa；否则应封存钻芯孔，留待处理。取样完毕剩余的芯样应移交委托单位妥善保存。

以概率论为基础、用可靠性指标度量桩基的可靠度是比较科学地评价基桩混凝土强度的方法，即在钻芯法受检桩的芯样中截取一批芯样试件进行抗压强度试验，采用统计的方法判断混凝土强度是否满足设计要求。

每组芯样应制作三个芯样抗压试件。为了避免再对芯样试件高径比进行修正，规定有效芯样试件的高度不得小于$0.95d$且不得大于$1.05d$时（d为芯样试件平均直径）。岩石、复合地基增强体等其他芯样的加工可参照执行。

混凝土芯样试件制作完毕可立即进行抗压强度试验。岩石芯样试件应在清水中浸泡不少于12h后进行试验。芯样试件抗压强度试验时应合理选择压力机的量程和加荷速率，保证试验精度。芯样试件的破坏荷载应按现行国家标准《普通混凝土力学性能试验方法》（GB/T 50081—2002）的有关规定确定。混凝土芯样试件抗压强度试验后，若发现芯样试件平均直径小于2倍试件内混凝土粗骨料最大粒径，且强度值异常时，该试件的强度值无效，不参与统计平均。

【例7-8】某建筑工程混凝土灌注桩桩长为25，桩径为1 200mm，采用钻芯法检测桩体质量时，每根受检桩钻芯孔数和每孔截取的混凝土抗压芯样试件组数符合下列哪个选项的要求？

A. 1孔，3组　　　　　　　　B. 2孔，2组
C. 3孔，2组　　　　　　　　D. 2孔，3组

解：答案为D。

习 题

1. 试阐述各种地基基础检测方法的适用范围。
2. 简述检测工作的程序。
3. 基桩承载力检测有哪几种方法？各自的优缺点是什么？
4. 低应变检测方法的适用范围是什么？水泥土搅拌桩可以采用此方法吗？
5. 试阐述声波透射法的原理。
6. 简述钻芯法检测技术。

参 考 文 献

［1］ 陈小川，刘华强，张玲玲，等．基础工程．北京：机械工业出版社，2013.
［2］ 李海光．新型支挡结构设计与工程实例．北京：人民交通出版社，2004.
［3］ 曹云．基础工程．北京：北京大学出版社，2012.
［4］ 张艳美，卢玉华，程玉梅，等．基础工程．北京：化学工业出版社，2011.
［5］ 金喜平，邓庆阳．基础工程．北京：机械工业出版社，2006.
［6］ 王清标，代国忠，吴晓枫．地基处理．北京：机械工业出版社，2014.
［7］ 彭振斌．深基坑开挖与支护工程设计计算与施工．武汉：中国地质大学出版社，1997.
［8］ 陈希哲．土力学地基基础．北京：清华大学出版社，2004.
［9］ 赵明华．基础工程．北京：高等教育出版社，2003.
［10］ 丁星．桩基础课程设计指导与设计实例．成都：四川大学建筑与环境学院，2006.
［11］ 陈凡，关立军，等．基桩质量检测技术．北京：中国建筑工业出版社，2013.
［12］ 石中林．地基基础检测．武汉：华中科技大学出版社，2013.
［13］ 白晓红．基础工程设计原理．北京：科学出版社，2005.
［14］ 赵维炳．排水固结加固软基技术指南．北京：人民交通出版社，2005.
［15］ 常士骠，张苏民．工程地质手册．第4版．北京：中国建筑工业出版社，2007.
［16］ 高大钊．土力学与基础工程．北京：中国建筑工业出版社，1998.
［17］ 施岚青．注册结构工程师专业考试专题精讲-地基与基础．北京：机械工业出版社，2013.
［18］ 张明．深圳前湾吹填淤泥固结性状研究［D］．北京：中国铁道科学研究院博士学位论文，2010.
［19］ 林宗元．简明岩土工程勘察设计手册．沈阳：辽宁科学技术出版社，1996.
［20］ 张明义．基础工程．北京：中国建筑工业出版社，2003.
［21］ 江正荣．建筑地基与基础施工手册．北京：中国建筑工业出版社，2008.
［22］ 张明义．基础工程．北京：中国建筑工业出版社，2003.
［23］ 孙文怀．基础工程设计与地基处理．北京：中国建材工业出版社，1999.
［24］ 刘起霞．特种基础工程．北京：机械工业出版社，2008.
［25］ 赵明华．土力学与基础工程．武汉：武汉工业大学出版社，2000.
［26］ 闫明礼，张东刚．CFG桩复合地基技术及工程实践．北京：中国水利水电出版社，2001.
［27］ 叶书麟，叶观宝．地基处理．北京：中国建筑工业出版社．2004.
［28］ 钱家欢，殷宗泽．土工原理与计算．北京：中国水利水电出版社．2003.